KUNST DES MALENS

DER AKT

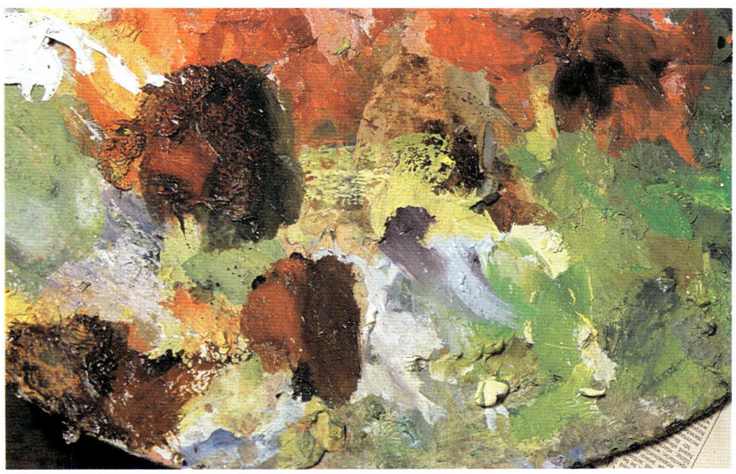

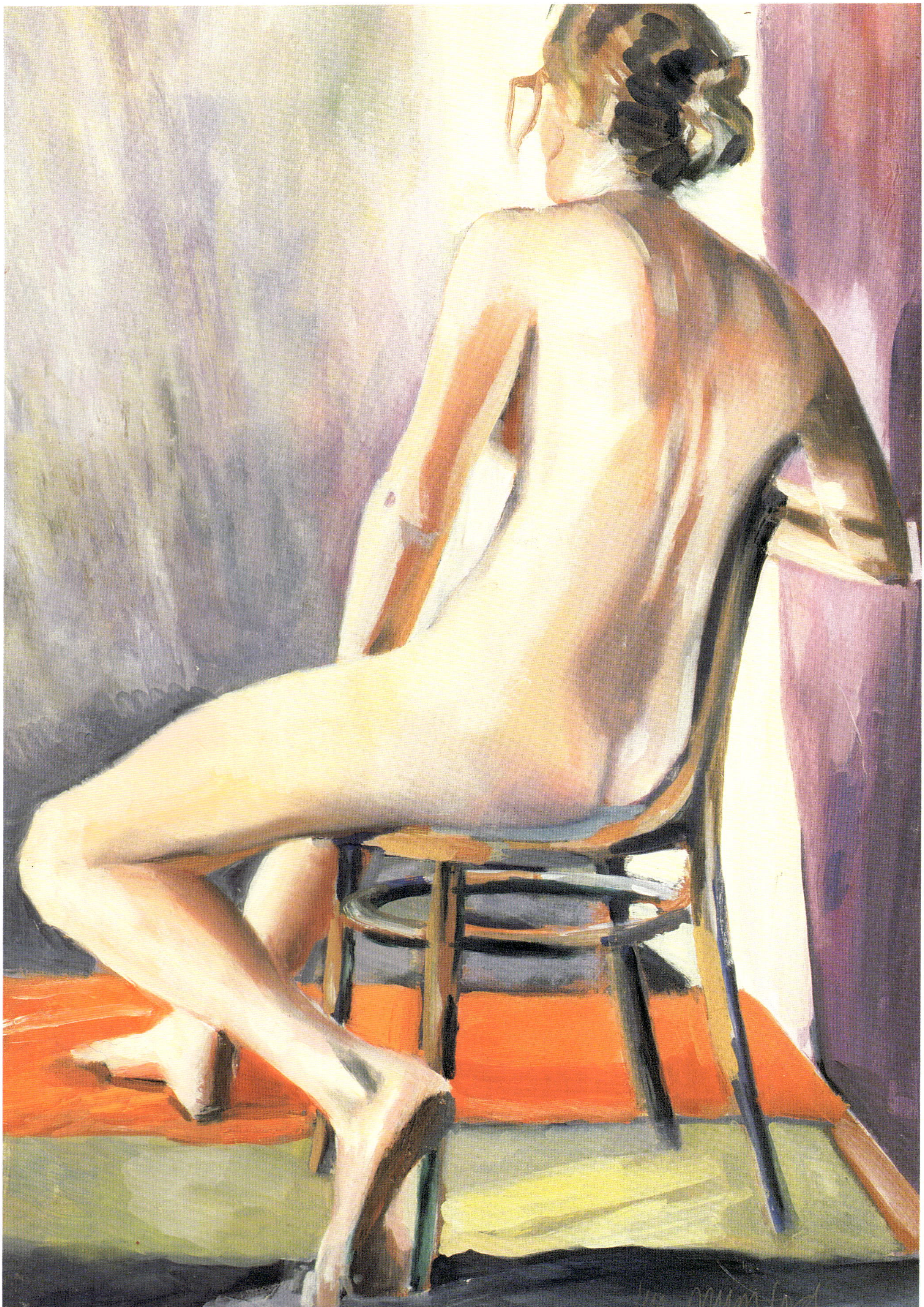

KUNST DES MALENS

DER AKT

ANATOMIE · FORM · KOMPOSITION · TÖNUNG · STRUKTUR · FARBE

DAVID CARR

KÖNEMANN

This book was designed and produced by
Quintet Publishing Limited
6 Blundell Street
London N7 9BH

Creative Director: Richard Dewing
Designer: Ian Hunt
Project Editor: Helen Denholm
Editor: Helen Douglas-Cooper
Photographer: Paul Forrester, Martin Norris

Original title:
An Introduction to Painting the Nude

Übersetzung aus dem Englischen:
Manfred Allié, Euskirchen
Redaktion der deutschen Ausgabe:
Thomas Paffen Buchproduktion, Münster
Satz der deutschen Ausgabe:
HEVO GmbH, Dortmund
Druck und Bindung:
Sing Cheong Printing Co., Ltd.
Printed in Hong Kong
ISBN 3-89508-175-2

Bildquellen

Seite 9: *Bathsheba mit König Davids Brief* von Rembrandt van Rijn, Edimeda Photographic Agency, Paris.
Seite 78: *Annette Assise* (1954) von Alberto Giacometti © ADAGP, Paris und DACS, London, 1993.
Unser besonderer Dank gilt der Firma Russell & Chapple Ltd., Fachgeschäft für Leinwände und Malerbedarf, die uns Pinsel und Leinwände für die Abbildungen zur Verfügung stellte.

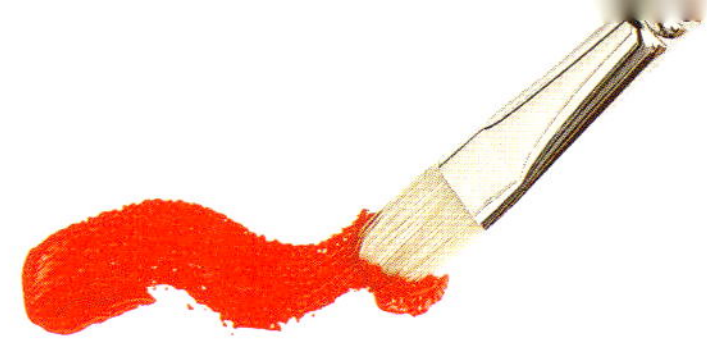

INHALT

EINFÜHRUNG

Die Darstellung des menschlichen Körpers ist den Künstlern stets ein Hauptanliegen gewesen, von frühester Zeit an bis zum heutigen Tag. Trotz der Tendenz zur Abstraktion hat das Figurative auch im 20. Jahrhundert nichts von seiner Faszination verloren, und das Aktbild nimmt auch in der heutigen Kunst seinen zentralen Platz ein. Alexander Popes Wort: »Das rechte Studienobjekt für den Menschen ist der Mensch«, trifft für uns heute ebenso zu wie für die Menschen früherer Jahrhunderte.

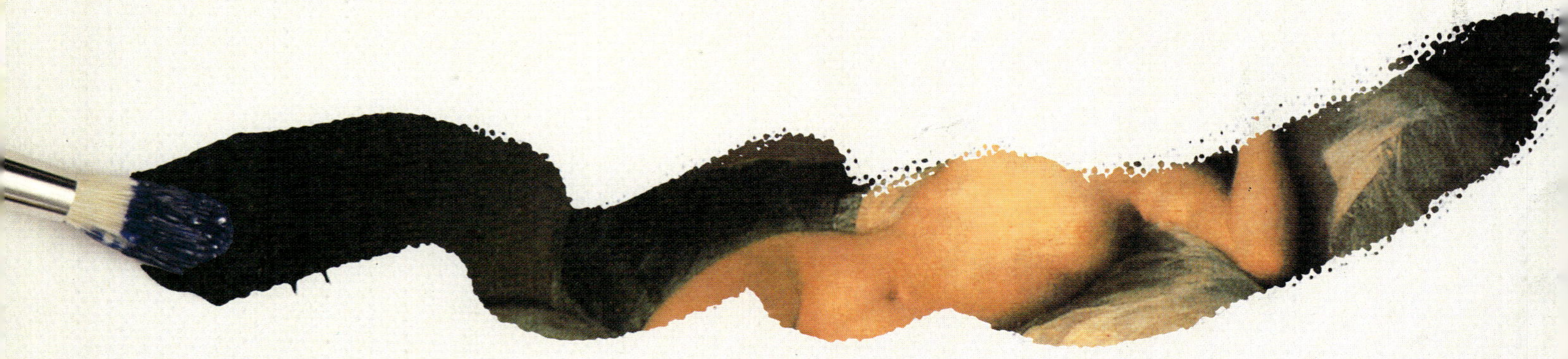

Im Laufe der Zeiten hat man sich vom menschlichen Körper die verschiedensten Bilder gemacht. Wissenschaftliche Akt- und Anatomiestudien sind im Grunde eine Neuerung der Renaissance. Trotzdem wären die Künstler prähistorischer Zeit ohne eine scharfe Beobachtungsgabe nicht in der Lage gewesen, Figuren im Lauf und bei der Jagd mit solcher Überzeugungskraft zu malen. Für sie bestimmte die Funktion – die magische Macht über die Beute – den Stil (wenn sie eine Antilope zeigten, in der ein Speer steckte, würde der Jäger auch eine Antilope erlegen). Die berühmte Venus von Willendorf war mit ihren runden Formen und gewaltigen Brüsten ein Fruchtbarkeitssymbol. In der exotischen Kunst Indiens sind Hüften und Brüste stets übertrieben dargestellt.

Kunst entsteht aus dem Spannungsverhältnis zwischen der natürlichen Erscheinung der Dinge (dem Bild auf der Netzhaut) und den gesellschaftlichen Bedürfnissen und Einflüssen sowie den Eindrücken und Emotionen des Künstlers, und oft gehen alle drei in ihr eine komplexe Verbindung ein. In früheren Kulturen ist die Rolle der Künstlerpersönlichkeit in der Regel geringer, und vielleicht erst seit der Renaissance ist sie von größerer Bedeutung. Vorstellungen und Erwartungen sind immer im Fluß.

Im alten Ägypten gab es für die Künstler zur Darstellung des täglichen Lebens, des Todes und des Lebens nach dem Tode strenge Konventionen. Doch auch ihre Kunst wäre undenkbar ohne eine feste Basis in der Beobachtung, und, wie der Kunsthistoriker E. H. Gombrich sagt, ihre Figuren werden uns so präsentiert, daß jeder Körperteil am vorteilhaftesten zur Geltung kommt und vom typischsten Blickwinkel aus: der Kopf im Profil und doch mit dem ganzen Gesicht; Schultern und Brust von vorn; Bauch, Beine und Füße von der Seite. Wir müssen bis zu Pablo Picasso (1881–1973) warten, bis wieder ein Maler perspektivische Verzerrung so wirkungsvoll einsetzt.

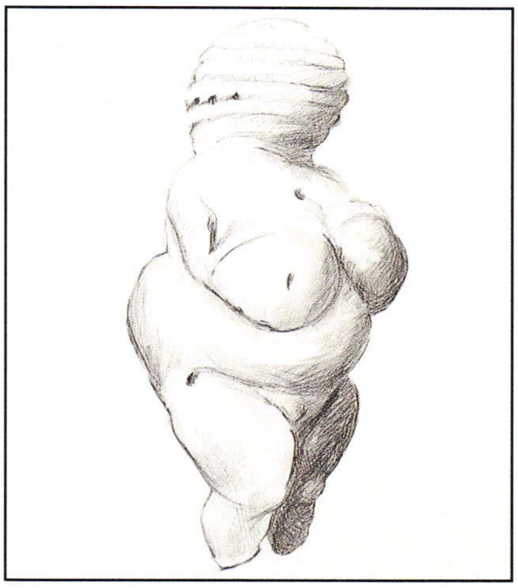

OBEN Eine Bleistiftstudie der *Venus von Willendorf*, einer der ältesten uns bekannten prähistorischen Skulpturen: ein kleinformatiger steinzeitlicher Fruchtbarkeitsfetisch aus dem Zeitraum von 30000–25000 v. Chr. Auf den ersten Blick wirkt sie stilisiert und grob vereinfacht, doch wenn man sie zeichnet, begreift man, wie gut die Gestalt beobachtet ist. Die Mühe, Kunstwerke zu kopieren – ganz gleich welcher Epoche –, zahlt sich immer aus.

UNTEN Ägyptische Kunst verherrlichte die Pharaonen und die Oberschicht des Landes. Die hochstilisierten Gemälde unterlagen strengen Regeln, damit jedes Detail des Körpers möglichst vorteilhaft zur Geltung kam.

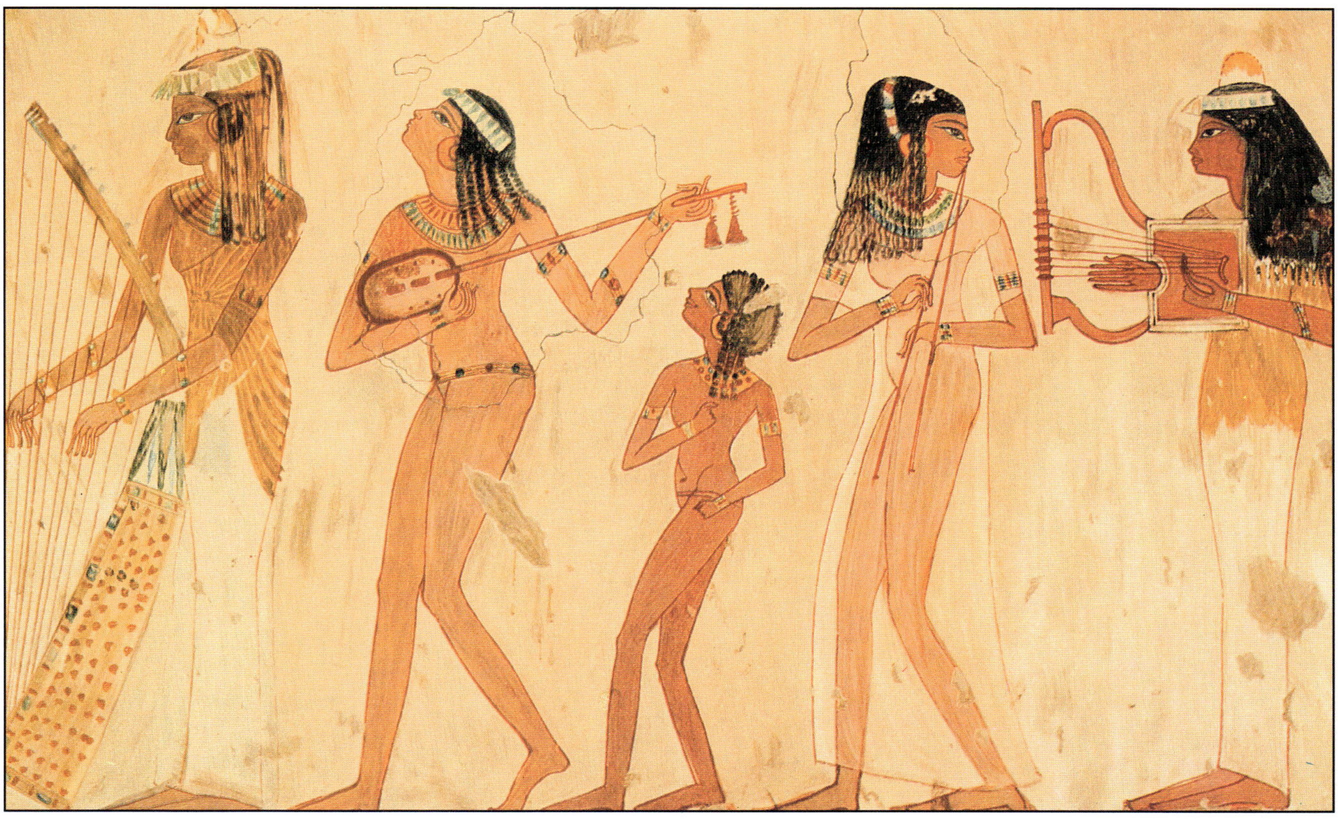

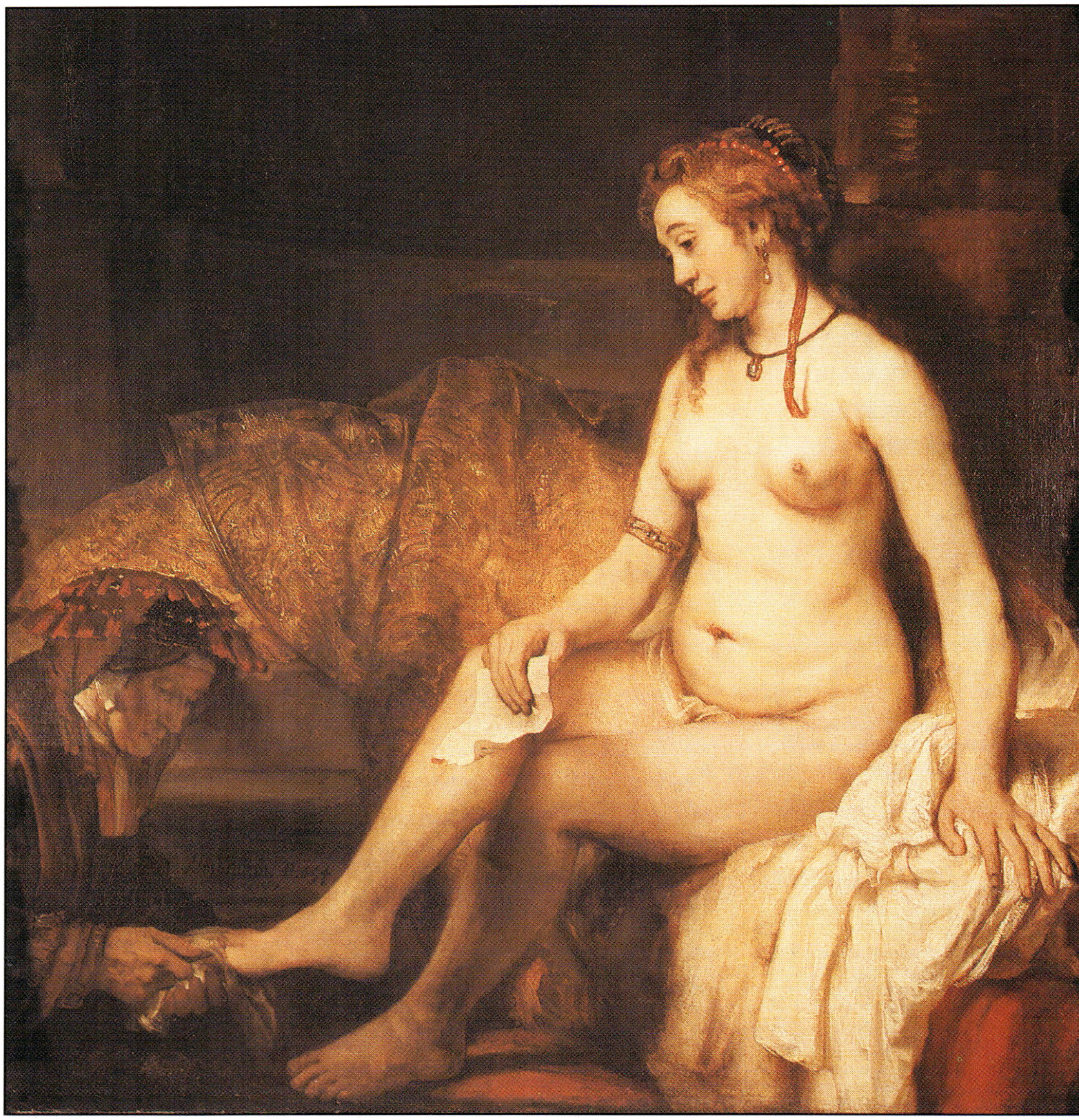

OBEN **Für *Bathsheba mit König Davids Brief* (1654) saß Rembrandts Geliebte Hendrickje Stoffels Modell. Er schuf in seinem Atelier eine ganz eigene Welt, wo die Modelle und Portraitierten unter seiner Regie das Leben nachspielten. Diese eindrucksvolle Gestalt, die weniger der Kunst vergangener Zeiten und mehr Rembrandts Erfahrung zu verdanken hat, ist privater und intimer als alles, was wir in der Renaissance erwarten könnten, Tizian vielleicht ausgenommen.**

Die Kunst der alten Griechen hat ein weitaus naturalistischeres Schönheitsideal, das auf solider Kenntnis der menschlichen Gestalt fußte, doch trotzdem blieb es ein Ideal, und die Werke waren entsprechend stilisiert. Von hier und von den späteren Römern stammen bestimmte archetypische Formen (wie etwa die Kapitolinische Venus und die Drei Grazien), die im Laufe der Kunstgeschichte immer wieder auftauchen. Bei den Römern, den Etruskern und in den Wandgemälden von Pompeji sieht man, daß dort der Sinn für Form und Raumtiefe bereits voll entwickelt war.

Während des Mittelalters schlummerte die Beobachtungsgabe ungenutzt; dagegen blühte im Auftrag der Kirche jene Art von Malerei, die eine Geschichte in Bildern erzählte. Die Bilder wandten sich religiösen Themen zu und waren in ihrem Aufbau streng geordnet. Die Spätgotik brachte viele ausdrucksvolle und ergreifende Werke hervor, und ihre Darstellung der menschlichen Gestalt wies auf den Expressionismus des 20. Jahrhunderts voraus.

Mit dem Aufkommen des Humanismus, dem Wiedererwachen des Interesses der Menschen für ihr irdisches Leben, mit der Verehrung des heiligen Franziskus für die Dinge dieser Erde und der ersten wirklich wissenschaftlichen Betrachtung des Menschen und der Erde sind wir in der Renaissance angelangt. Die großen Traditionen der Antike blühen wieder auf, und binnen zweieinhalb Jahrhunderten wandelt sich die Kunst von den monumentalen Formen und

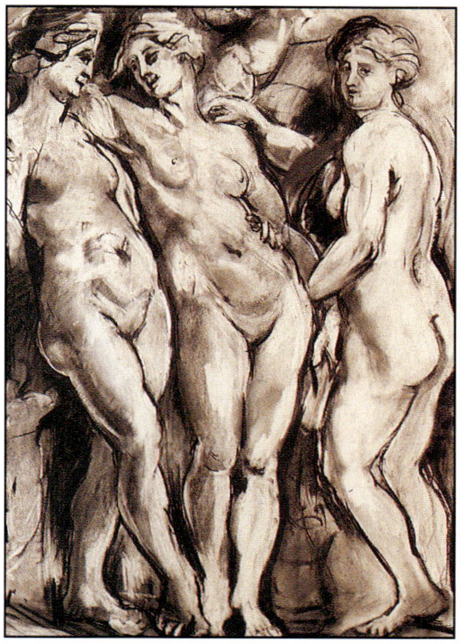

OBEN **Das Motiv der Drei Grazien ist griechischen Ursprungs und wurde von den Römern kopiert. In Pompeji sind sie auf einem Wandgemälde aus dem 1. Jahrhundert nach Christus zu sehen. Im 18. Jahrhundert schuf Antonio Canova (1757–1822) seine berühmte Gruppe, und im 20. Jahrhundert hat der Bildhauer Maillol das Motiv wiederaufgegriffen. Zu den vielen Malern, die es verwendeten, zählte auch Rubens, und diese Kohlezeichnung des Verfassers basiert auf einer kleinen Sepia-Ölskizze von Rubens.**

Räumen Giottos (1266?–1337) und Masaccios (1401–28) über Leonardo da Vinci (1452–1519) und Michelangelo (1475–1564) zum Überschwang der Barock- und Rokokozeit im 17. und frühen 18. Jahrhundert. In den großen religiösen Themen der Kreuzigung und Kreuzabnahme, wo die Menschen sich um den Leichnam Christi versammeln, ist der Realismus wieder in sein altes Recht eingesetzt.

Diese religiösen und mythologischen Themen und antiken Archetypen finden ihren Ausdruck nördlich der Alpen bei Peter Paul Rubens (1577–1640). Von ihm weiß man, daß er sich Notizen zu einer Theorie der Farben machte, und seine mit allen Farben des Regenbogens gemalten Fleischtöne erlebten später noch einmal eine Blüte bei Eugène Delacroix (1798–1863) und Auguste Renoir (1841–1919). Die tiefste Humanität findet man wohl bei Rubens' Zeitgenossen Rembrandt von Rijn (1606–69), der stets nach dem lebenden Modell arbeitete. Seine *Bathsheba mit König Davids Brief* ist einer der lebensechtesten, glaubwürdigsten Akte in der Geschichte der westlichen Malerei.

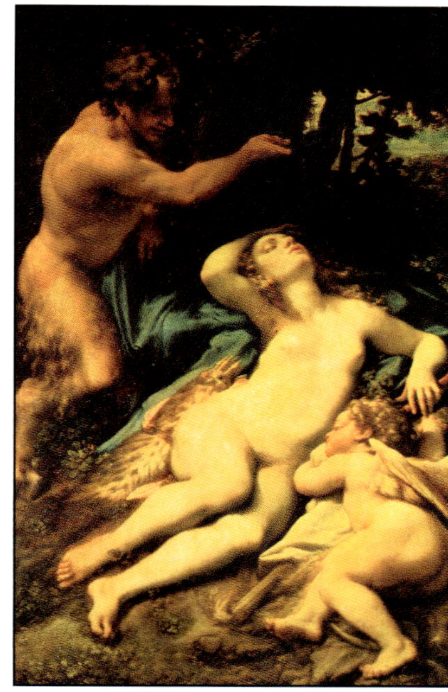

OBEN **Correggio, ein Zeitgenosse Tizians, war ein Meister des Lichts, das den Körpern schmeichelt, wie in seinem Bild *Jupiter und Antiope* (ca. 1531). Er war in mythologischen Sujets ebenso zu Hause wie in theologischen und malte seine Antiope, der Jupiter sich nähert, so verführerisch wie nur möglich.**

UNTEN **Goyas *Nackte Maja* entstand um das Jahr 1798 (*Maja Desnuda* – das spanische Wort *maja* bedeutet soviel wie »Kokette«); Modell war die Herzogin von Alba, eine enge Freundin und wahrscheinlich die Geliebte des Künstlers. Dazu gibt es natürlich ein ebenso berühmtes Pendant, das Ihre Gnaden in angekleidetem Zustand zeigt.**

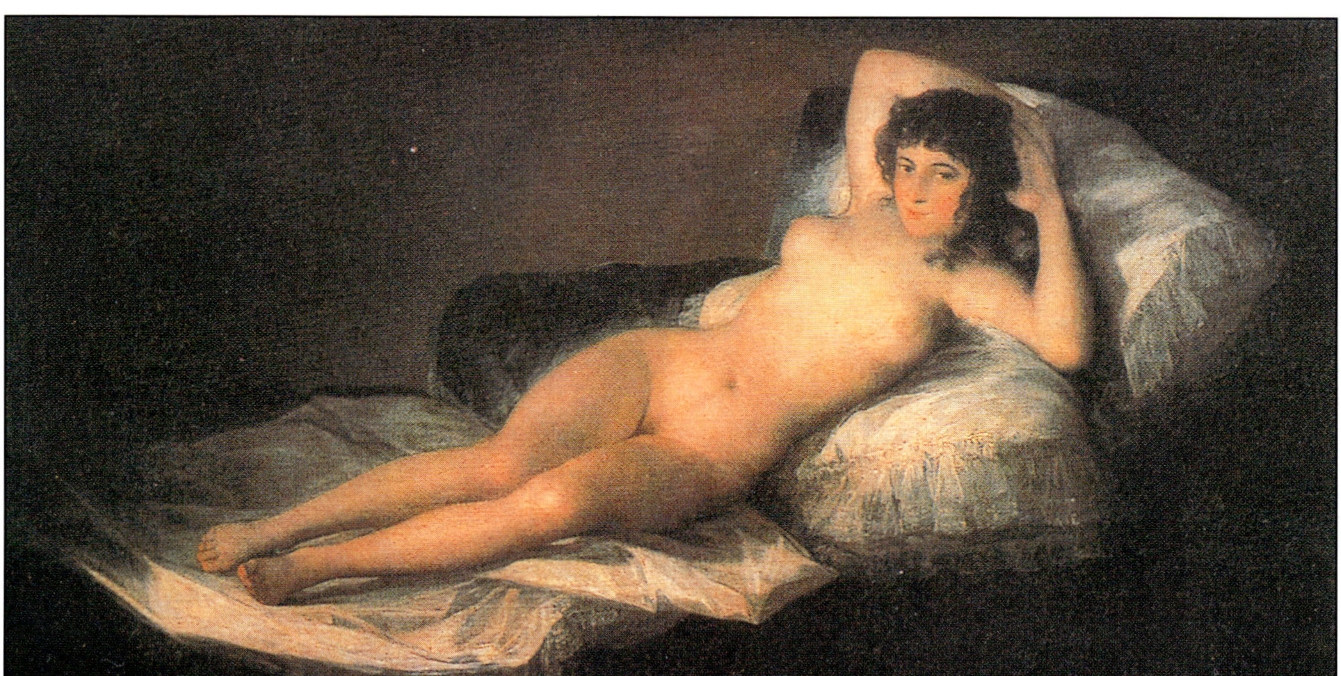

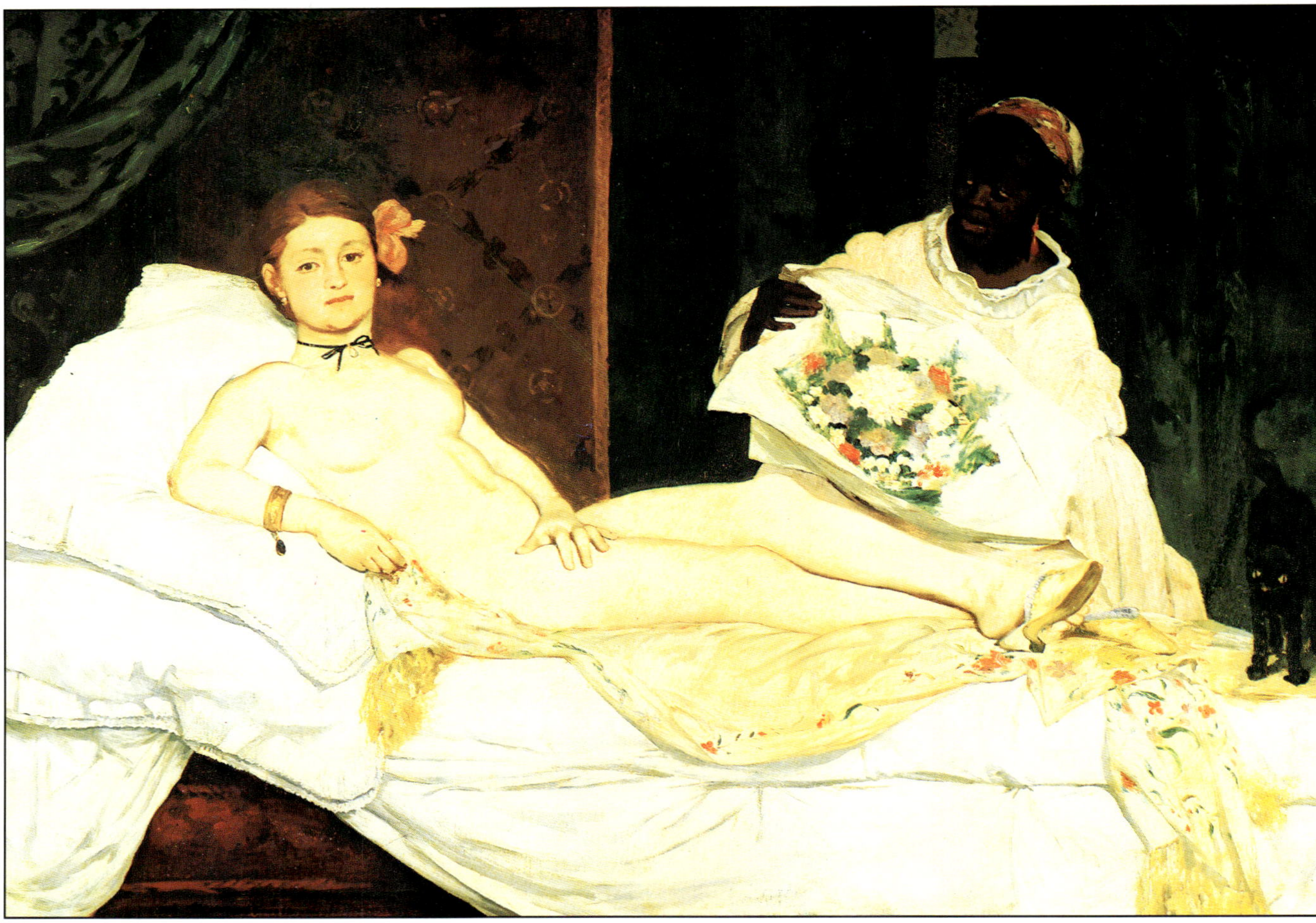

OBEN **Manets *Olympia* (1863) und Goyas *Maja Desnuda* von der vorigen Seite variieren beide das klassische Vorbild der Renaissance. Manets Bild steht am Ende einer langen Reihe von Venusdarstellungen. Der klassische liegende Akt, den Giorgione und Tizian wiederentdeckt hatten, wurde in Manets programmatisch-realistischer Sicht – ein Bild nach einem lebenden Modell in einer Situation, die damalige Betrachter als skandalös empfanden – bis an die Gegenwart herangeführt.**

Dem Frauenkörper huldigten Künstler wie Giorgione (1478–1510) und Tizian (1485?–1576) im 15. und 16. Jahrhundert mit ihren prachtvollen Venusbildern in klassischen Posen, und häufig auch Correggio (1489?–1534) im Rahmen antiker Motive. Aber vielleicht war Francisco Goyas (1746–1828) *Nackte Maja* das erste Bild, in dem ein Akt uns unverhohlen ansieht, und im 19. Jahrhundert betrachtet uns Edouard Manets (1832–83) *Olympia* von ihrem gewaltigen satinbezogenen Bett mit einem kühlen Blick, den nichts beirren kann.

Die Aktklasse, wo Künstler und Studenten zusammenkommen, um systematisch den Männer- und Frauenkörper zu studieren, ist ein relativ junges Phänomen, das sich erstmals im 18. Jahrhundert findet, und seitdem hat sich eine feste Tradition daraus entwickelt. Viele Künstler des 20. Jahrhunderts haben sich von klassischen Vorbildern befreit. Von den intimen Interieurs Pierre Bonnards (1867–1947), dem Licht und der Farben der »Odalisken« von Henri Matisse (1869–1954) bis hin zu den ebenso einfallsreichen wie zwingenden Formen Picassos ist der Menschenkörper ein unerschöpflicher Quell für Inspiration und Vielfalt gewesen. Nordische Künstler – Edvard Munch (1863–1944), Max Beckmann (1884–1950) und die deutschen Expressionisten etwa – haben zur gleichen Zeit in Akten die Befindlichkeit des Menschen reflektiert und kommentiert.

In Balthus (geb. 1908), Alberto Giacometti (1901–66), Richard Diebenkorn (geb. 1922) und Francis Bacon (1909–92) finden wir Künstler des späten 20. Jahrhunderts, in deren Werk die große Tradition der gegenständlichen Malerei fortlebt. Die Aktmalerei ist ein zentrales Element in ihrem Schaffen, und sie malen Bilder für unsere Zeit.

1

GRUNDWISSEN ZUR ÖL- UND AQUARELLMALEREI

Die wunderbaren Farben, mit denen wir arbeiten, bestehen aus Pigmenten, die mit einem Bindemittel zusammengehalten werden. Im Falle der Ölfarben handelt es sich um kaltgepreßtes oder raffiniertes Leinöl, manchmal auch Mohnöl. Die süditalienische Freskomalerei, bei der Farben in Wasser gelöst sind, bewährte sich im nördlicheren Klima nicht, und so entwickelte sich die Ölmalerei Anfang des 15. Jahrhunderts zunächst in Nordeuropa, bei den alten Niederländern. Im Laufe der nächsten 200 Jahre setzte sie sich nach und nach durch, gerade auch bei den jüngeren italienischen Malern, und bis zum 17. Jahrhundert hatte sie andere Maltechniken verdrängt.

Die trockenen Pigmente sind für die Aquarellmalerei weitgehend dieselben, doch werden sie hier in Gummiarabikum zerstoßen, das wiederum wasserlöslich ist. Als eigenständige Technik setzte sich die Aquarellmalerei erst im 18. Jahrhundert mit der englischen Aquarellistenschule durch. Mit Wasserfarben gefertigte Gemälde trocknen, indem das Wasser verdunstet, und das Gummi sorgt dafür, daß die Pigmente am Papier haften bleiben. Ölfarben hingegen »verseifen«: Unter Lufteinwirkung verändert das Öl sich chemisch, wird immer »seifiger« und entwickelt sich am Ende zu einer zähen Farbschicht.

Viele glauben, Aquarelle blichen schneller aus als Ölbilder (weil die Farbschicht dünner ist), doch stimmt das nicht. Solange man sie vor direktem und grellem Sonnenlicht schützt, ist ihre Lebenserwartung ebensogroß wie die eines Ölbildes, das man übrigens auch nicht ins grelle Licht hängen sollte.

Studien- oder Künstlerqualität?

Beim Farbenkauf kann man zwischen sogenannten Studien- und Künstlerfarben wählen. Für die Studienfarben spricht nur ein einziges Argument, nämlich der Preis, der bei allen angebotenen Farbtönen gleich niedrig ist. Deshalb werden bei diesen Farben die teureren Pigmente (wie etwa Kadmium) durch billigere Stoffe mit ähnlichem Farbwert ersetzt, bei denen Bezeichnungen wie Kadmiumrot sich nur auf den Farbton, nicht auf das Pigment beziehen. Sie enthalten oft Beimischungen – farbneutrale Substanzen, die die Farbe strecken –, wohingegen Künstlerfarben reines Pigment enthalten.

Wenn man mit dem Malen eben erst begonnen hat und eine große Zahl Farben auf einmal kaufen muß, schont es natürlich den Geldbeutel, zu den einfachen Farben zu greifen, doch sollte man sie so bald wie möglich durch bessere ersetzen. Letzten Endes zahlt es sich ohnehin nicht aus, denn von den billigen Farben werden Sie wesentlich mehr brauchen, um die gleiche Farbbrillanz zu erreichen wie mit Künstlerfarben; ebenso wie ein Pinsel in guter Qualität so lange hält wie mehrere billige.

Studienfarben haben oft zusätzlich zum Herstellernamen noch einen Markennamen und kosten für jeden Farbton das gleiche. Für Künstlerfarben ist die Bezeichnung *Künstler-Ölfarben* oder *Künstler-Aquarellfarben* vorgeschrieben, und der Preis ist je nach Kosten des Pigments unterschiedlich. Erdfarben kosten am wenigsten, Kadmium- und Kobalttöne am meisten. (Sehen Sie sich vor, wenn auf einer Tube etwas steht wie: *Ölfarben für Künstler* – das ist *nicht* das gleiche wie Künstler-Ölfarben!)

Als nächstes kommen wir zur Palette – nicht im Sinne eines Trägers, auf dem die Farben angemischt werden (davon wird gleich noch die Rede sein), sondern in dem Wortsinn, der die Bandbreite an Farben bezeichnet, die ein Maler verwendet. Eine verwirrende Anzahl von Farben ist auf dem Markt, doch die meisten davon braucht man nicht, außer für bestimmte Effekte oder weil man eine persönliche Vorliebe dafür hat; mit der Erfahrung wird jeder lernen, welche Farben er bevorzugt. Picasso sagte: »Eigentlich arbeitet man nur mit ein paar wenigen Farben, aber sie sehen nach viel mehr aus, wenn jede davon an Ort und Stelle ist.« Rembrandt arbeitete mit Gelb, warmen Braun- und Rottönen, einem blauen Pigment namens Smalte und gelegentlich mit Grün, Schwarz und Weiß. Bei Rubens und Tizian waren es nicht viel mehr Farben, und Monet, der große Maler des Lichts, arbeitete mit einer Palette, die auf Weiß, Smaragdgrün, Kobaltblau, *garance toncée* (gebrannter Krapplack) und Chromgelb begrenzt war.

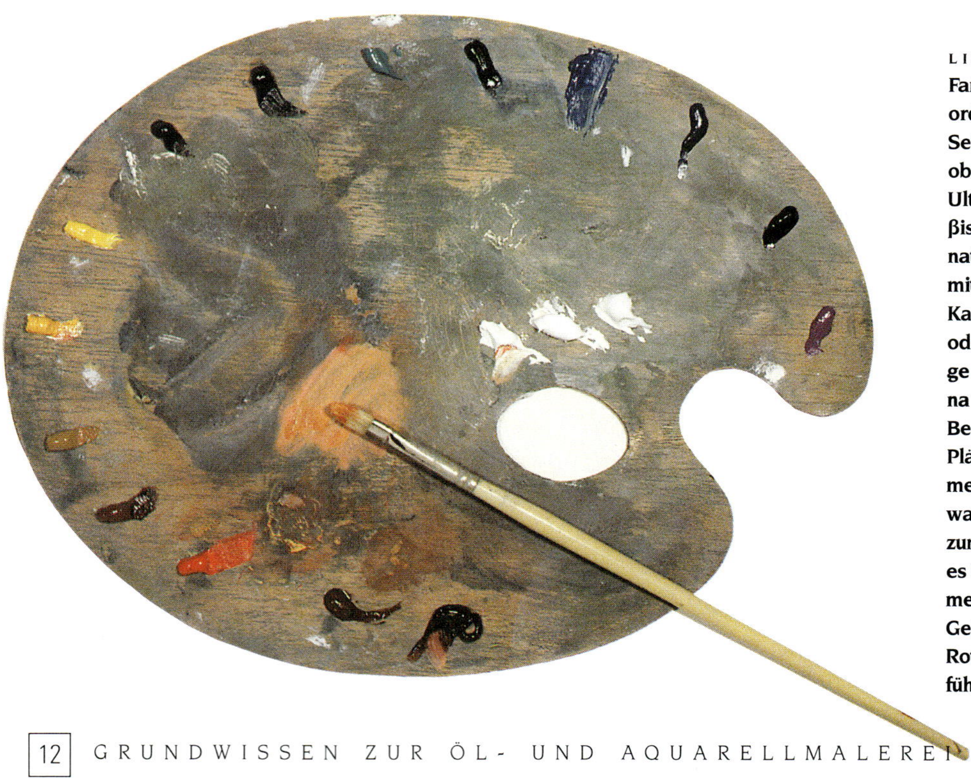

LINKS **Ein Maler sollte nicht nach seiner Farbe suchen müssen. Eine vernünftige Anordnung baut auf dem Farbkreis auf (siehe Seite 85). Die abgebildete Palette zeigt, von oben rechts im Gegenuhrzeigersinn: Violett, Ultramarin, Kobaltblau, Coelinblau, Preußischblau, Kobaltgrün, Chromgrün, Umbra natur, Kadmium-Zitronengelb, Kadmiumgelb mittel, Ockergelb, Terra di Siena gebrannt, Kadmiumrot, Marsrot, Krapprot (Alizarinrot oder Alizarinkrapplack) und Titanweiß. Einige dieser Farben – Kobaltgrün, Terra di Siena und Marsrot – gehören nicht zum festen Bestand, und entsprechend haben sie ihre Plätze auf der Palette zugewiesen bekommen. Die Farben wechseln von Violett zu warmen (d. h. violetten) Blautönen, von da zum kalten (d. h. grünen) Blau und zu Grün, es folgen kalte Gelbtöne, die allmählich wärmer werden und über Ockergelb zu heißem Gelb und Rot und schließlich über das kalte Rot (Karminrot) wieder zurück zum Violett führen.**

MATERIALIEN FÜR ÖLMALEREI

Es folgt eine Liste von Ölfarben, die als Grundausstattung empfohlen werden: Ultramarin, Kobaltblau, Coelin- oder Manganblau, (Phthalein- oder Preußischblau), (Kobaltgrün), Chromgrün, Umbra natur, Kadmium-Zitronengelb oder -Blaßgelb, Kadmiumgelb mittel, Ockergelb, (Terra di Siena natur), (Hellrot), Kadmiumrot, Marsrot, Krapprot und Titanweiß.

Ein Violett ist empfehlenswert, doch Kadmiumviolett in Künstlerqualität ist außerordentlich teuer, und man wird sich nach einem Ersatz umsehen müssen. Die eingeklammerten Farben sind nützlich, aber nicht notwendig. Schwarz wollen wir vorerst meiden, denn wenn man versucht, Farben damit abzudunkeln, wirken sie meist nur schmutzig.

Die äußere Form der Palette spielt keine Rolle. Wichtig ist, daß man sich seine Farben systematisch anordnet. Zunächst einmal sollten sie entlang des äußeren Randes aufgetragen werden, so daß möglichst viel Platz zum Mischen bleibt; außerdem erleichtert es später das Reinigen, wenn man die übriggebliebene Farbe nur von der Kante kratzen muß. Es gibt nichts Schlimmeres als eine Palette, über die kreuz und quer die Farben geschmiert sind. Das Malen braucht auch so schon genug Aufmerksamkeit.

Pinsel

Für die Ölmalerei sollte man nur Schweineborsten verwenden, die in den verschiedensten Formen und Größen zu haben sind. Es zahlt sich nicht aus, billige Pinsel zu kaufen, denn sie verlieren rasch ihre Form und werden schlaff. Es gibt drei Grundformen – rund, flach und zungenförmig. Als besten Allzweckpinsel würde ich den Zungenpinsel empfehlen. Er läßt sich flach verwenden, um große Flächen zu bedecken, mit der Schmalseite lassen sich Linien ziehen, und die Spitze eignet sich für feine Details. Ein kleiner Rundpinsel hilft bei Linien. Langstielige Zobelhaarpinsel (Rotmarderhaarpinsel) können für sehr feine Details nützlich sein. Doch im Grunde reichen Zungenpinsel in den Größen 5 und 8 für fast alle Gelegenheiten.

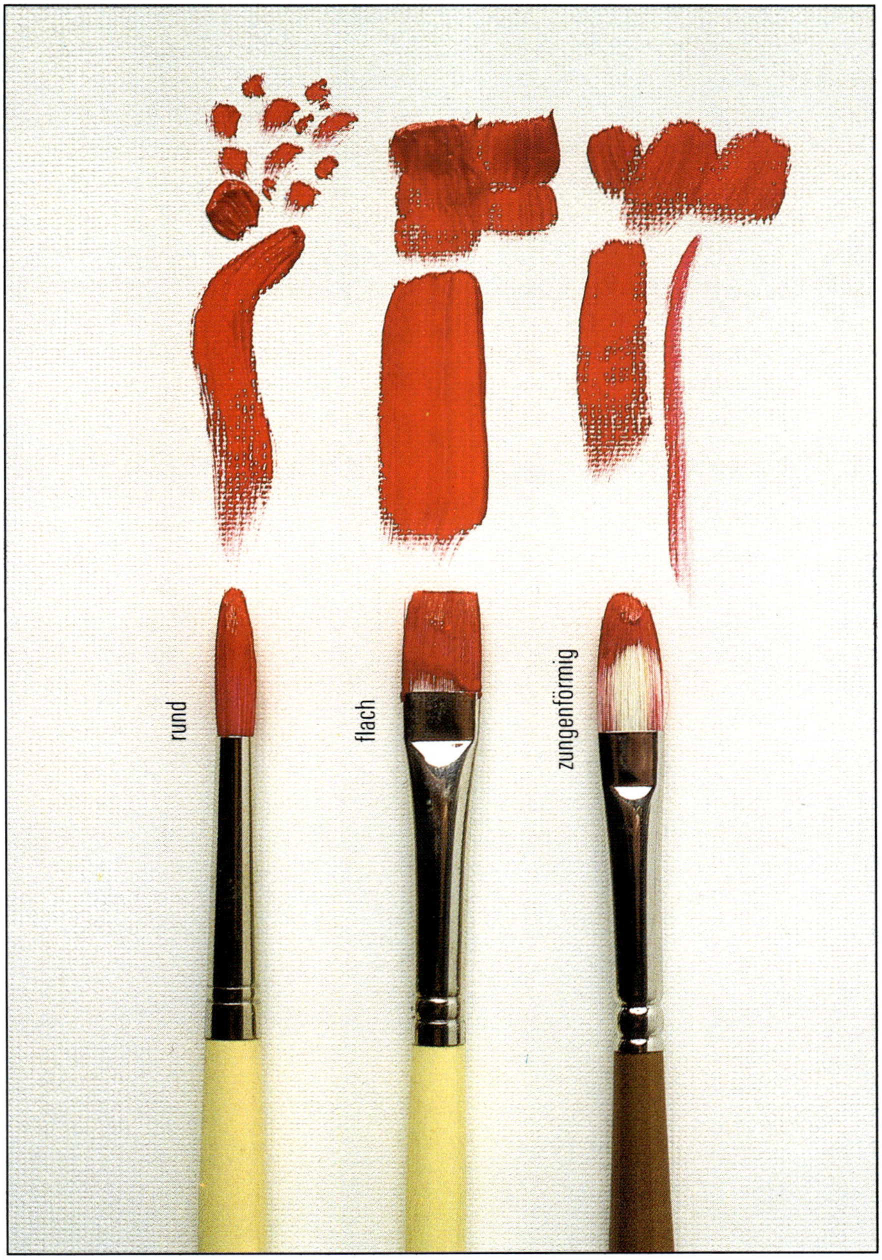

OBEN **Die drei grundlegenden Pinselformen der Ölmalerei und ihr typischer Strich.**

Palette

Paletten kann man fertig kaufen, und solche, die man schichtweise abziehen kann, erleichtern das Leben. Ich würde jedoch vorschlagen, daß Sie sich Ihre Palette selbst machen, indem Sie einfach die glatte Seite einer Hartfaserplatte mit klarem Firnis überziehen, den Sie über Nacht trocknen lassen.

Bindemittel

Spiritus zum Reinigen der Pinsel bei der Arbeit sowie echtes Terpentin, mit dem Sie die Farbe verdünnen, ist alles, was Sie brauchen werden. Kaufen Sie sie im Heimwerkerladen, denn dort bekommen Sie die gleichen wie im Malerbedarf, nur billiger. Raffiniertes Leinöl, mit dem Sie die Farbe in späteren Arbeitsphasen anrühren, kaufen Sie jedoch immer im Malerbedarf. Ein gutes Bindemittel für alle Zwecke ist eine 50:50-Mischung aus echtem Terpentin und Leinöl.

Malgrund

Holz: Sperrholz wellt sich gern, und die Schichten können sich voneinander lösen. Tischlerplatte ist solide, doch schwer. Hartfaserplatte ist im allgemeinen empfehlenswert; man sollte auf der glatten Seite malen. Die strukturierte Seite ist nicht mit Leinwand zu vergleichen – sie saugt die Farbe auf und ruiniert die Pinsel. Heute sind auch Hartfaserplatten mit zwei glatten Seiten im Handel. Größere Stücke brauchen auf der Rückseite Latten zur Verstärkung. Die sogenannte MDF-Platte (*mitteldichte Faserplatte*) zählt zu den besten und stabilsten Malgründen, die man heute kaufen kann, und ist in verschiedenen Stärken zu haben.

Ölmalpapier und Malpappe: Diese sind praktisch, doch schwer zu grundieren und ein wenig zu glatt zum Malen.

Leinwand: Fertig aufgezogene Leinwände sind teuer, und Zeit und Mühe lohnen sich, sie selbst aufzuziehen. Baumwolle sollte man meiden, da sie sehr empfindlich auf Feuchtigkeitsveränderungen reagiert. Sie verliert die Spannung, dann zieht sie sich wieder zusammen und beeinträchtigt so Grundierung und Farbschicht. Am besten ist Leinen, und die verschiedenen Qualitäten, die für künstlerische Zwecke Verwendung finden, sind in der Regel im Fachhandel oder Seglerbedarf zu bekommen.

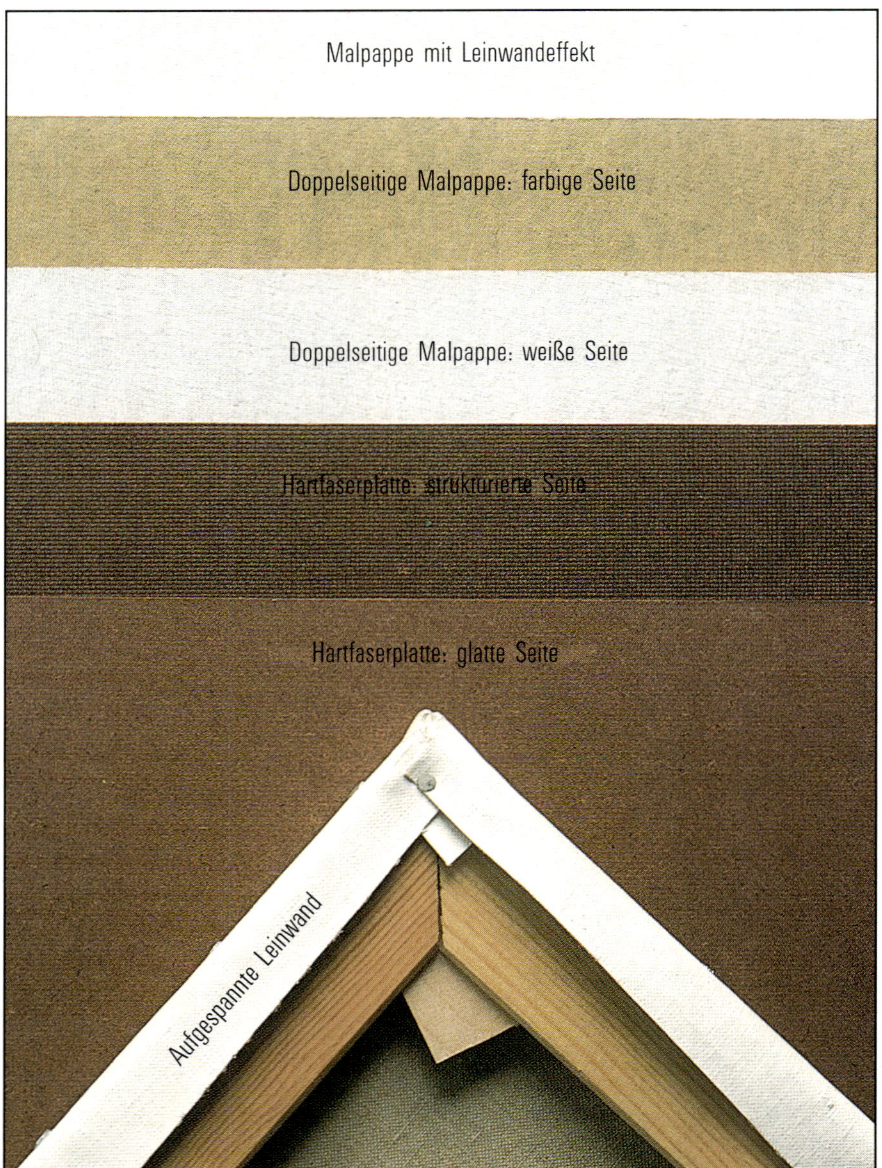

LINKS **Eine Auswahl an Malgründen für die Ölmalerei.**

Spannen der Leinwand

Leinwand wird in der Regel in großen Breiten am laufenden Meter verkauft. Die Dicke wird in Gramm pro Quadratmeter gemessen, d. h., eine Leinwand zu 500 g/m^2 ist dicker als eine zu 400 g/m^2. Um die Leinwand zu spannen, brauchen Sie spezielle Hölzer, die Sie in Fachgeschäften in mehreren Größen oder nach eigenen Maßangaben bekommen können.

Grundierung

Bretter, Hartfaserplatten, Pappen und Leinwände müssen grundiert werden, bevor man mit Ölfarben darauf malen kann. Besonders wichtig ist dies bei der Leinwand, denn sie wird zerstört, wenn sie unbehandelt mit dem Öl in Berührung kommt. Im Handel gibt es Acrylgründe, die keine Vorbehandlung brauchen. Sie sind ausreichend für Platten und sogar für Papier (eine gute mattweiße Emulsionsfarbe reicht auch). Für eine wirklich solide Grundierung sollten Sie Ihre Hartfaserplatte oder Leinwand jedoch zunächst vorleimen und dann mit einem Öltempera-Grund grundieren.

Grundierungsleim sollte man in einem guten Laden für Malerbedarf kaufen. Als bester gilt Polimentleim. Nehmen Sie gut 20 g Trockenmasse auf einen halben Liter kaltes Wasser. Lassen Sie den Leim über Nacht quellen, und erhitzen Sie ihn dann im Wasserbad, bis die Masse ganz aufgelöst ist. Erhitzen Sie den Leim niemals unmittelbar, und lassen Sie ihn nie kochen. Wenn der Leim Körpertemperatur erreicht hat, streichen Sie ihn mit leichter Hand gleichmäßig auf die Platte oder Leinwand. Vermeiden Sie Blasen, und achten Sie darauf, daß die Pinselstriche einander nicht überlappen. Leinwand wird sich durch diese Behandlung noch weiter spannen, wenn die Feuchtigkeit ausdünstet; deshalb darf sie zu Anfang nicht zu fest auf den Rahmen gespannt sein. Keile sollten erst beim fertigen Bild verwendet werden, um Spannungsverluste auszugleichen.

WIE MAN EINE LEINWAND SPANNT

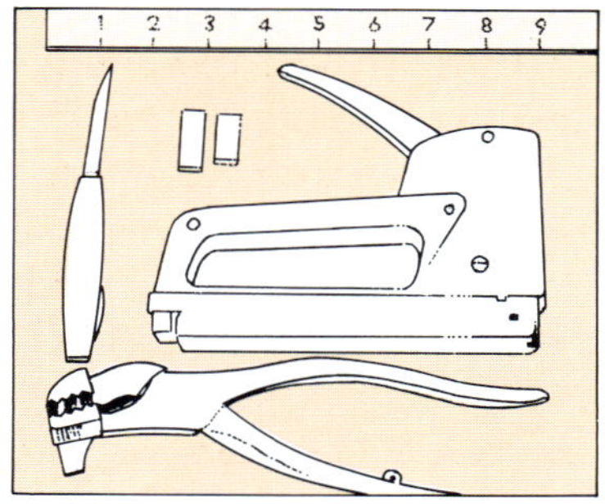

1 Die benötigten Werkzeuge sind Lineal, Messer, Heftapparat mit Klammern (oder Hammer und Tapeziernägel) sowie eine spezielle Spannzange.

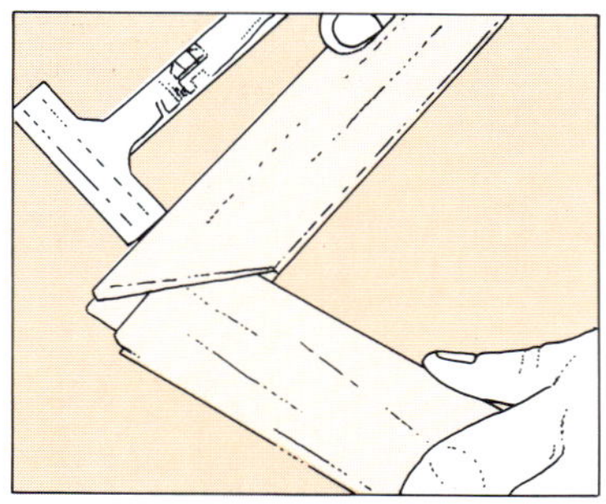

2 Fügen Sie die Rahmenteile an den vorgeschnittenen Stellen fest zusammen. Mit einem kräftigen Hammerschlag sorgen Sie für guten Sitz.

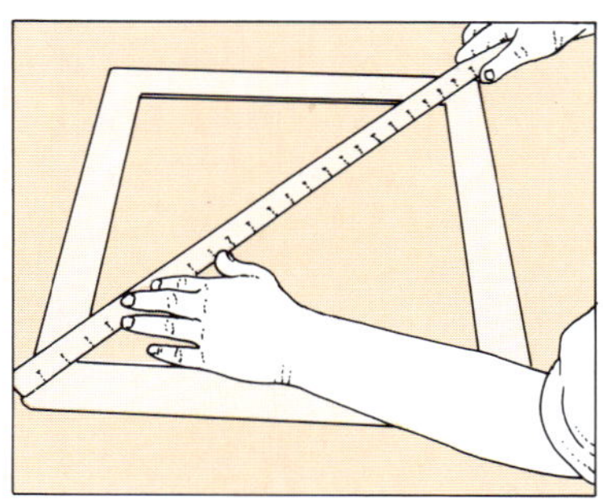

3 Vergewissern Sie sich, daß der Rahmen rechteckig ist. Beide Diagonalen müssen gleich sein.

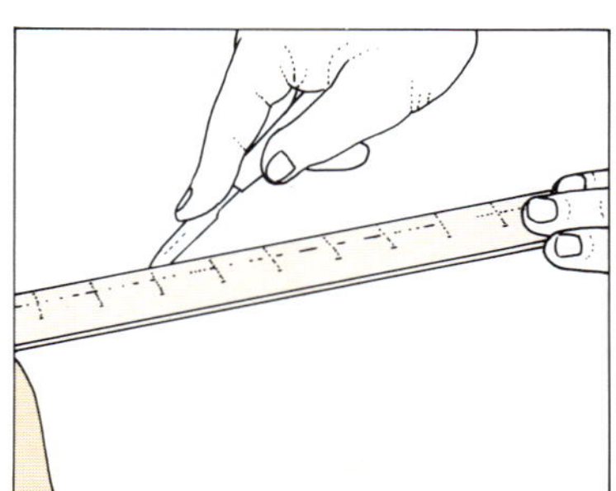

4 Schneiden Sie mit Hilfe von Lineal und Messer ein passendes Stück Leinwand zurecht. Es sollte auf allen Seiten etwa 4 cm größer sein als das Bildformat, damit Sie es umbiegen können.

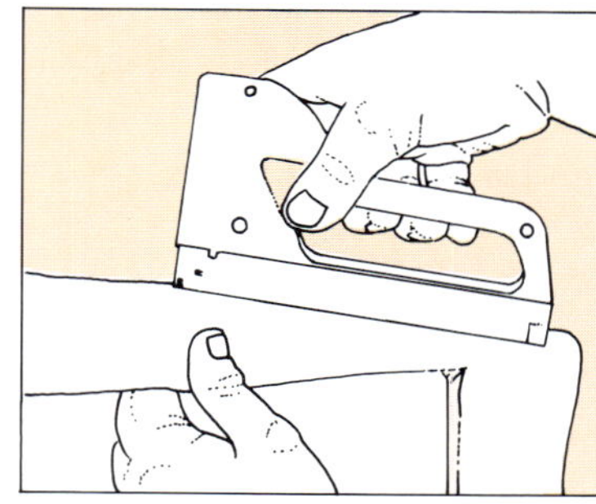

5 Legen Sie den Rahmen auf die Leinwand. Schlagen Sie die Leinwand an einer der vier Kanten darüber, und heften Sie sie an den äußeren Enden fest.

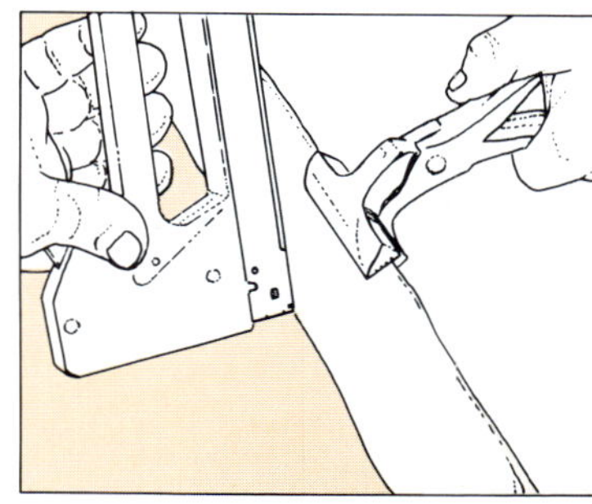

6 Am gegenüberliegenden Ende mit der Zange die Leinwand ziehen, bis sie gespannt ist. Festhalten. Wiederholen bei den beiden übrigen Seiten.

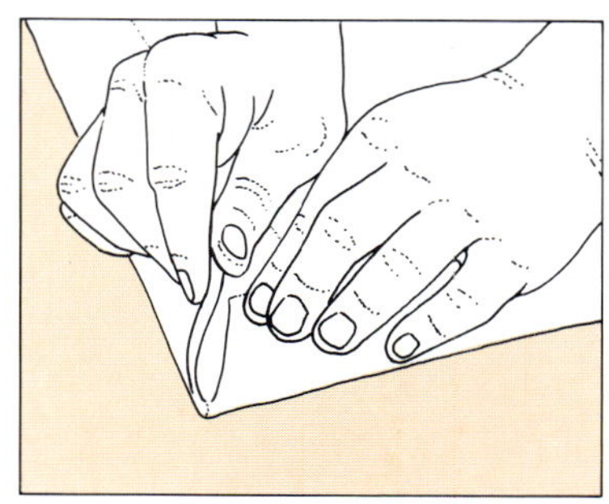

7 Mit Klammern im 7-cm-Abstand befestigen, an den Ecken 5 cm frei lassen. Enden der ersten Ecke so umschlagen, daß sie fest aufeinanderliegen.

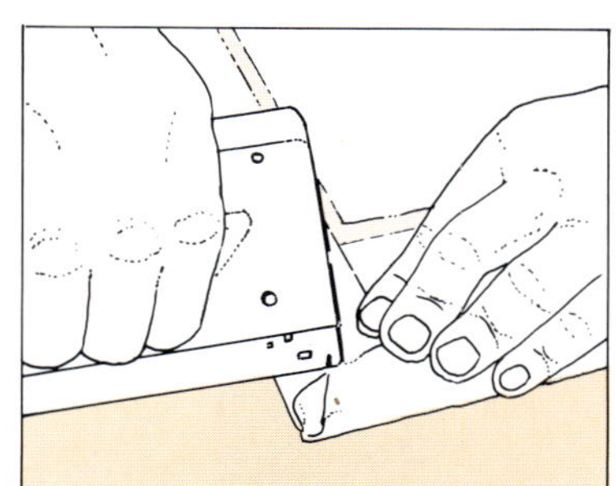

8 Fixieren Sie die Ecke mit zwei Klammern, und wiederholen Sie den Vorgang an den drei übrigen Ecken.

Lassen Sie diese Vorleimung trocknen, am besten über Nacht, dann ist die Leinwand bereit für die eigentliche Grundierung. Man kann einen Fertiggrund auf Ölbasis verwenden. Alternativ können Sie das unten angeführte Rezept für einen universellen Temperagrund nehmen, der sich auf Leinwand, Holz und Papier bewährt und als sehr dauerhaft erwiesen hat.

Nehmen Sie ein Ei, und verquirlen Sie es gründlich in einer Glasschüssel. Fügen Sie die gleiche Menge Leinöl hinzu, schlagen Sie noch einmal kräftig durch, und verquirlen Sie es ein drittes Mal, nachdem Sie die doppelte Menge Wasser hinzugefügt haben. Die Anteile sind also ein Teil Ei zu einem Teil Leinöl zu zwei Teilen Wasser. Die Reihenfolge, in der sie gemischt werden, ist entscheidend – das Ei ist der Emulgator, der die Verbindung aus Öl und Wasser erst möglich macht.

Nun nehmen Sie ein wenig trockenes Titanweiß-Pigment und ziehen es gleichmäßig unter, indem Sie es nach und nach hineingeben und kräftig mit dem Spatel umrühren. Die Mischung, die dabei entsteht, sollte etwas Butterartiges haben und leicht glitzern, wenn man sie mit dem Spatel ausstreicht. Am Ende nehmen Sie einige wenige Tropfen angewärmten Vorleim und fügen ihn zu der Mischung hinzu, bis sie sich leicht mit dem Pinsel verstreichen läßt. Nun können Sie Ihre Leinwand oder Platte damit grundieren, und Sie erhalten eine technisch solide Grundierung. Sie ist leicht absorbierend, genau das Richtige für die ersten Farbschichten.

MATERIALIEN FÜR DIE AQUARELLMALEREI

Eine Liste von Aquarellfarben wird nicht viel anders aussehen als die Liste der Ölfarben. Die Farben variieren bisweilen von Hersteller zu Hersteller. Sie werden ein wenig probieren müssen, bis Sie genau die richtigen Farben für Ihren Geschmack gefunden haben. Eine umfassende Palette von Aquarellfarben sollte folgendes enthalten: Ultramarin, Kobaltblau, Coelin- oder Manganblau oder einen Ersatz dafür, Phthalein- oder Preußischblau, Kobaltgrün dunkel, Kobaltgrün hell, Chromgrün, *stil-de-grain*-Rosa oder Aureolin, Kadmium-Zitronengelb oder -Blaßgelb, Kadmiumgelb mittel, Kadmiumrot hell, Krapprot und Ultramarinviolett. Für die reine Aquarellmalerei ist Chinesischweiß (Zinkweiß) nicht erforderlich.

Ob man sie in Tuben oder Näpfchen kauft, ist Geschmacksfrage. Mit Näpfchen kann man unmittelbarer arbeiten und braucht nicht jedesmal eine Tube zu öffnen. Tuben sind nützlich, wenn man große Mengen von einer bestimmten Farbe braucht oder wenn man etwas laviert. Aquarellmalkästen kann man leer kaufen und sie dann mit den Farben seiner Wahl füllen.

Pinsel

Für Aquarellpinsel gelten die gleichen Ratschläge wie für Ölpinsel. Es zahlt sich nicht aus, billige Pinsel zu kaufen, und bei Aquarellfarben fällt es noch mehr auf, wenn man mit einem schlechten Pinsel malt. Es gibt nichts Ärgerlicheres als einen schlaffen Pinsel, bei dem sich keine Spitze formen läßt. Deshalb sollte man, wenn immer möglich, mit Rotmarder oder Zobel arbeiten. Inzwischen sind zu erschwinglichen Preisen recht brauchbare Pinsel mit einer Mischung aus synthetischen und Zobelhaaren auf dem Markt. Prüfen Sie, ob der Pinsel »federt« – ein guter Pinsel darf nie zu weich sein.

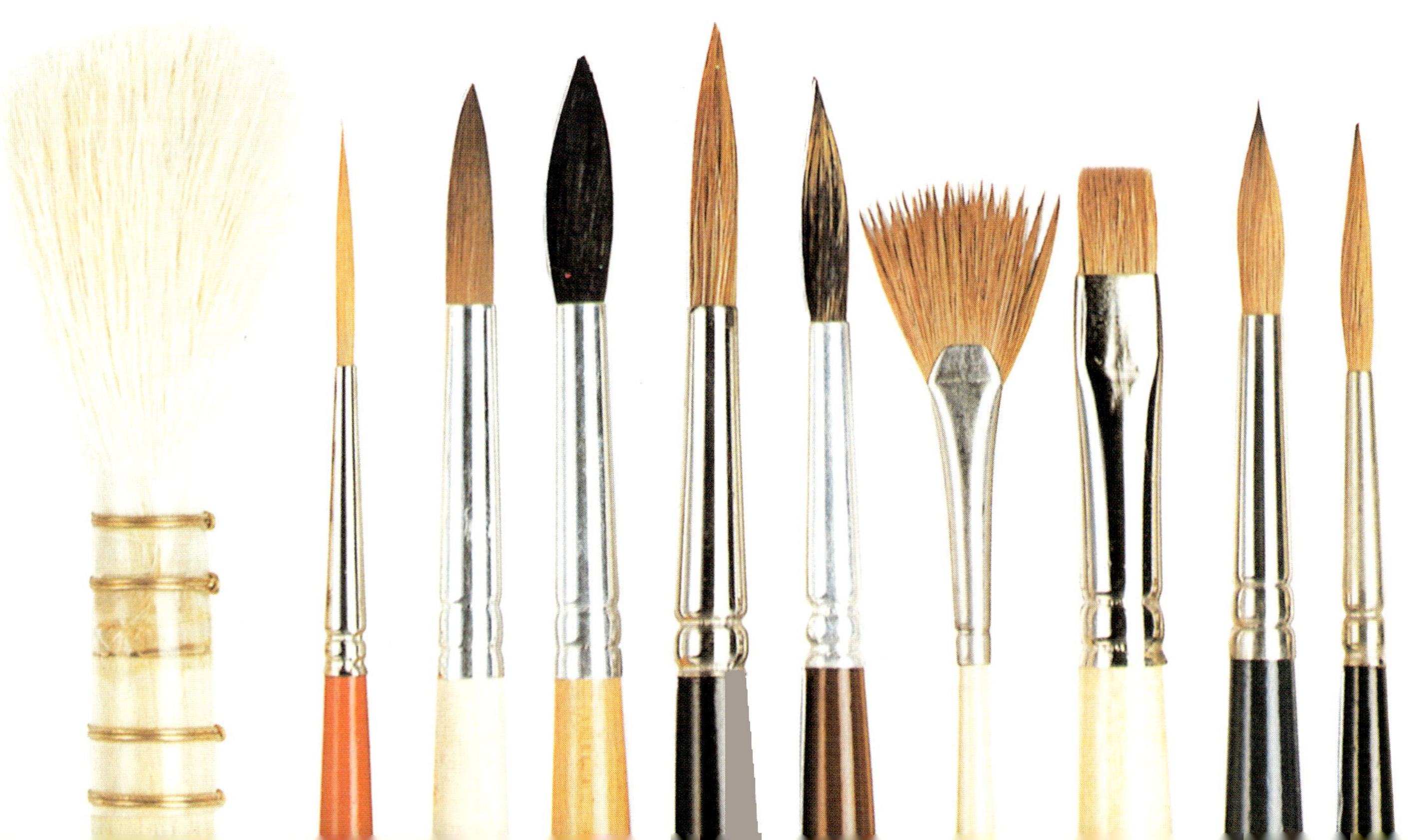

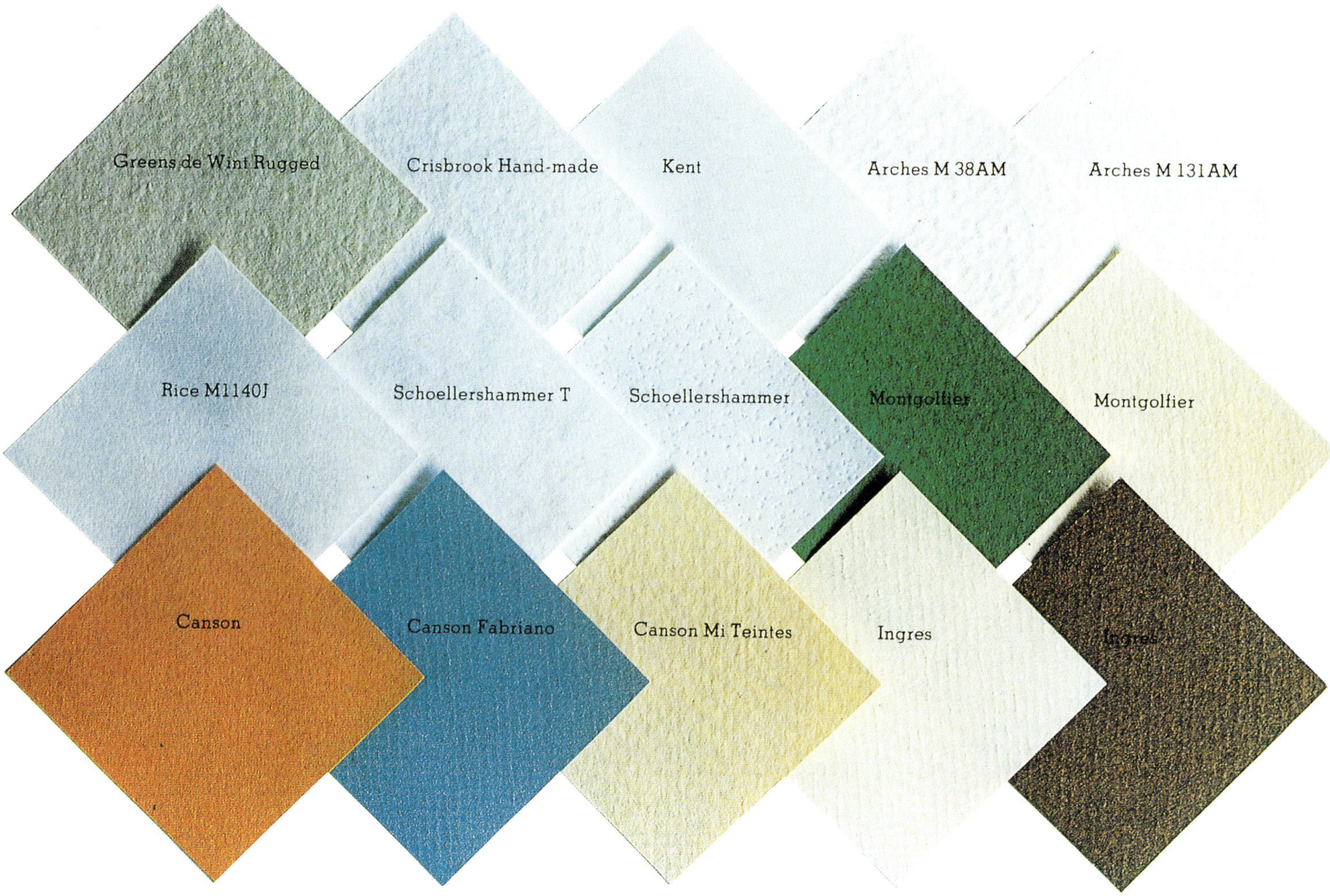

Papier

Drei Grundtypen von Papier sind gebräuchlich: *heißgepreßt*, ein glattes Papier; *un-* oder *kaltgepreßt* mit leichter Textur sowie *rauh* mit grober Textur. Das un- oder kaltgepreßte ist das beliebteste. Die mäßig rauhe Oberfläche hält Lavierungen gut; ein eher trockener Pinsel, der rasch über die Oberfläche gezogen wird, bringt die Textur gut zur Geltung, besonders bei den ersten Malschritten.

Die Dicke des Papiers wird in Gewicht ausgedrückt, in Gramm pro Quadratmeter. Die drei gebräuchlichsten Typen sind 185 g/m^2 (mitteldick), 300 g/m^2 (dick) und 640 g/m^2 (fast schon Karton).

Am besten ist ein Papier, das einen hohen Textilanteil hat, im Idealfall 100 % Baumwolle. Auch viele billigere Papiere sind gut brauchbar; achten Sie immer darauf, daß es holzfrei ist.

Papiere zu 185 g/m^2 und 300 g/m^2 müssen vor dem Gebrauch gespannt werden, damit sie sich nicht wellen, sonst wird der Auftrag ungleichmäßig, und die Farbe bildet Pfützen.

LINKS Ein buntes Sortiment Aquarellpinsel. Von links nach rechts: großer Verwaschpinsel, nützlich zum Lavieren; langer dünner Strichzieher (Schlepper) für feine Linien; Rundpinsel mit synthetischen Fasern; Rundpinsel, Mischborsten; Rundpinsel, Ochsenhaar; Rundpinsel, Eichhörnchenhaar; Fächerpinsel, Zobel (Rotmarder) hell; langstieliger Flachpinsel, Zobel; Rundpinsel, Zobel; Strichzieher, Zobel.

OBEN Einige Beispiele für die zahlreichen Arten von Aquarellpapier, die auf dem Markt sind.

WIE MAN PAPIER SPANNT

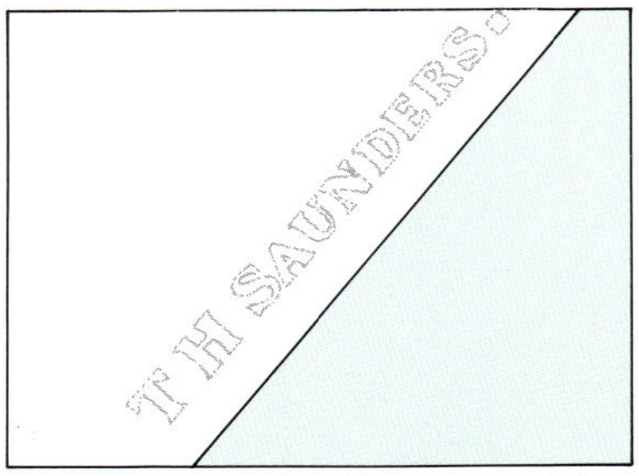

1 Vergewissern Sie sich zuerst, welches die Oberseite ist – halten Sie den Bogen ans Licht; das Wasserzeichen muß seitenrichtig zu sehen sein.

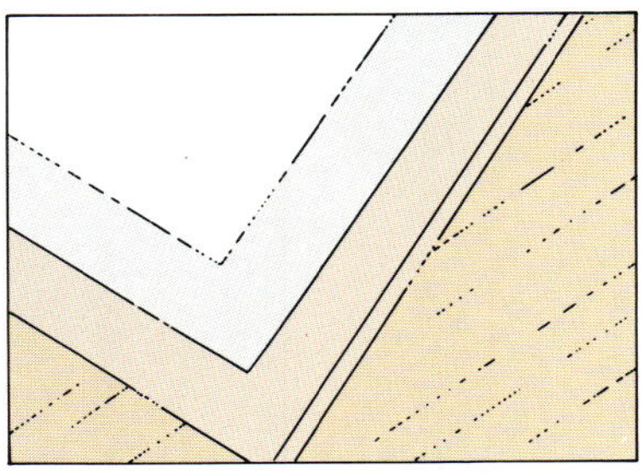

2 Schneiden Sie das Papier so zurecht, daß es auf das Zeichenbrett paßt; lassen Sie an allen Seiten des Bretts einen breiten Streifen frei, auf den Sie das Klebeband kleben können.

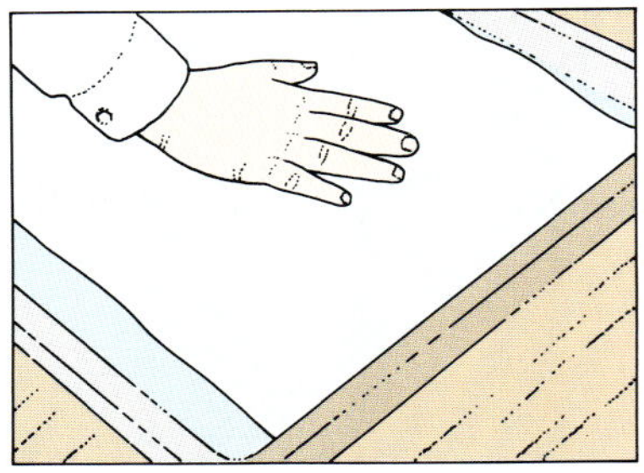

3 Tränken Sie das Papier in einer Schale oder einem Waschbecken ganz mit klarem Wasser. Die erforderliche Zeit hängt von der Art des Papiers ab.

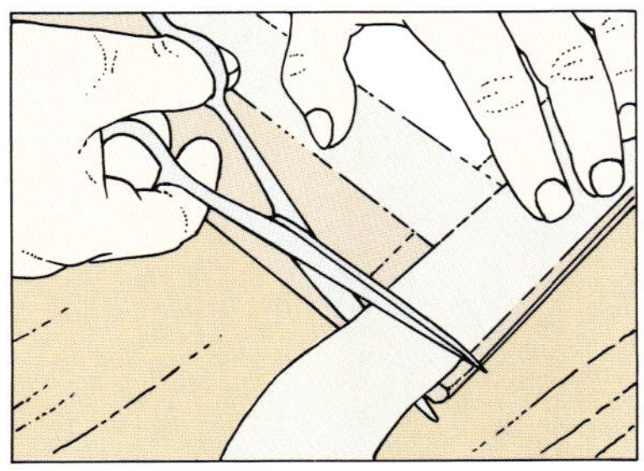

4 Messen Sie für die vier Seiten des Zeichenbretts entsprechend lange Streifen Papierklebeband ab.

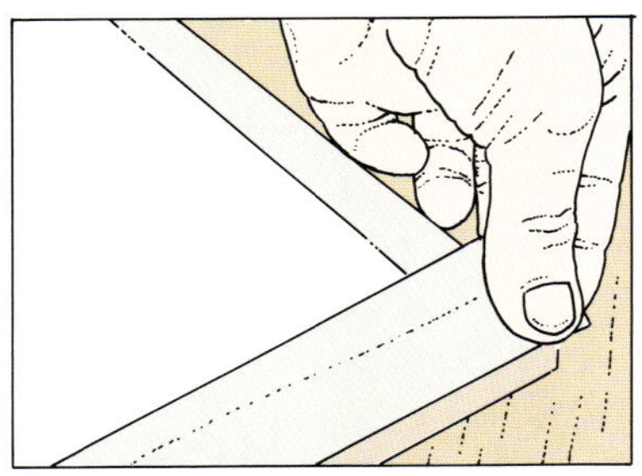

5 Nehmen Sie das Papier aus dem Wasser und trocknen Sie es ab. Legen Sie es auf das Brett und kleben Sie angefeuchtetes Klebeband auf eine der vier Seiten.

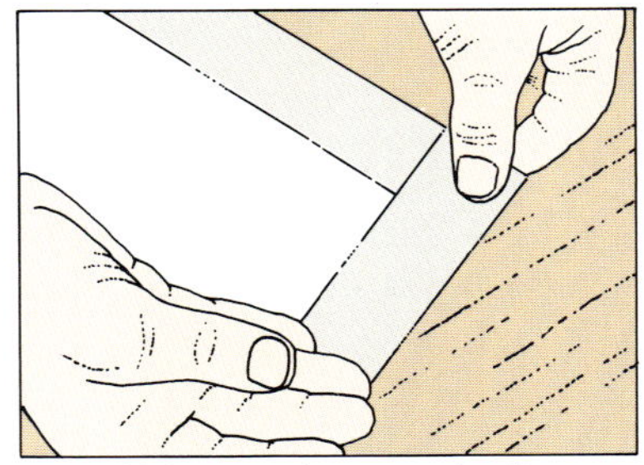

6 Verkleben Sie die gegenüberliegende, dann die beiden anderen Seiten. Achten Sie darauf, daß das Papier dabei flach liegenbleibt.

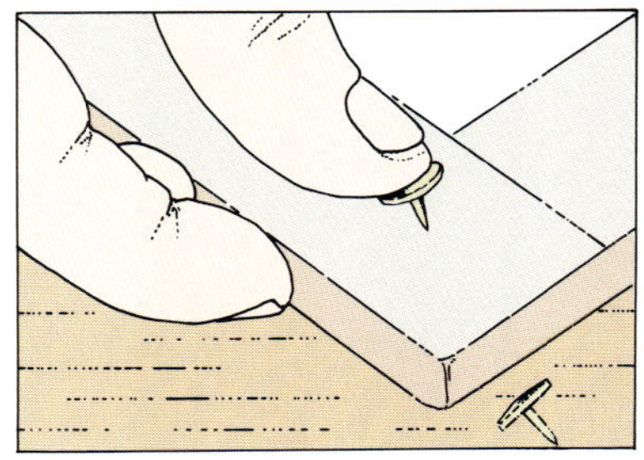

7 Um das Papier noch weiter zu fixieren, drücken Sie eine Heftzwecke in jede der vier Ecken. Lassen Sie das Papier an der Luft trocknen, sonst wird es vielleicht reißen.

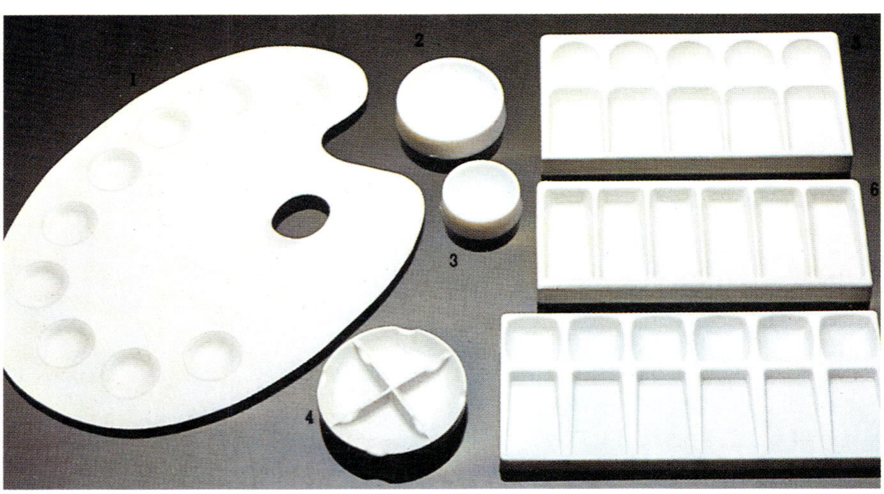

LINKS Eine Auswahl von Paletten für die Aquarellmalerei.

2

DAS WESENTLICHE SEHEN LERNEN

Bevor man zum ersten Mal zum Pinsel greift, muß man lernen, wie ein Maler zu *denken*. Mit dem Pinsel bringt man Farbe auf den Malgrund und kann damit Form und Raum beeinflussen – das ist etwas anderes, als wenn man Linien zeichnet und sie dann ausfüllt oder Umrisse zeichnet und die entstandene Fläche koloriert. Mit einigen wenigen Strichen kann der Pinsel weite Flächen von Papier oder Leinwand bedecken.

Daher muß man lernen, den Blick zu konzentrieren. Selbst die auffälligsten Details sind zu Anfang weniger wichtig als das Gefühl für das Ganze, das Sie entwickeln müssen. Eine gute Formel für diesen Arbeitsprozeß, der vom Allgemeinen zum Speziellen voranschreitet, fand Eugène Delacroix, als er sagte: »Ich fange mit dem Besen an, und den letzten Strich mache ich mit der Nadel.«

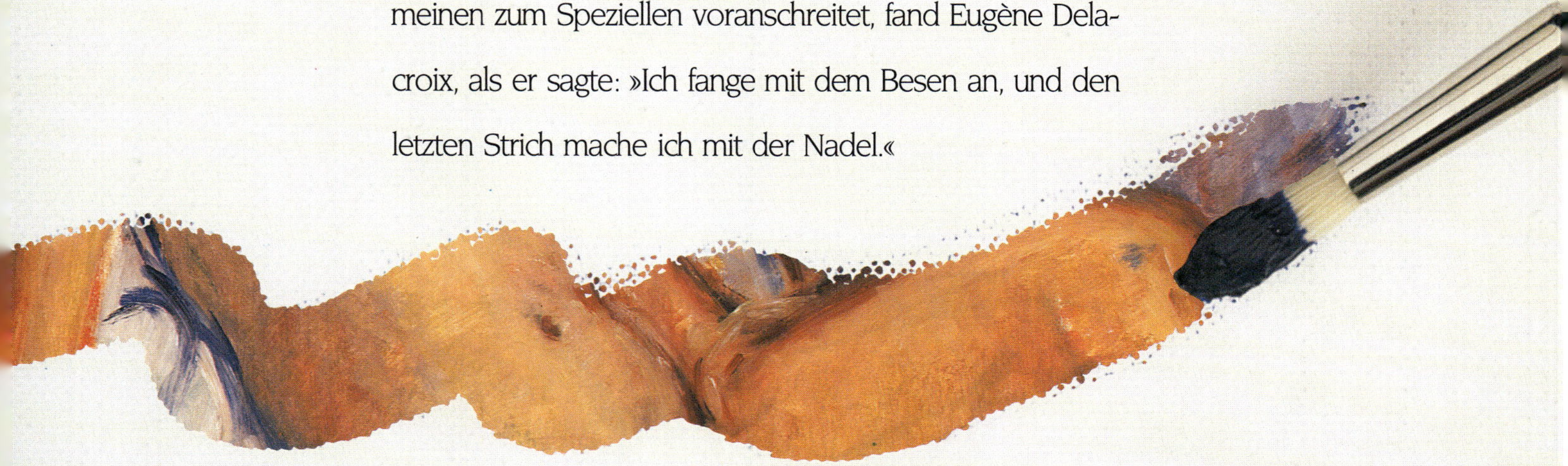

SITZENDES MÄDCHEN, SEITENANSICHT

DAVID CARR

Aus zwei kleinen Stücken Pappe und mit einer auf das Notwendigste beschränkten Palette entstehen hier zwei rasch hingeworfene Ölskizzen. Der Künstler hat sich vorgenommen, alles so einfach wie nur möglich zu sehen und darzustellen. Die Palette besteht aus Ultramarin, Coelinblau, Chromgrün, Kadmium-Zitronengelb, Kadmiumgelb, Ockergelb, Kadmiumrot, Krapprot und Titanweiß, in den frühen Arbeitsphasen mit Terpentin verdünnt. Die Pinsel sind Schweineborsten, ein Zungenpinsel Nr. 5 und ein Rundpinsel Nr. 2. Die Pappen sind 25 x 27,5 cm groß und mit Fertiggrundierung behandelt.

1

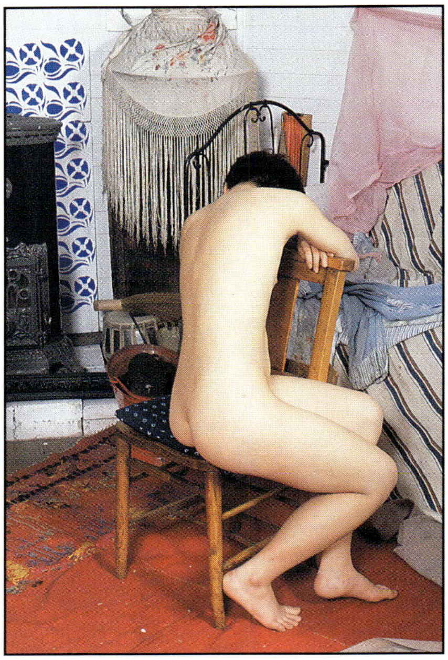

2

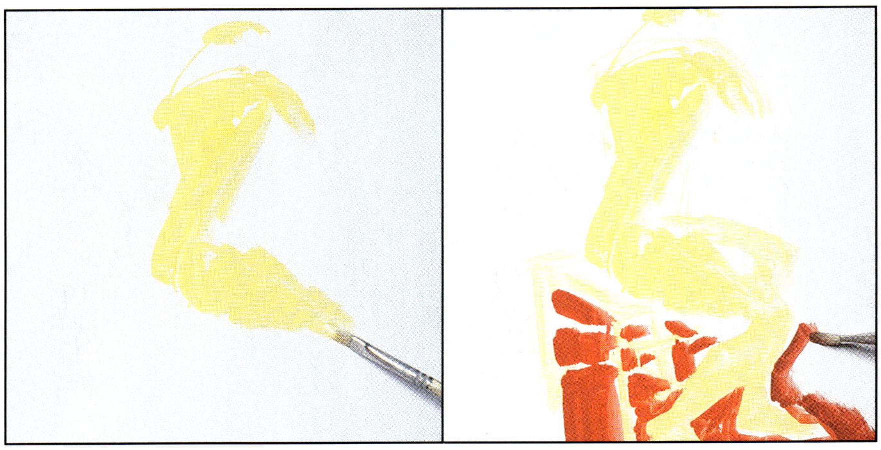

3

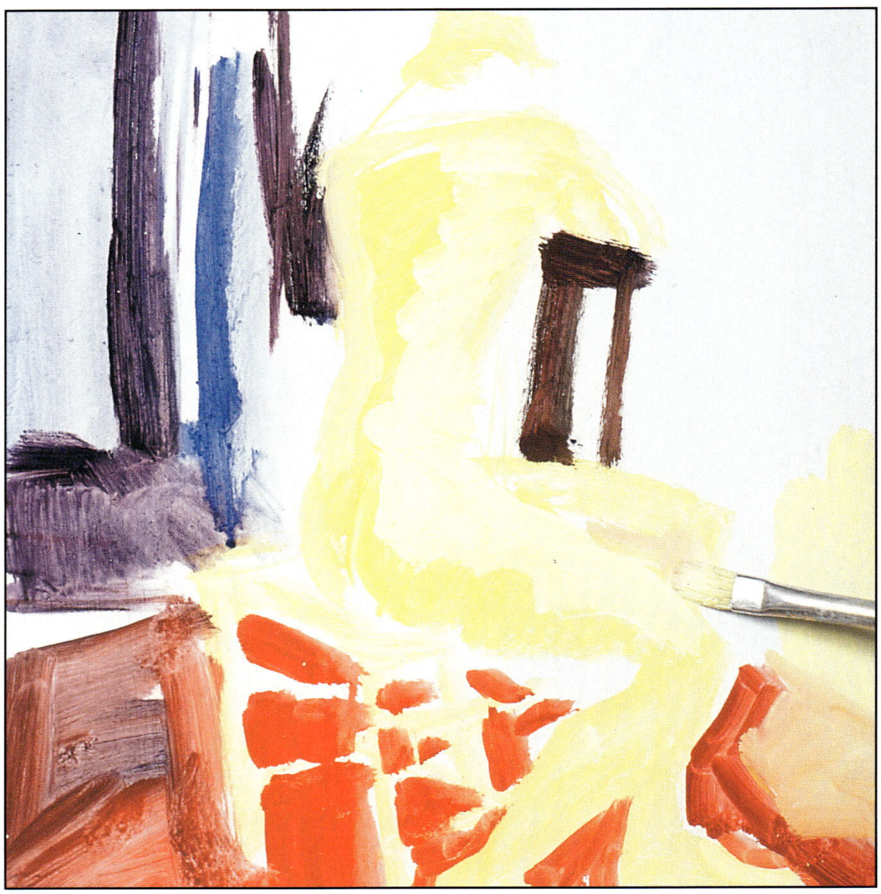

1 Das Modell sitzt seitwärts auf einem Stuhl, die Arme auf der Lehne verschränkt.

2 Der Maler nimmt ein wenig relativ stark verdünntes Kadmiumgelb und malt zunächst mit dem 5er-Pinsel die Grundform der Figur. Es gibt keine Vorzeichnung. Statt dessen faßt der Maler die Figur als zweidimensionale Fläche auf. Der Stuhl wird indirekt durch die ebenfalls flächig aufgefaßten und mit Kadmiumrot gemalten Zwischenräume dargestellt.

3 Mit Ultramarin und Krapprot werden weitere Flächen rund um die Figur angelegt. Das ganze Bild sieht nun aus wie ein zweidimensionales Puzzle aus ineinandergreifenden Flächen. In dieser Arbeitsphase werden der Figur mit einer Mischung aus Kadmiumgelb und Weiß einige einfache Konturen verliehen.

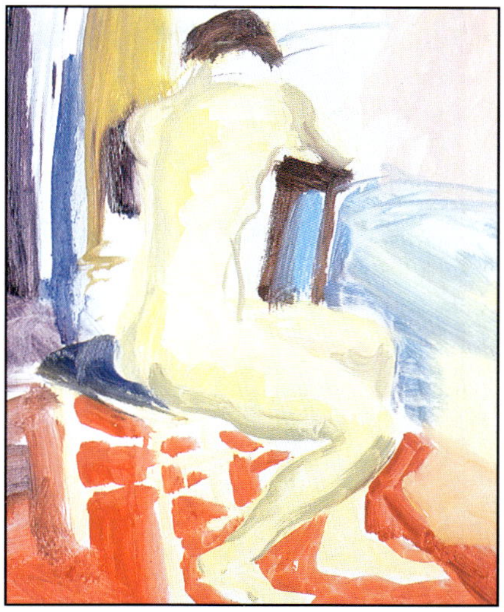

4

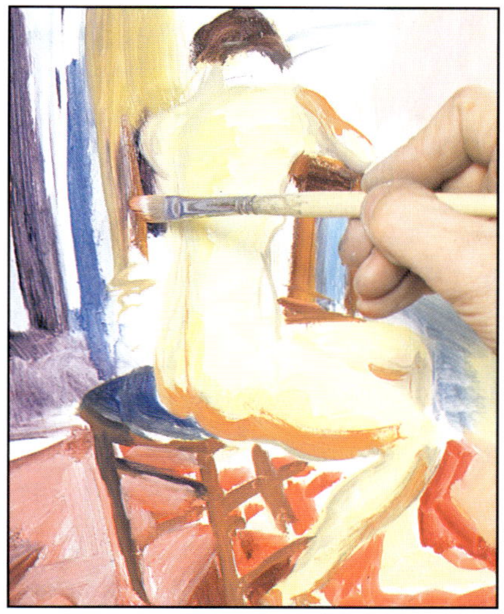

5

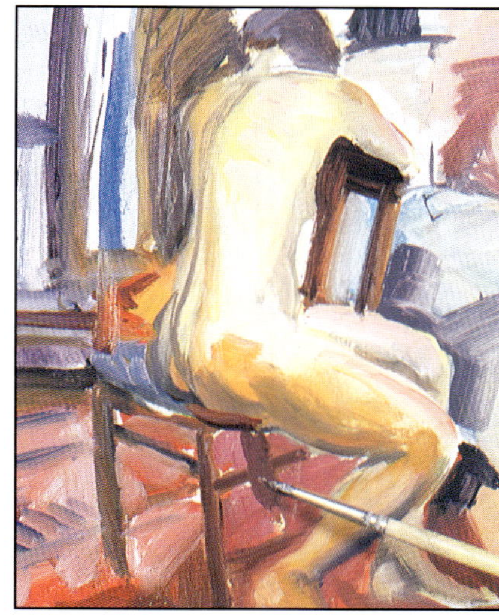

6

4 Nun kommen einige dunklere Züge der Figur hinzu, mit sehr feinen hellgrünen und blauen Strichen auf die noch nasse gelbe Farbe. Achten Sie darauf, daß die Begrenzungslinie entlang des Oberkörpers der Figur erst gezogen wird, wenn deren Gestalt schon feststeht. Es soll nicht gezeichnet und dann ausgefüllt werden.

5 Als nächstes bekommt der Raum rundum mit Hilfe von Farbabstufungen Tiefe, und einige wärmere Schatten der Figur, vor allem unterhalb des Schenkels, kommen hinzu.

6 Weitere Raumwirkung wird durch die Verwendung kalter und warmer Farben erzielt. Der karminrote Teppich wird mit Linien in Ultramarin versehen, und die Bereiche rund um die Figur werden definiert. Das Bild hat nun eine klare, eindeutige Aussage.

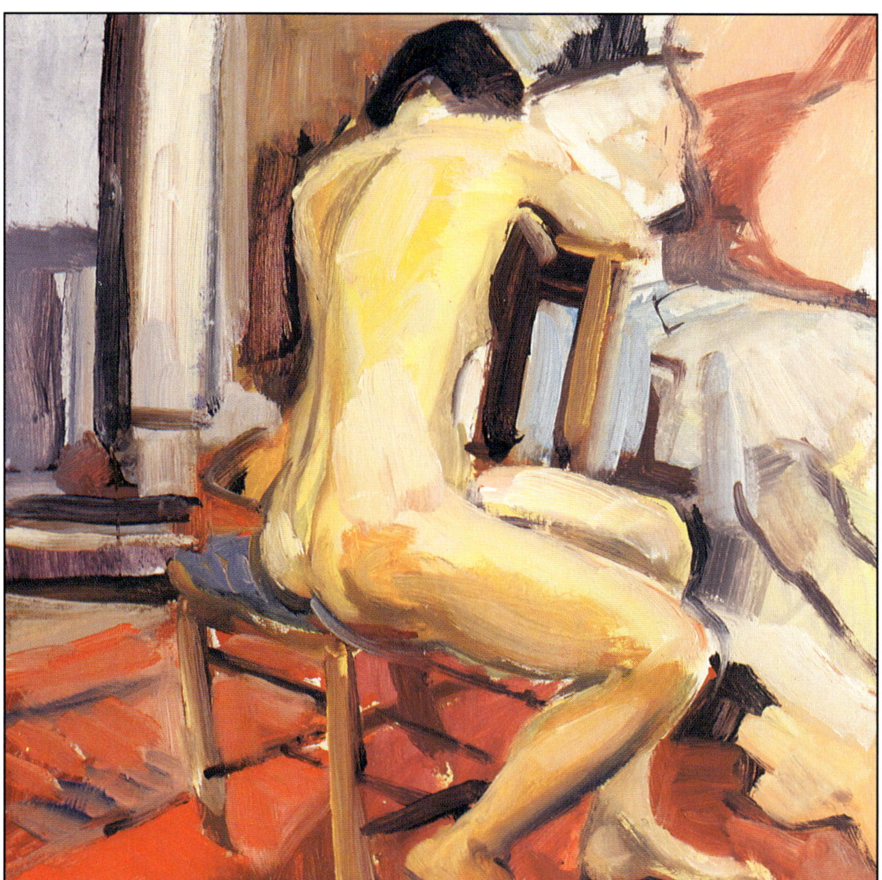

7

7 Jeder Teil der Bildoberfläche leistet seinen Beitrag zur Wirkung, und die mit einfachen Mitteln entworfene Figur hat eine überzeugende Raumwirkung.

MÄDCHEN, AUF STUHLLEHNE SITZEND

DAVID CARR

Dieser Versuch ist nicht ganz so gut gelungen wie das Bild auf Seite 20. Trotzdem zeigt es, worauf es ankommt. Die Betonung der Vertikalen hätte eine Pappe in einem anderen Format erfordert.

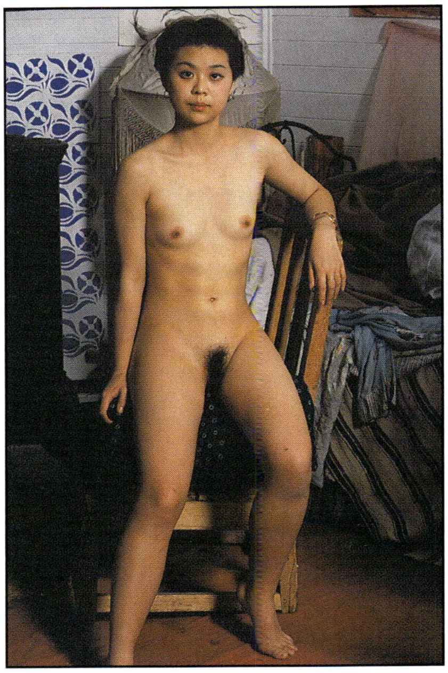

1

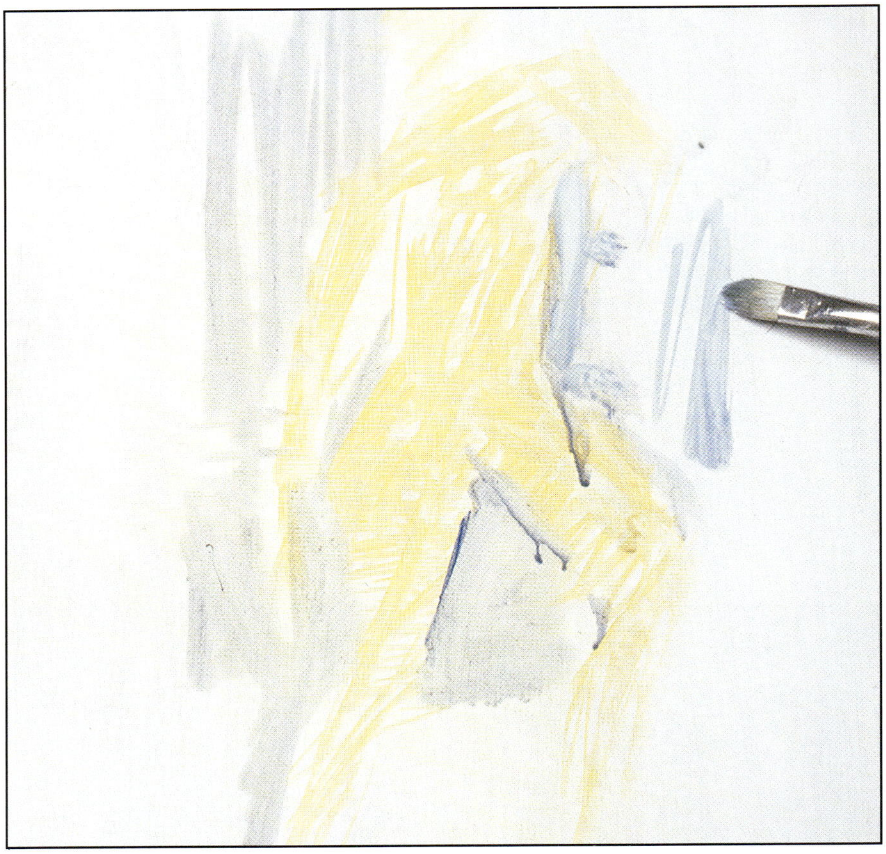

2

1 Das Modell sitzt halb auf der Lehne des von der Seite gesehenen Stuhls.

2 Achten Sie auch hier wieder darauf, wie einfach und direkt Figur und Umgebung mit verdünnter Farbe Gestalt annehmen.

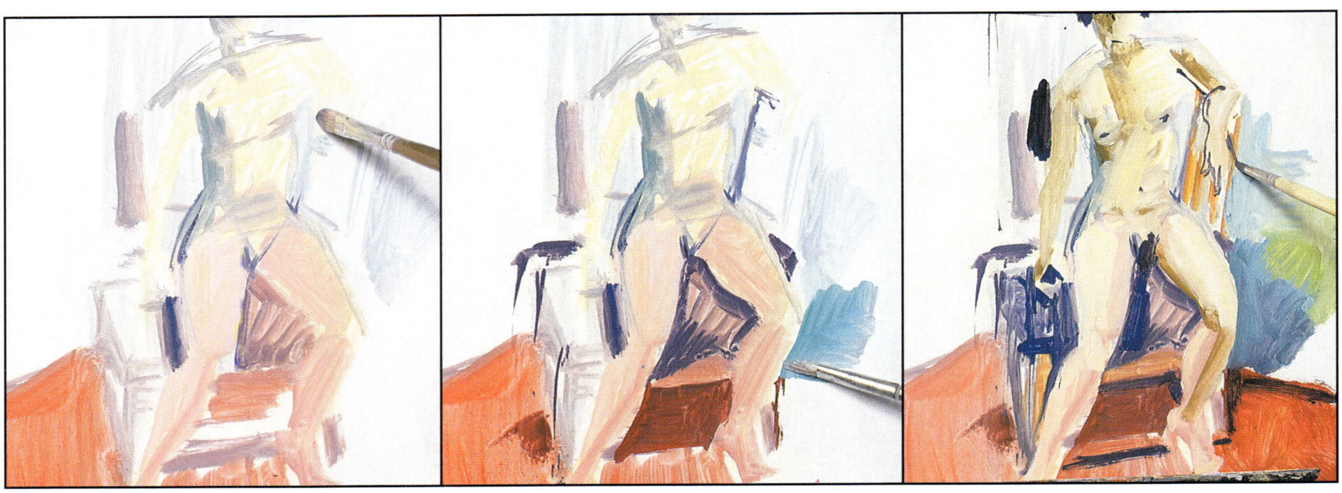

3

3 Nach und nach entwickelt der Künstler die Flächen rund um die Figur. Die Achsen von Schultern, Brust und Becken sind gut getroffen. Beachten Sie, wie das Bild sich mittels einer Kombination aus Linien und Massen entwickelt, nicht durch eine vorgegebene Strichzeichnung, die dann ausgemalt würde. Sich das Bild als ein Puzzle ineinandergreifender Farbflächen vorzustellen ist eine gute Hilfe.

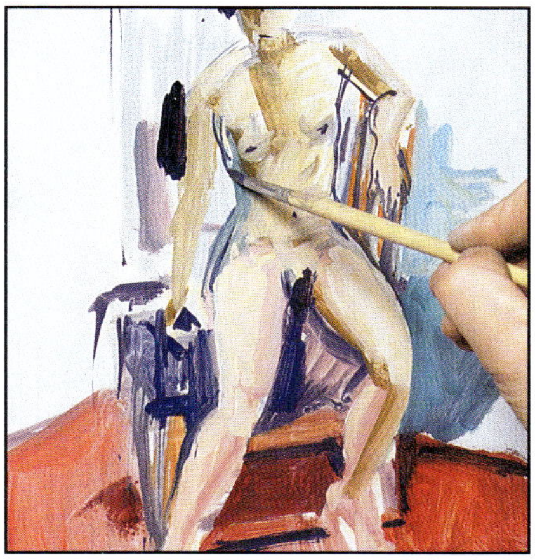

4

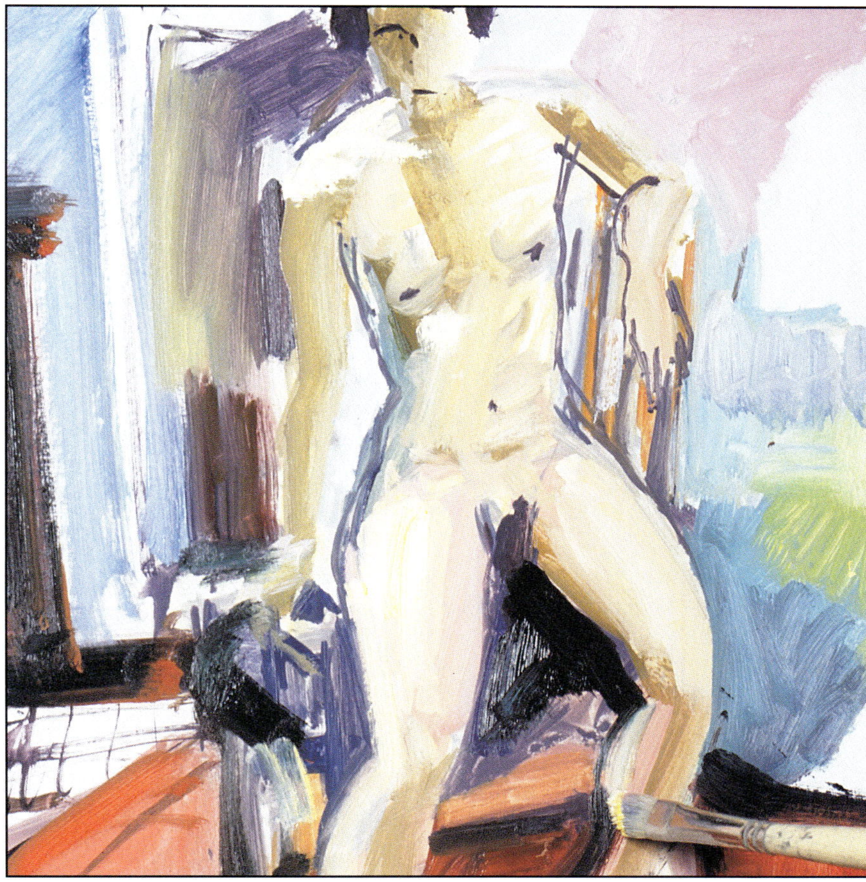

5

4 In diese einfachen Flächen hinein malt der Maler nun mit einem dünnen Pinsel. Die rechte Seite der Figur und ihr linker Arm sind sorgfältig durch die umgebenden Flächen definiert.

5 Nun kommt wieder der 5er-Zungenpinsel zum Einsatz, um die Figur noch klarer herauszuarbeiten. In dieser Phase bekommt die Haut ihren kühlen Zitronenton.

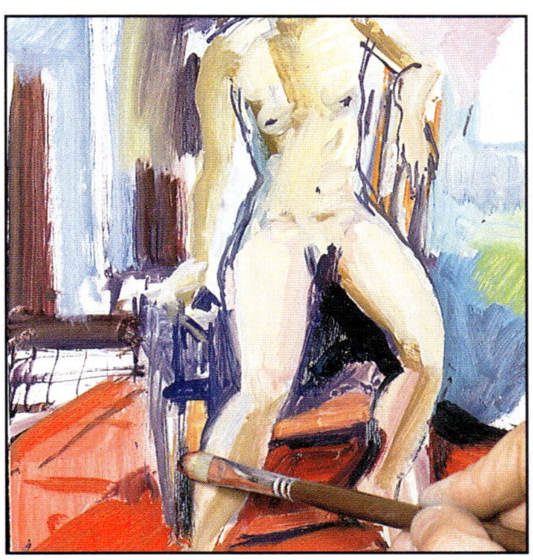

6

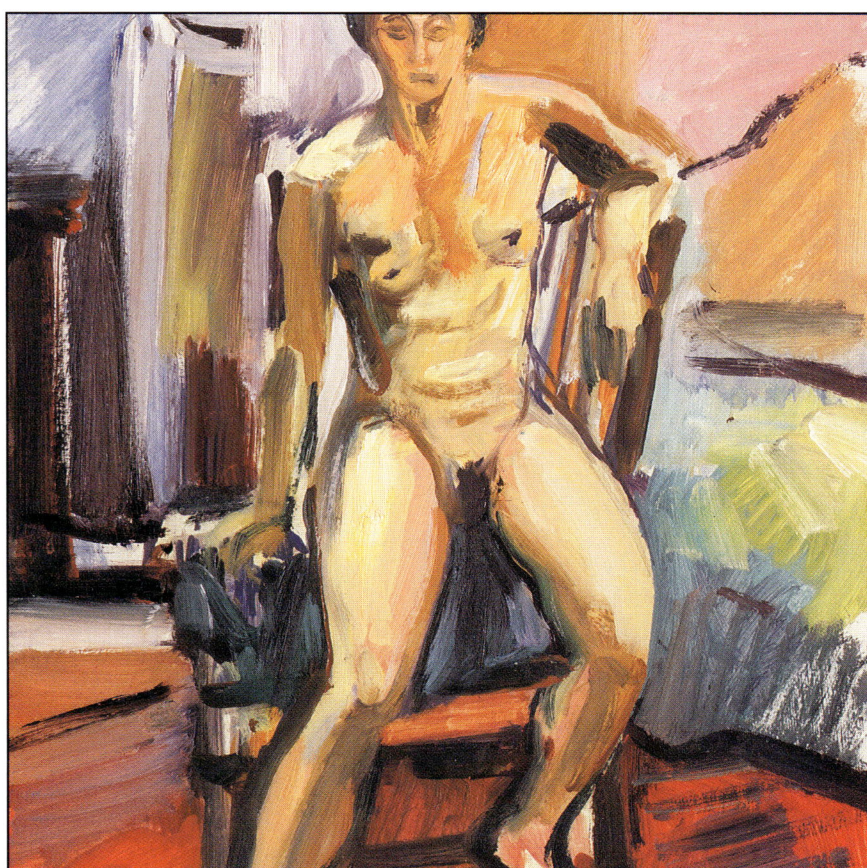

7

6 Als nächstes gibt der Künstler dem Raum rund um die Figur mehr Gestalt und Zusammenhalt.

7 Mit kräftigen Pinselstrichen kommen um die Beine und die Sitzfläche des Stuhles herum stark abgrenzende Linien hinzu. Kopf und Schultern gewinnen Konturen, und auch wenn Kopf und Füße nicht ganz auf das Bild gekommen sind, ist eine äußerst nützliche Vorstudie entstanden, die zu einem feiner ausgearbeiteten Bild führen könnte.

FRAU AM FENSTER

KAY GALLWEY

Ein neues Medium – in diesem Falle Aquarellfarben – bedeutet nicht, daß der grundsätzliche Ansatz sich ändert. Die Einstellung bleibt dieselbe. Aquarellfarben sind ein ideales Mittel, wenn es darauf ankommt, das Wesentliche zu sehen. Wenn man die Unmittelbarkeit der Aquarellmalerei zu nutzen versteht, wird ein Bild entstehen, bei dem jedes Detail dem Gesamteindruck untergeordnet bleibt.

Die Künstlerin arbeitet hier mit einer Palette, die sich auf Ultramarin, Permanentgrün, Vandyckbraun, Kadmiumgelb und Kadmiumrot beschränkt. Das Papier hat einen warmen Beigeton, und als Werkzeug braucht man nur einen 2er-Pinsel und zwei kleine Stückchen Papier von der Küchenrolle.

1 Mit Hellorange (gemischt aus Kadmiumgelb und -rot) wird die Figur kaum sichtbar laviert, und dann kommt der Vorhang, vor dem das Modell steht, in kräftigerem Kadmiumrot hinzu. Einige Striche Ultramarin in die noch nasse Farbe heben die Form hervor. Damit die Übergänge nicht zu hart sind, werden sie mit Tissue verrieben. Mit dem Tuch läßt sich auch überschüssige Feuchtigkeit aufsaugen.

2 Ein paar Tupfer Vandyckbraun helfen, die Kanten der Form zu definieren.

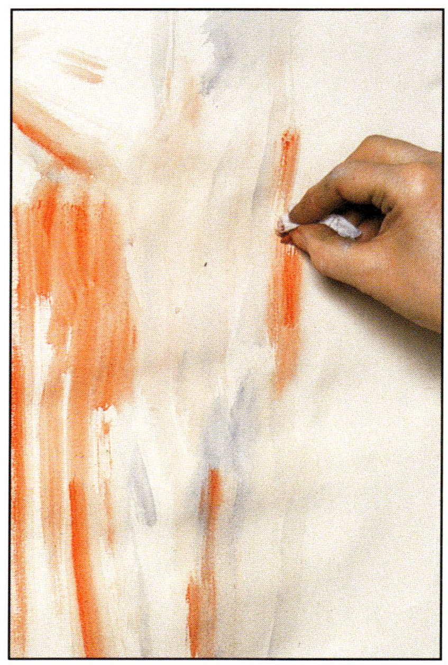

1

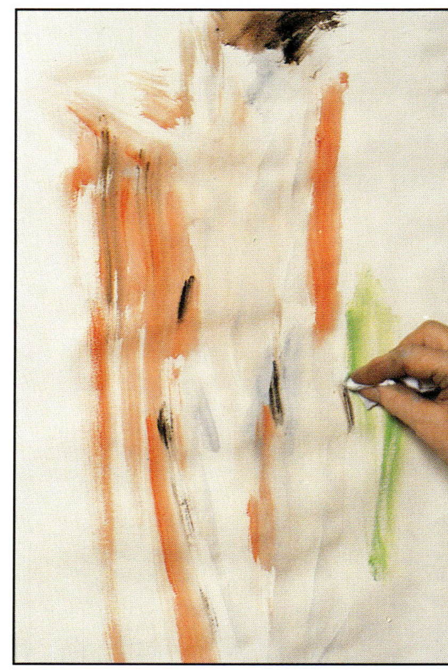

2

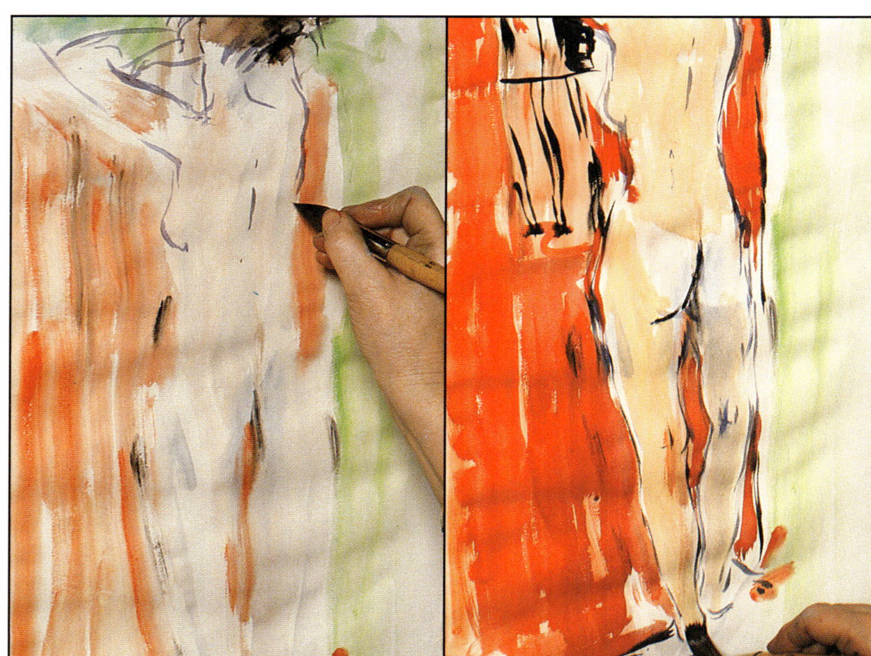

3

3 Nun erst kommt die Phase, in der Linien für die Umrisse eingefügt werden. Bis dahin war die Künstlerin ausschließlich mit der Verteilung der Massen innerhalb der Bildkomposition beschäftigt. Gezeichnet wird mit Ultramarin und Braun.

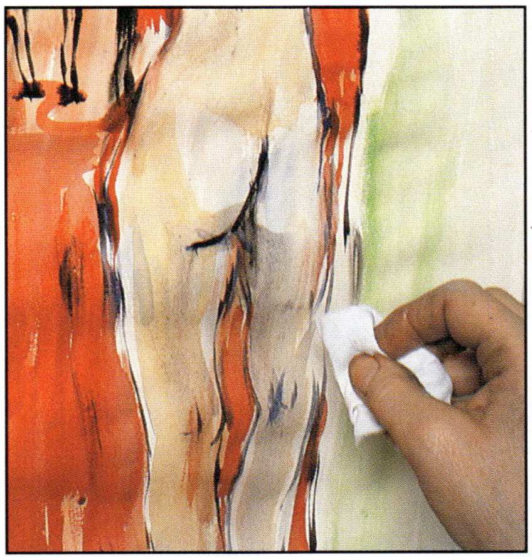

4

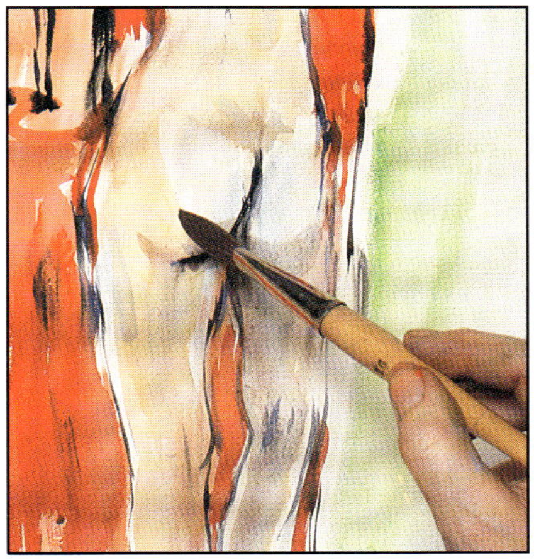

5

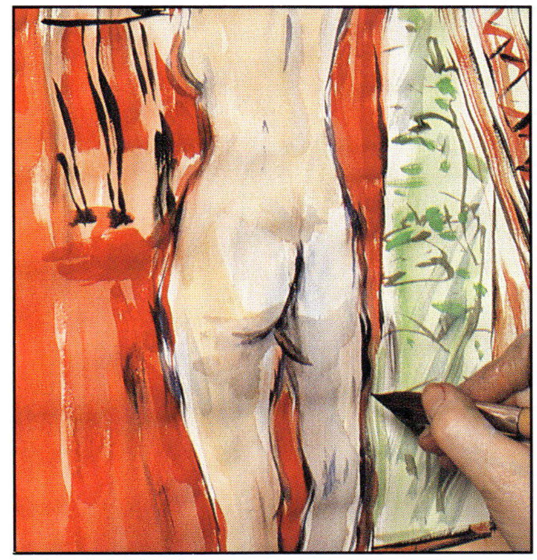

6

4 Mit dem Papier von der Küchenrolle läßt sich beeinflussen, wieweit die Farben ineinanderlaufen, und die Konturen werden härter oder sanfter, ganz nach Geschmack.

5 Die leichte Lavierung mit Blau definiert die Schatten gut und rückt Hüften und Hinterteil ins Licht.

6 Zum Schluß fügt die Künstlerin noch Muster für Vorhang und Teppich sowie das Laubwerk, das man durchs Fenster sieht, hinzu.

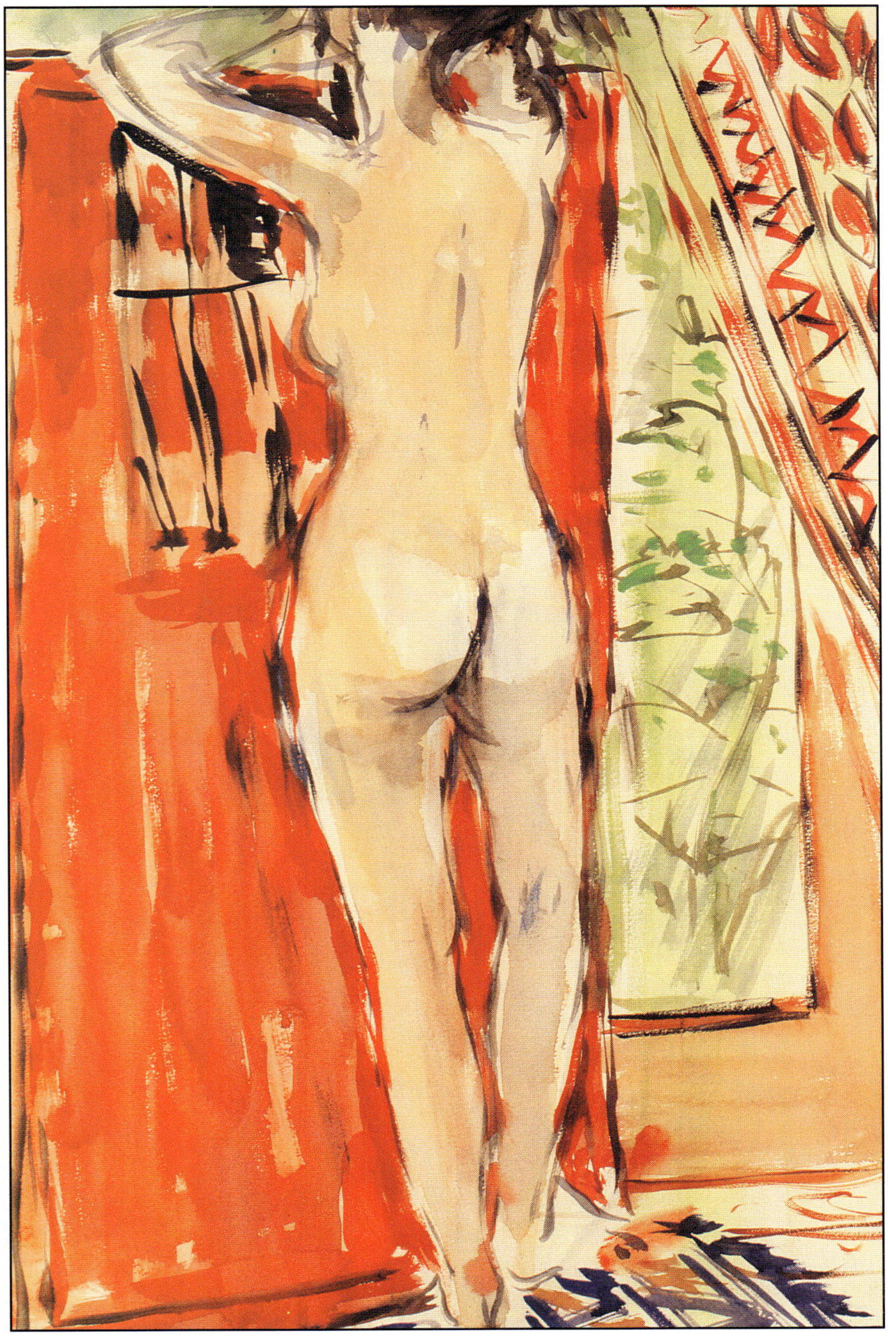

7

7 Das fertige Bild, dessen Entstehung nicht einmal eine halbe Stunde gedauert hat, ist eine einfache und gelungene Darstellung der Figur und ihrer Beziehung zum Raum.

3

WIE MAN EIN BILD AUFBAUT

Wer sich bemüht, das Wesentliche zu sehen und aus dem Chaos der Eindrücke, die auf uns einströmen, einen klaren, einfachen Ausdruck zu schaffen, wird unweigerlich zur Frage nach dem Bildaufbau kommen. Um ein Bild zu komponieren, müssen Entscheidungen gefällt werden: was dargestellt und was ausgelassen, ob die Bildfläche ausgefüllt sein oder die Figur tiefer im Raum stehen, ob die Figur ganz oder nur zum Teil zu sehen sein soll und so weiter.

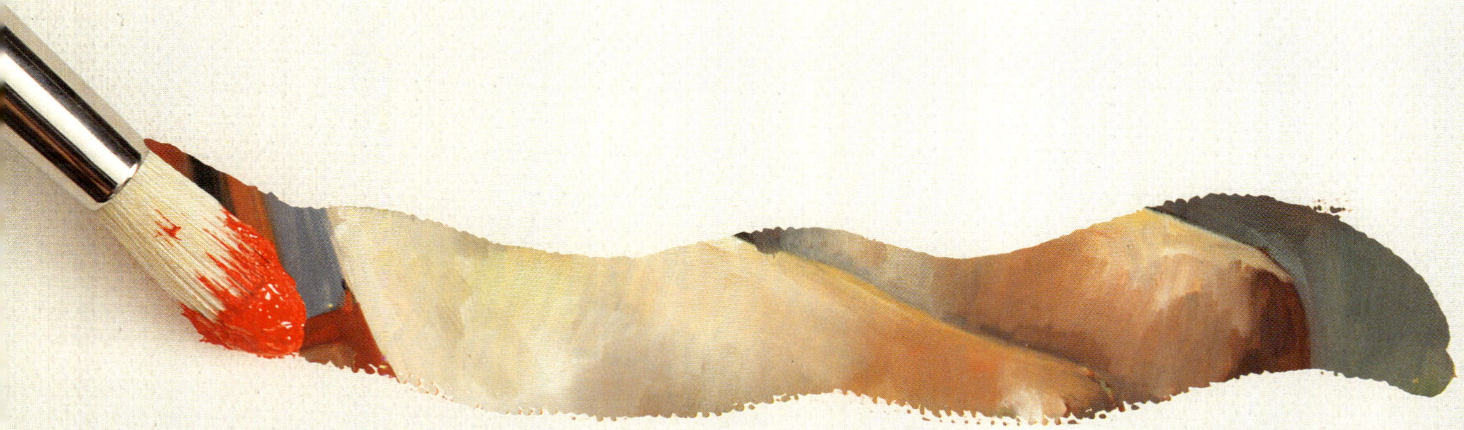

DUNKELHAARIGE FRAU IM LEHNSTUHL

DAVID CARR

Hier haben wir uns eine Studie in Öl vorgenommen, die den Gebrauch einer Rahmenschablone und den Wert von Vorstudien zeigen soll, letzteres eine unschätzbare Hilfe bei der Komposition eines Bildes. Ganz gleich, wie klein eine Vorstudie ist, sie hilft doch bei der Entscheidungsfindung und dabei, sich mit dem Bildmotiv vertraut zu machen. Wichtig ist, daß die Vorstudie und die Tafel oder Leinwand für das eigentliche Bild dieselben Proportionen haben. Die Maße des späteren Malgrunds lassen sich nach einer einfachen Methode auf das Papier der Vorstudie übertragen.

1 Das Modell hat Platz genommen, und der Künstler hat seine Palette aus Ultramarin, Kobaltblau, Chromgrün, Kadmium-Zitronengelb, Kadmiumgelb, Kadmiumrot, Krapprot und Titanweiß vorbereitet. Als Pinsel kommen Zungenpinsel Nr. 5 und 8 zum Einsatz, außerdem ein runder Nr. 3, alles in Schweinsborsten. Gemalt wird auf Hartfaserplatte mit weißer Fertiggrundierung.

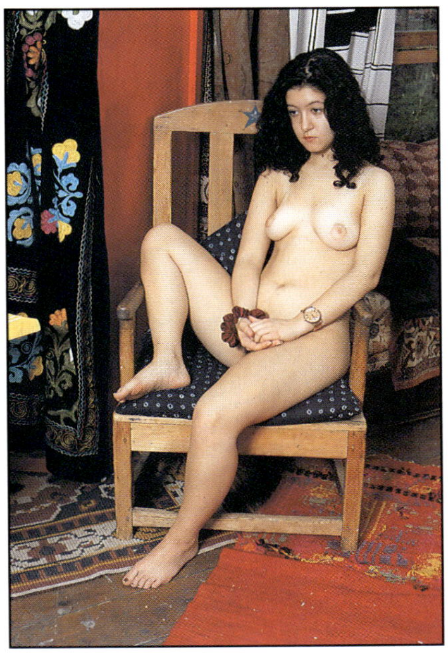

1

2 Eine Rahmenschablone ist ein nützliches Hilfsmittel bei der Komposition. Es genügt, wenn man in ein Stück Karton ein Rechteck schneidet und ihn dann vor das Modell hält, doch damit legt man die Proportionen im voraus fest. Flexibler arbeitet es sich mit zwei winkelförmigen Pappstreifen, die man gegeneinander verschieben und damit Länge wie Breite des Ausschnitts variieren kann.

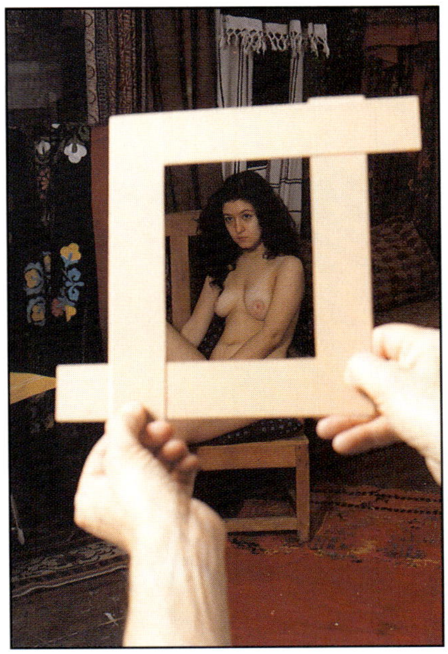

2

3 Das Blatt für die Vorstudie soll mit den richtigen Proportionen aus einem großen Bogen Papier geschnitten werden. In diesem Falle war die Faserplatte ein wenig kleiner als der Bogen, und der Künstler hat sie auf das Papier gelegt und eine Linie entlang der Unterseite gezogen. Dann zeichnet er die Diagonalen ein. Jeweils zwei Linien, die von nebeneinanderliegenden Seiten und im rechten Winkel zu diesen gezogen werden und sich auf der Diagonalen treffen, bilden ein Rechteck, dessen Proportionen genau den Proportionen des gesamten Blattes entsprechen. (Wenn die Leinwand sehr groß ist, legt man ein Blatt Papier an die Ecke der Leinwand und überträgt deren Diagonale mit Hilfe eines langen Stabes.) Das Bild rechts zeigt die Hartfaserplatte, zum Übertragen der Studie in Rechtecke mit denselben Proportionen eingeteilt.

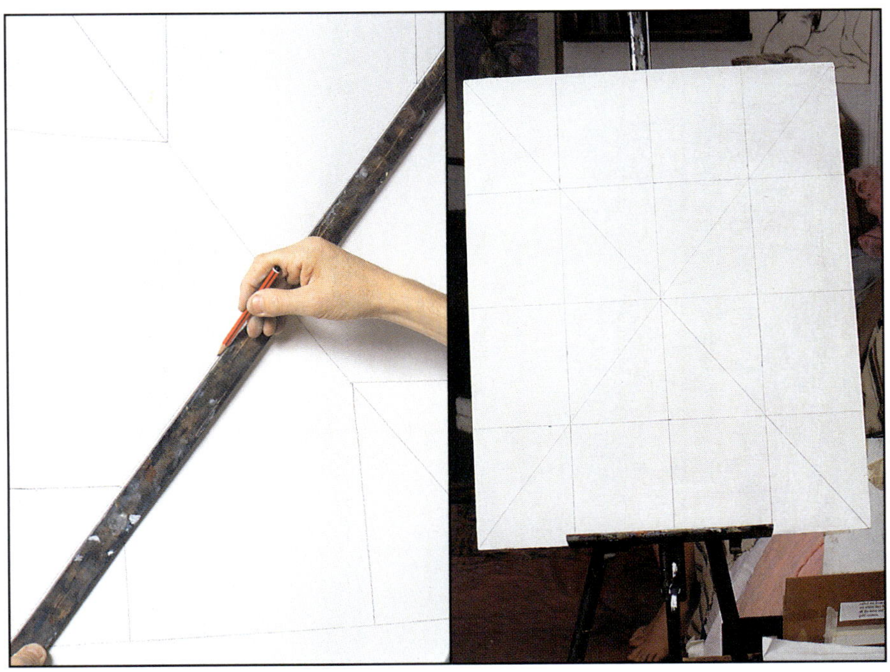

3

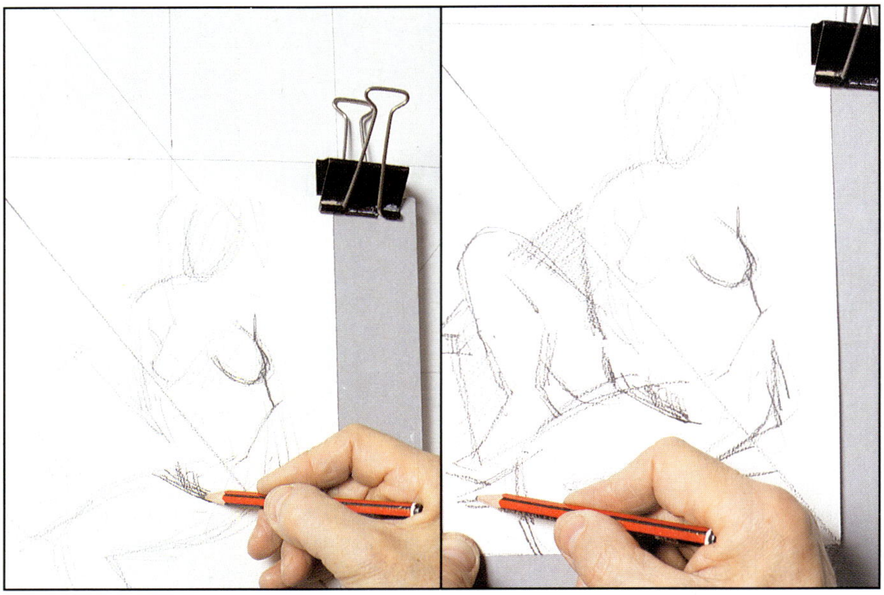

4

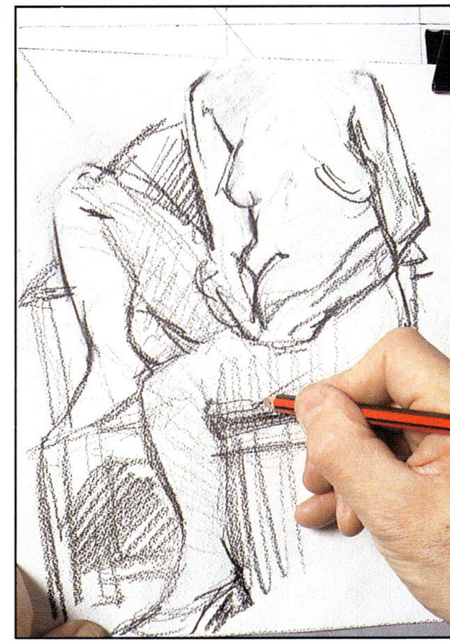

5

4 Der Künstler schneidet eines der kleinen Papier-Rechtecke mit den Proportionen der Hartfaserplatte aus und beginnt dann mit einer einfachen Zeichnung der Figur. Nach Gebrauch der winkelförmigen Schablone ist er zu dem Schluß gekommen, daß er die Figur formatfüllend darstellen will, und legt die Studie entsprechend an.

5 Bei einer zweiten Studie paßt der Kopf nicht mehr aufs Bild. Diese Version verwirft er und beschließt, nach dem ersten Entwurf zu arbeiten.

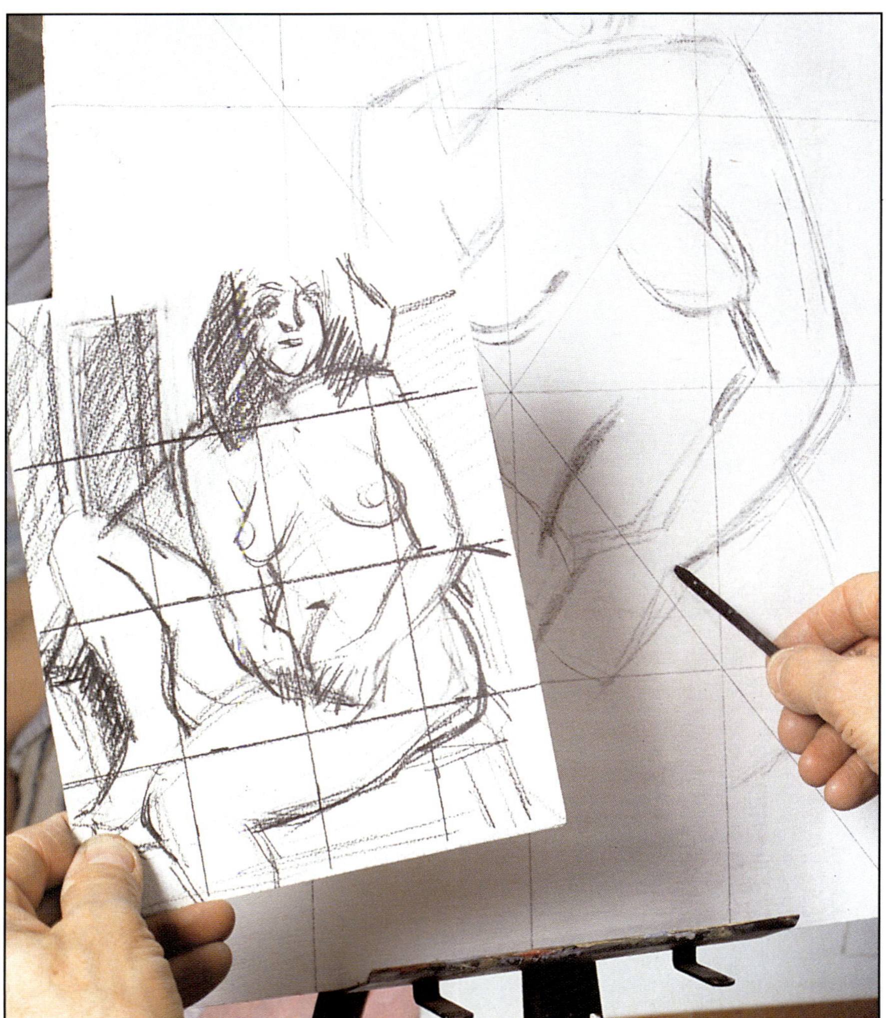

6

6 Er teilt nun die Studie nach demselben Muster in Rechtecke ein wie die schon vorbereitete Platte und überträgt dann mit Hilfe eines Kohlestifts in groben Zügen die Zeichnung auf die Platte.

7 Anschließend fixiert er diese Zeichnung.

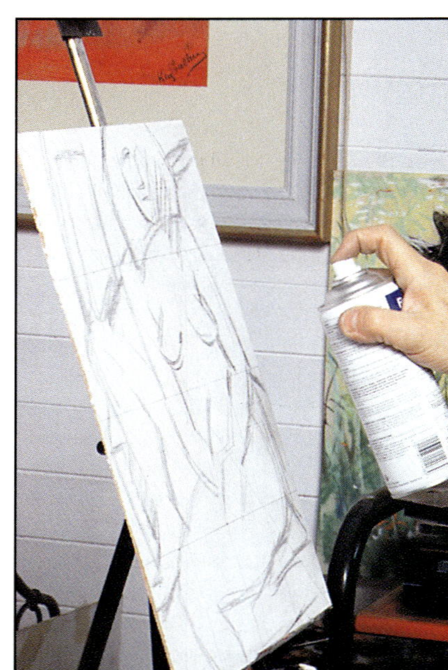

7

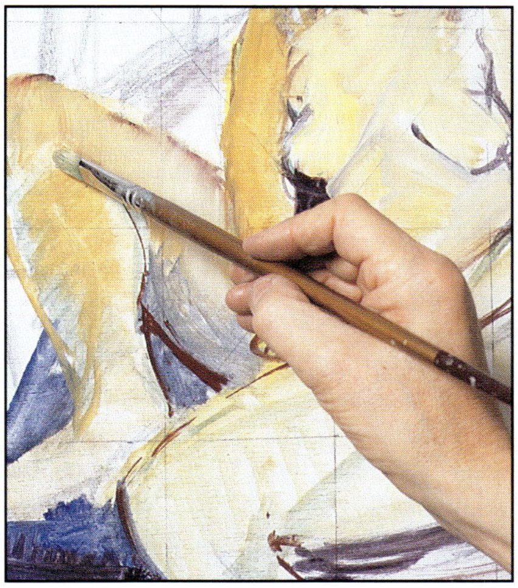

8

8 Von nun an ist der Blick des Malers wieder auf das Modell gerichtet. Er malt zunächst die Fleischtöne in einer Mischung aus Kadmiumrot und -gelb. Das Sitzkissen malt er in Ultramarin, und mit derselben Farbe umreißt er ansatzweise die Form.

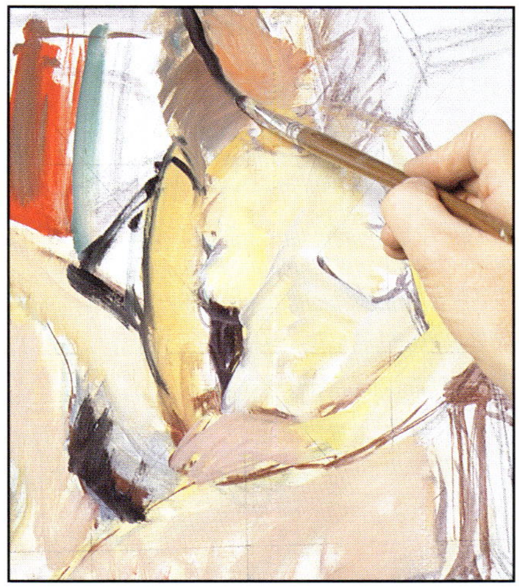

9

9 Es geht ihm darum, mit so einfachen Mitteln wie möglich alles eindeutig festzuhalten. Er verleiht der Haut mehr Farbe und hebt die Umrisse mit kräftigen Linien hervor. Die Bildflächen rund um die Figur gewinnen Gestalt.

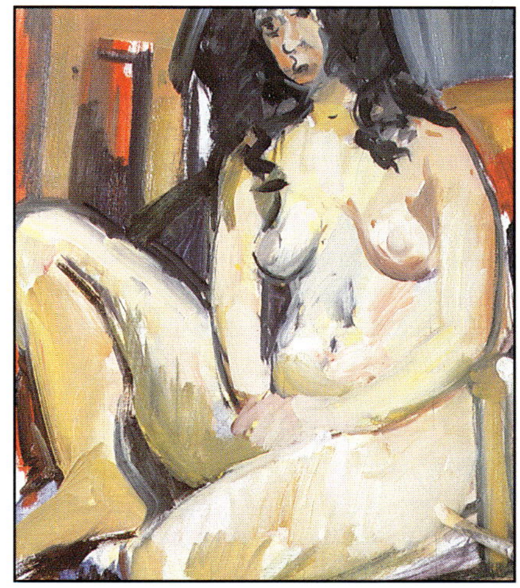

10

10 Die Figur ist nun eindeutig genug, wirkt in ihrem Stuhl aber noch wie ein recht massiver Block. Der Körper ist bisher nur mit einfachen Gelb- und Hellrottönen gemalt. Diese übermalt der Künstler nun mit neutralen Farben auf der Basis von Blau und Grün und zeichnet die Figur nochmals nach.

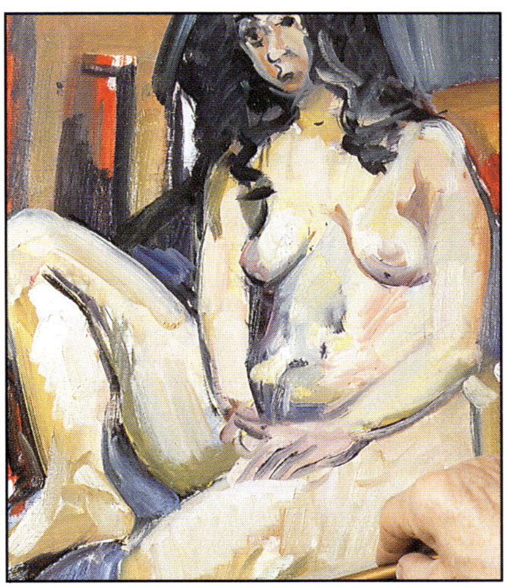

11

11 Der Bauch des Modells und die Partie unterhalb der Oberschenkel werden mit Graublau hervorgehoben, und mit kräftigen Pinselstrichen wird das Bein optisch näher an die Stuhllehne herangerückt. Haar und Gesicht werden ausgearbeitet.

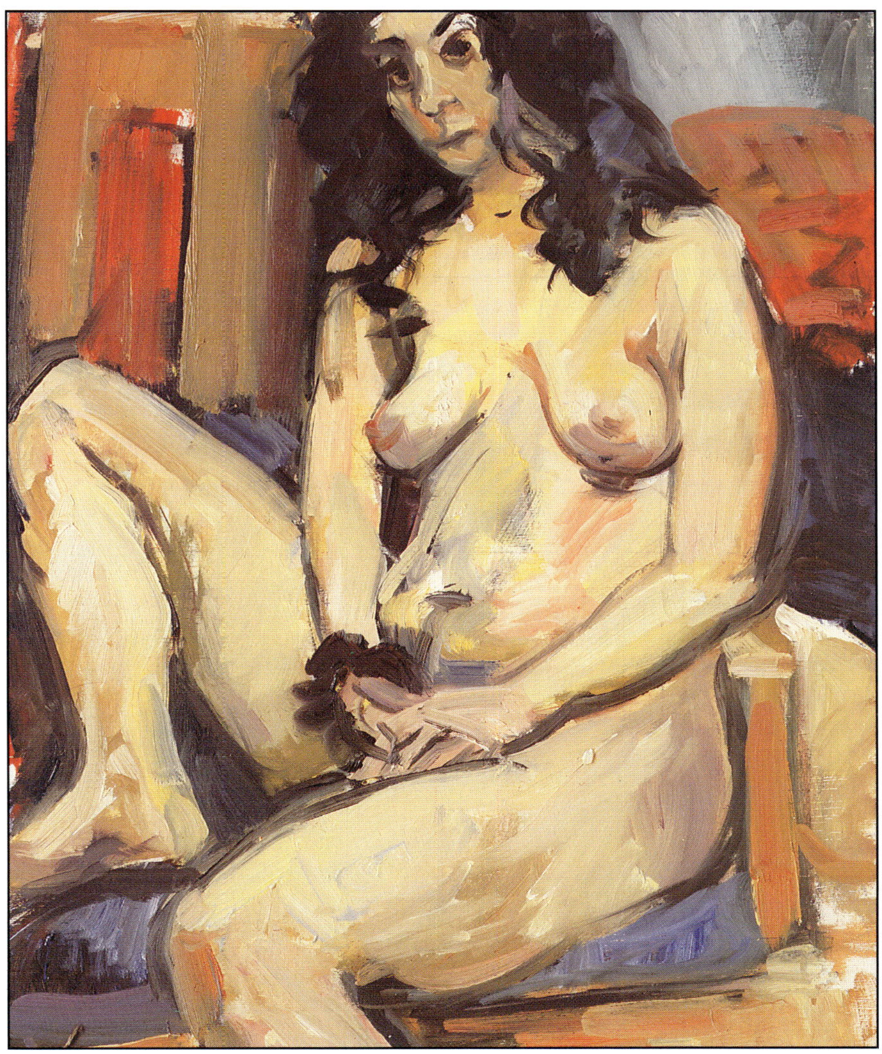

12

12 Diese Übung soll vor Augen führen, wie wichtig es ist, daß der Künstler von der ersten Minute an die Entwicklung seines Bildes unter Kontrolle hat.

VORSTUDIEN

Den Wert von Vorstudien kann gar nicht oft genug betont werden. Die Zeit und Mühen, die man in dieser Phase der Arbeit investiert, ersparen einem in den späteren Phasen viel Kummer. Ein falscher Pinselstrich braucht Sekunden, doch ihn zu korrigieren kann Stunden dauern.

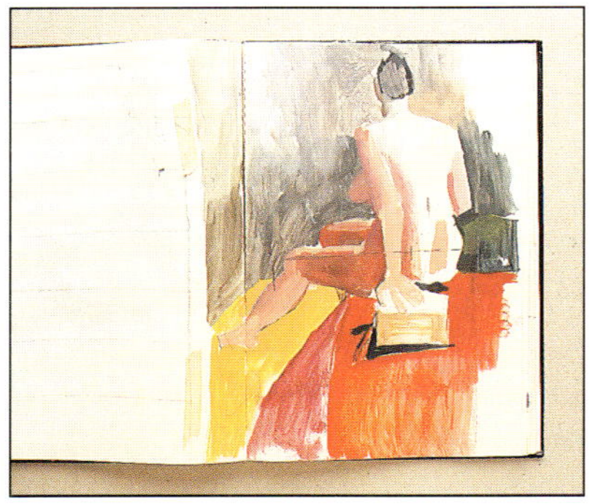

RECHTS Die Künstlerin, Jill Mumford, legte in ihrem Skizzenbuch eine kleine farbige Studie in Gouache an, bevor sie diesen Rückenakt nach einem sitzenden Modell malte. Sie entschied sich, die Figur weit oben auf dem Blatt anzusetzen und die große Fläche im Vordergrund, die beinahe die Hälfte des Bildes einnimmt, effektvoll zu nutzen. Mit wenigen, klaren Pinselstrichen sind Komposition und Einteilung des Raums rund um die Figur festgehalten.

UNTEN Bei dem ausgeführten Ölbild hat man den Eindruck, sehr nahe an die Figur heranzukommen. Der Kopf ist angeschnitten, der Fuß ragt ein wenig aus der Bildfläche heraus. Die Künstlerin hat den dunklen Ton des Oberschenkels nun für das ganze Bein übernommen und die Lichtstreifen genützt, die auf den Rücken des Modells, auf Boden und Bett und auf die Silhouette von Bein, Schenkel und Brust fallen.

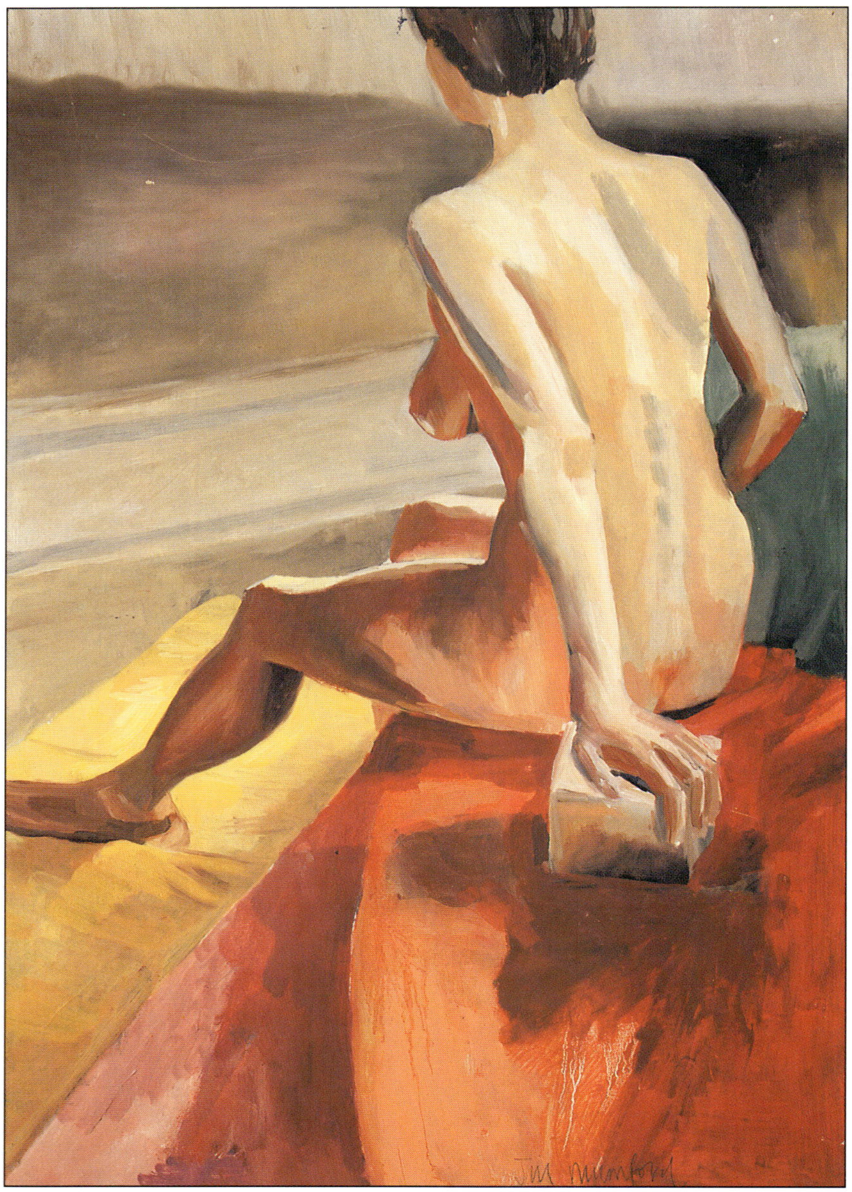

RECHTS **Bei der Studie für diese sitzende Figur hat Jill Mumford die Beziehung zwischen Figur und Boden, Wand und Stuhl in groben Zügen herausgearbeitet. Es handelt sich um eine Ölskizze, weitgehend in Primärfarben, und die Formen sind stark vereinfacht.**

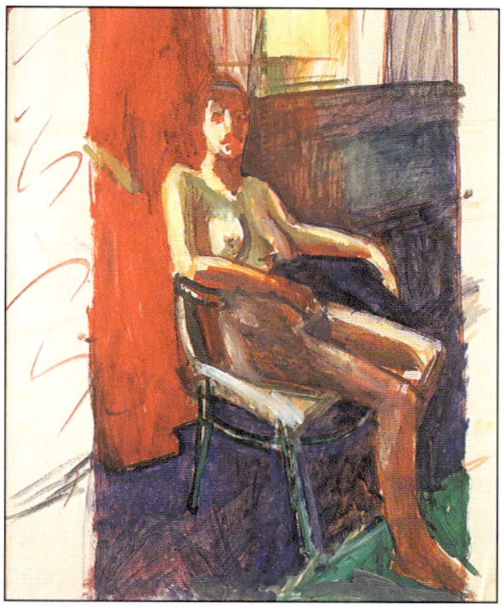

UNTEN **In dem fertigen Ölbild sind die Fleischtöne und anderen Farben wesentlich feiner vom Warmen zum Kalten abgestuft. Die Figur sitzt überzeugend in ihrem Stuhl. Die effektvolle Beleuchtung kommt zweifellos von einem zweiten Fenster, links außerhalb des Bildes.**

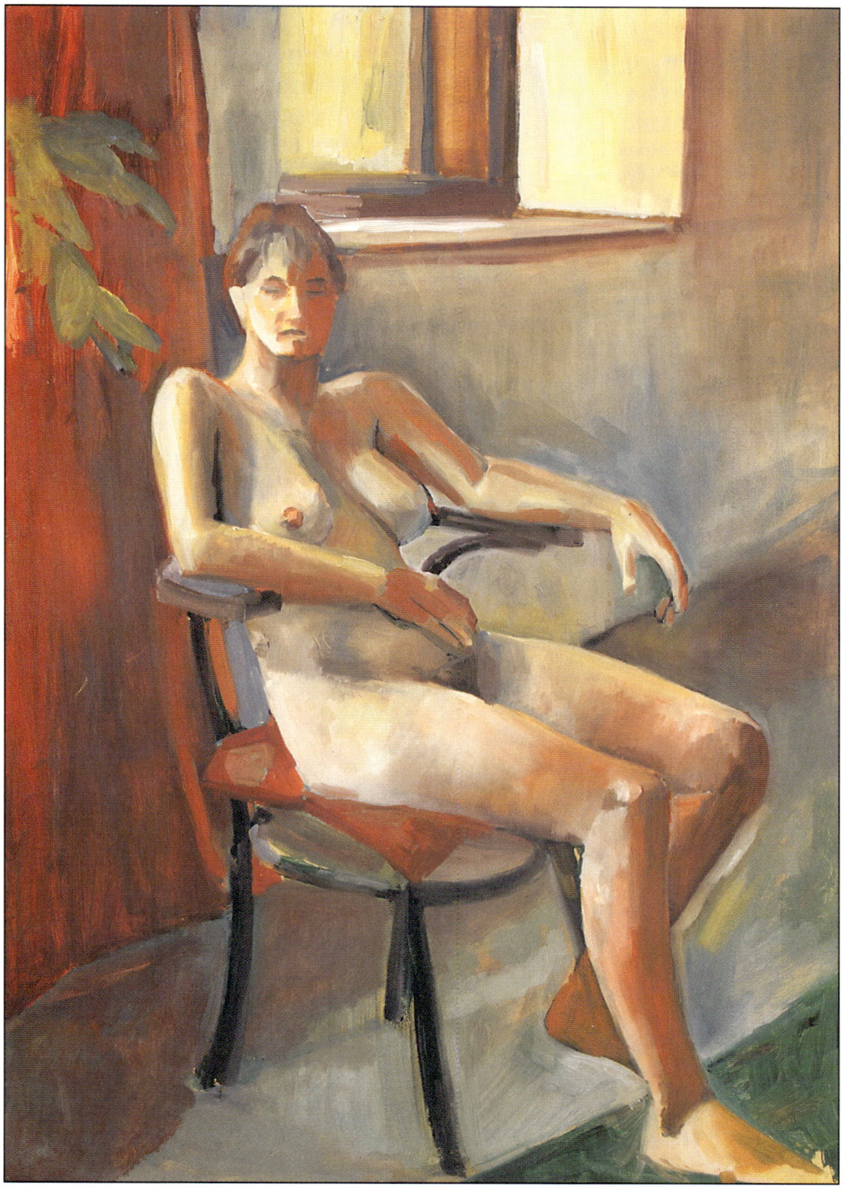

4

ALLA-PRIMA-TECHNIK

Die grundlegendste und am weitesten verbreitete unter den heutigen Ölmaltechniken ist die *Alla-prima*-Malerei (Primamalerei), was wörtlich soviel wie »beim ersten Mal« oder »auf Anhieb« bedeutet. Die Farbe wird unmittelbar und spontan aufgestrichen, eine Technik, die sich erst im 19. Jahrhundert durchgesetzt hat. Statt die Farbe sukzessive aus aufeinanderfolgenden Schichten von Vorzeichnung, Lasur (dünne Schichten transparenter Farbe) und Vertreiben (Deckschichten, die über getrocknete Farbschichten gezogen werden) aufzubauen, trägt der Künstler hier jeden Farbflecken mehr oder weniger so auf, wie er im fertigen Bild erscheinen soll.

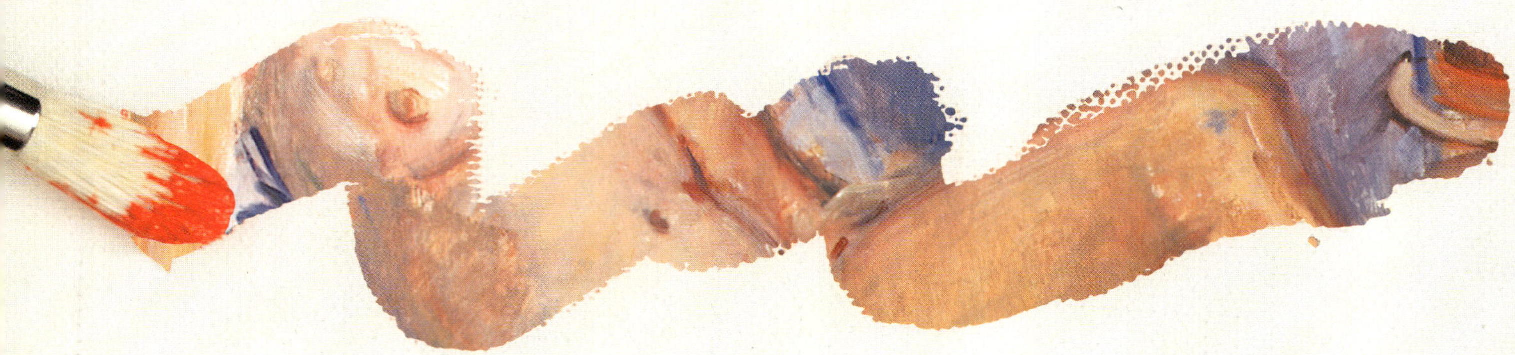

ALLA PRIMA IN DER ÖLMALEREI

Die Erfindung der Farbtube aus Zinn im 19. Jahrhundert ermöglichte es dem Künstler, die Farben zur Vorlage mitzunehmen und sein Sujet in einer einzigen Sitzung zu malen. Ein Maler wie van Gogh (1853–90) arbeitete immer mit vollem Pinsel direkt auf der Leinwand; die Pinselstriche sind deutlich zu sehen.

Man kann aber auch naß in naß arbeiten, d. h. Farbe in noch ungetrocknete andere Farbe oder auf die nasse Leinwand malen und dabei binnen kurzer Zeit ein ganzes Bild aufbauen. Die goldene Regel dabei ist, daß man »mager zu fett« arbeiten muß. Diese Regel gilt für alle Ölmalerei, sonst klumpt und reißt die Farbe, wenn sie trocknet. Jede neu aufgestrichene Farbschicht muß ein wenig mehr Öl enthalten als die vorherige. Man kann die Farbe für die Vorzeichnung und die ersten Schichten mit Terpentin verdünnen, doch für spätere Schichten sollte man sie nehmen, wie sie aus der Tube kommt, mit ein wenig Leinöl dazu.

LIEGENDE I

JOY STEWART

Diese kleine *Alla–prima*-Ölstudie entstand in einer knappen Stunde. Die Künstlerin arbeitete mit einer auf Ockergelb, Kadmiumrot hell, Krapprot, Ultramarin und Titanweiß begrenzten Palette auf mit weißer Acrylfarbe grundierter Hartfaserplatte mit Zungenpinseln, Schweinsborsten, Nr. 5 und 8.

1

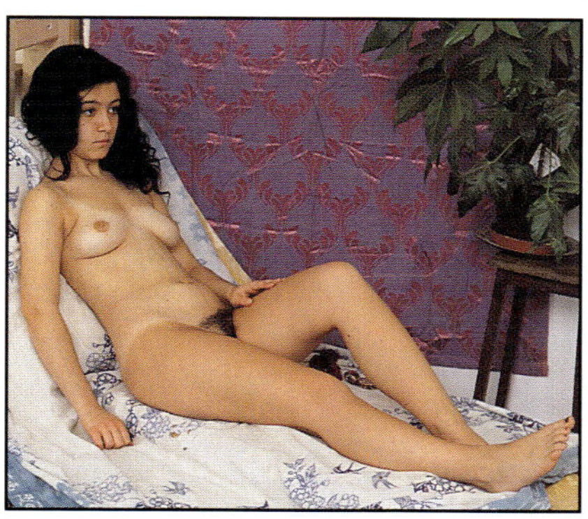

1 Das auf dem Sofa ruhende Modell aus der Perspektive der Künstlerin.

2

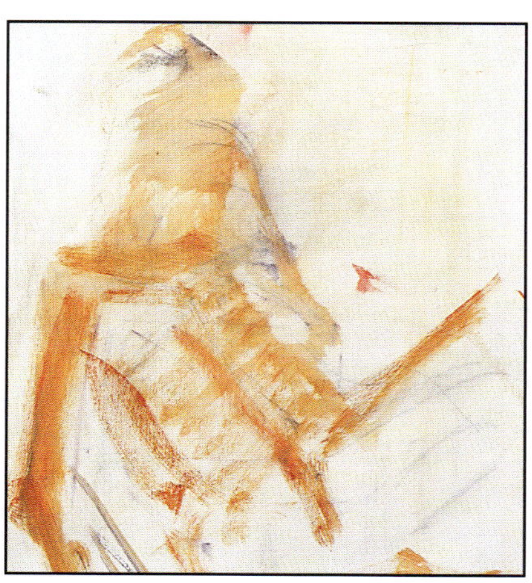

2 Ohne Vorzeichnung wird die Masse der Figur mit einer Mischung aus Ockergelb und Kadmiumrot angelegt.

3

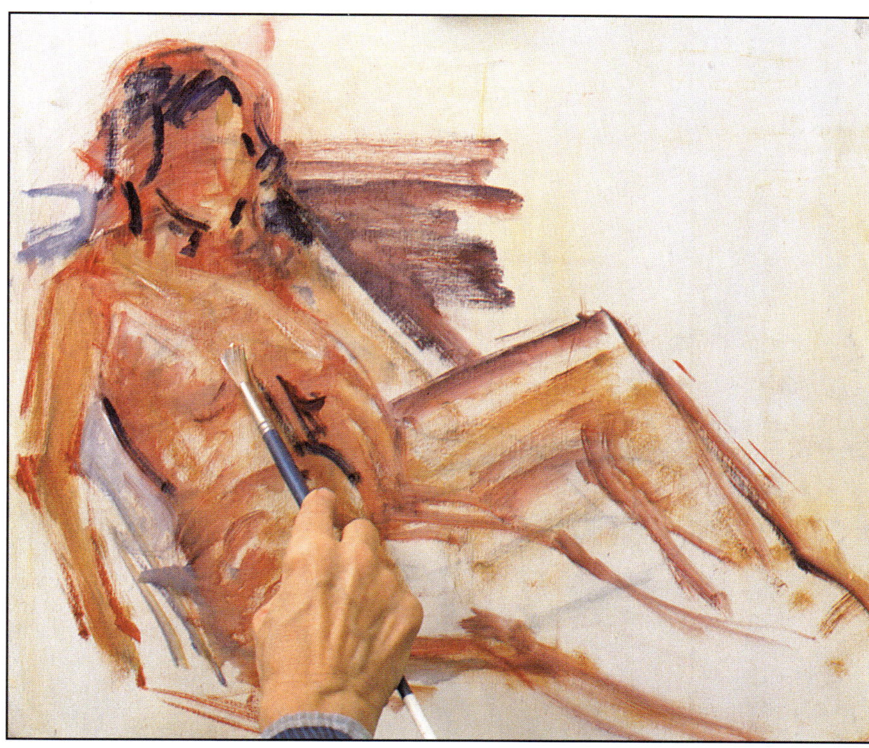

3 Auf diesen Grund wird dann mit Krapprot und Ultramarin gezeichnet.

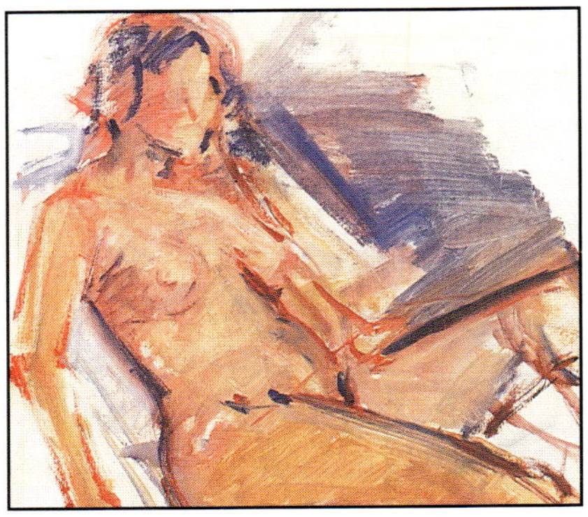

4

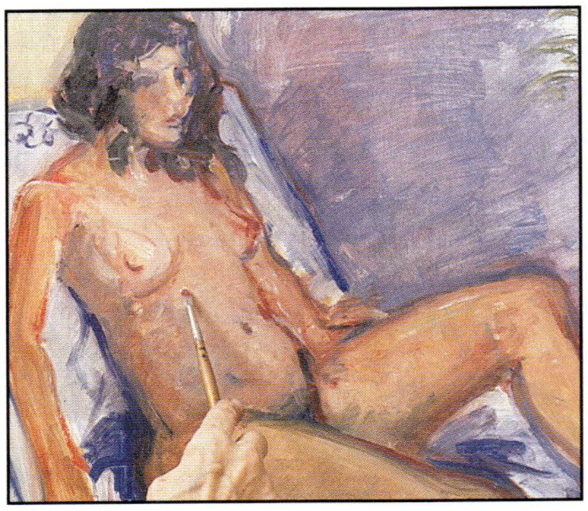

5

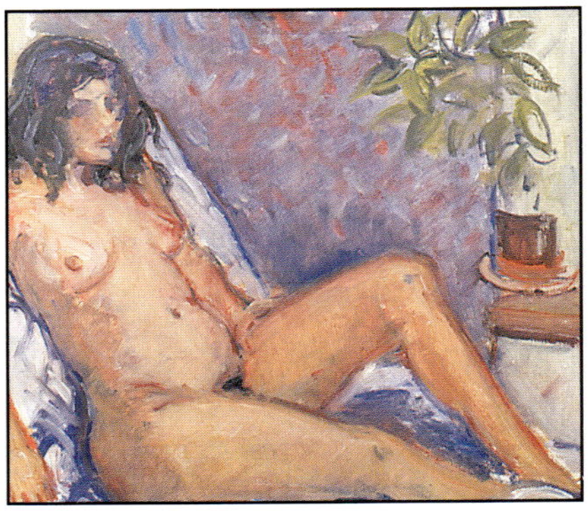

6

4 Die Wand gewinnt Gestalt, und Linien und Punkte rundum geben der Figur ihre Position im Raum.

5 Mit Hilfe von Weiß gibt die Künstlerin nun der Form mehr Fülle; in die mit Ocker gemalten Fleischtöne arbeitet sie ein wenig Blau ein, um die dunkleren Partien zu definieren.

6 Mit derselben Palette wendet sie sich danach dem Wandbehang und dem Bettzeug zu. Nun müssen nur noch Blume und Blumentopf eingefügt werden, wobei ein neuer Farbton hinzukommt, Zitronengelb gemischt mit Ultramarin.

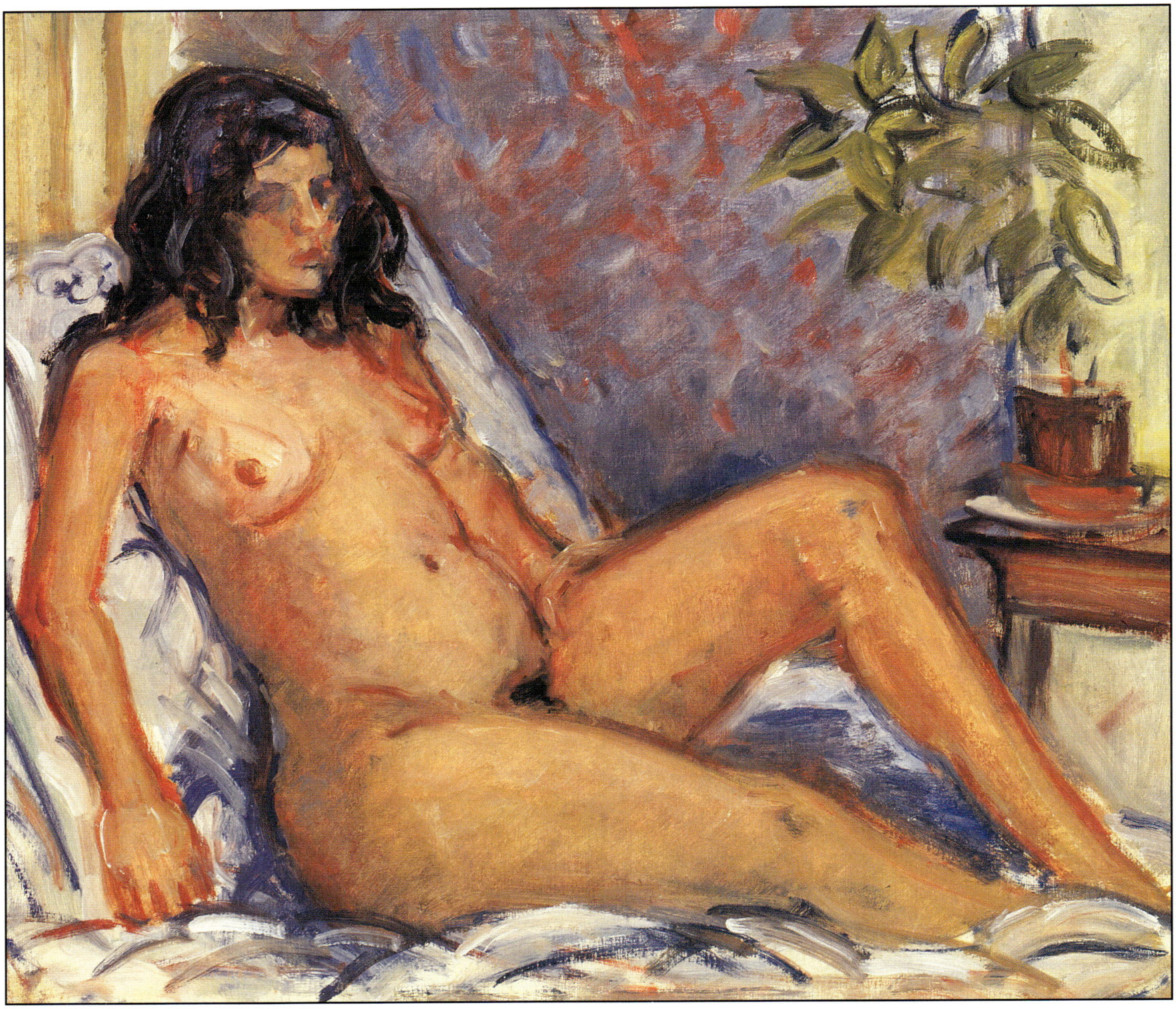

7

7 Die Figur wirkt plastischer, denn die Künstlerin arbeitet naß in naß mit hellem Ocker und Rosatönen, die aus dem Krapprot gemischt sind, sowie Purpur, einer Mischung aus Krapprot und Ultramarin.

LIEGENDE II

SUSAN CARTER

Dieses Ölbild derselben Modellsitzung aus einem anderen Winkel illustriert das Arbeiten vom Mageren zum Fetten. Die Künstlerin arbeitet mit weitgehend der gleichen Palette wie beim vorigen Beispiel, nur daß noch Hellrot, Chromgrün, Umbra gebrannt, und ein mineralisches Violett hinzukommen. Sie bevorzugt ein Malmittel aus zwei Dritteln Terpentin und einem Drittel Öl.

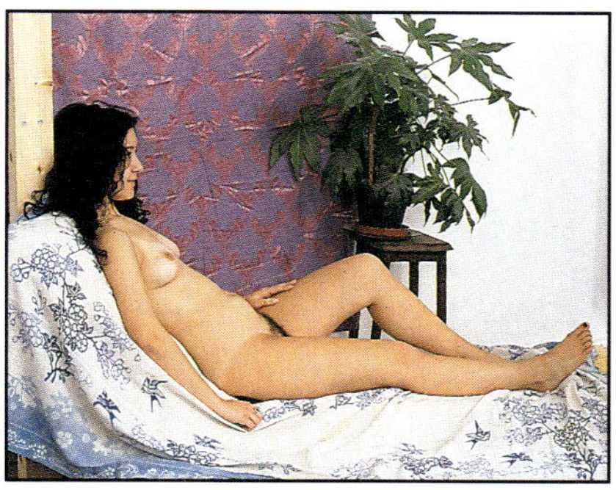

1

1 Ansicht des Modells.

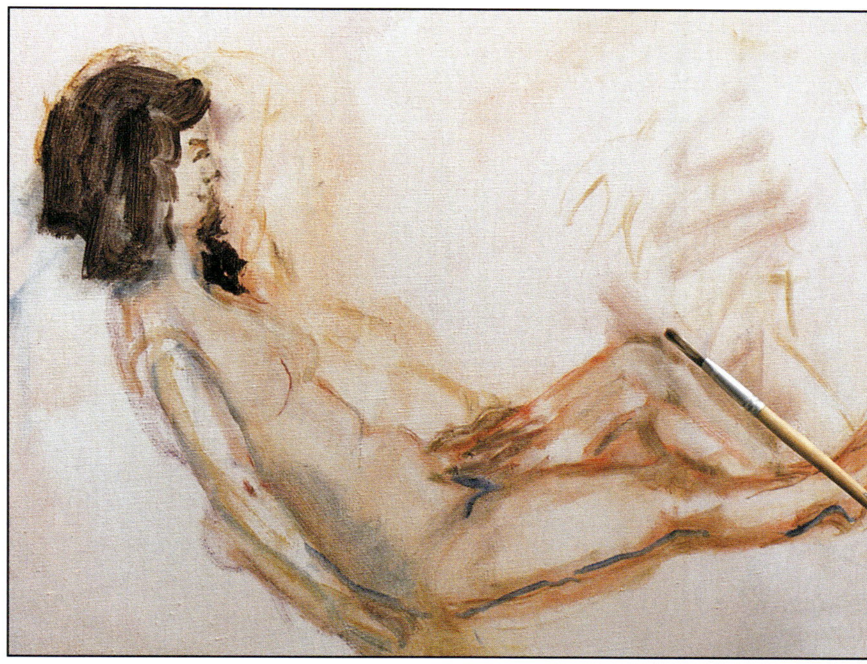

2

2 Die Vorzeichnung wurde mit durch viel Malmittel verdünnter Farbe angefertigt. Anschließend geht die Künstlerin daran, dünne Farbflächen auf der gesamten Leinwand anzulegen.

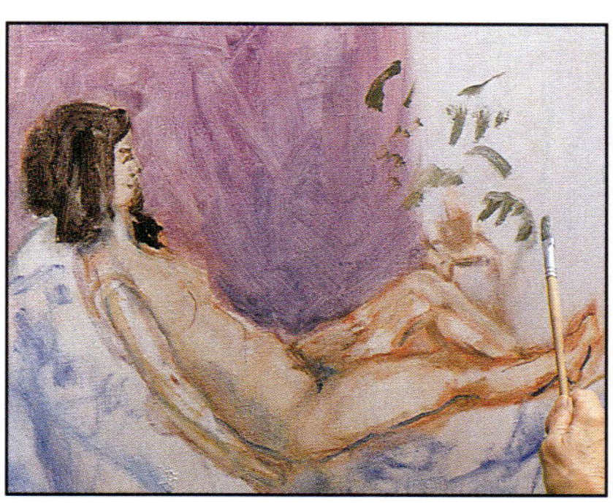

3

3 Das Bild sollte über die ganze Fläche gleichmäßig entwickelt werden.

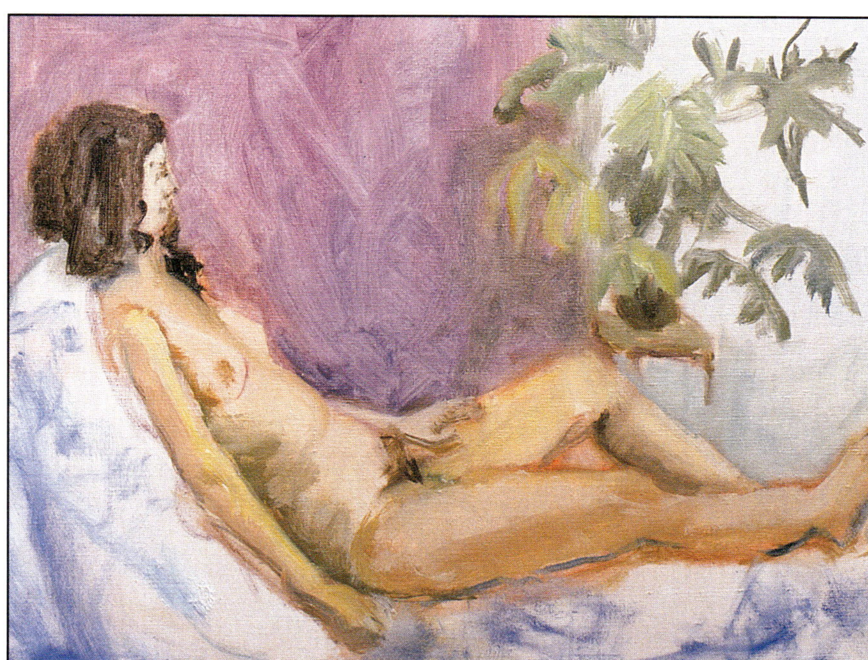

4

4 Für die Fleischtöne nimmt die Künstlerin Hellrot, Ockergelb und Weiß und zeichnet darin mit Blau- und Umbratönen.

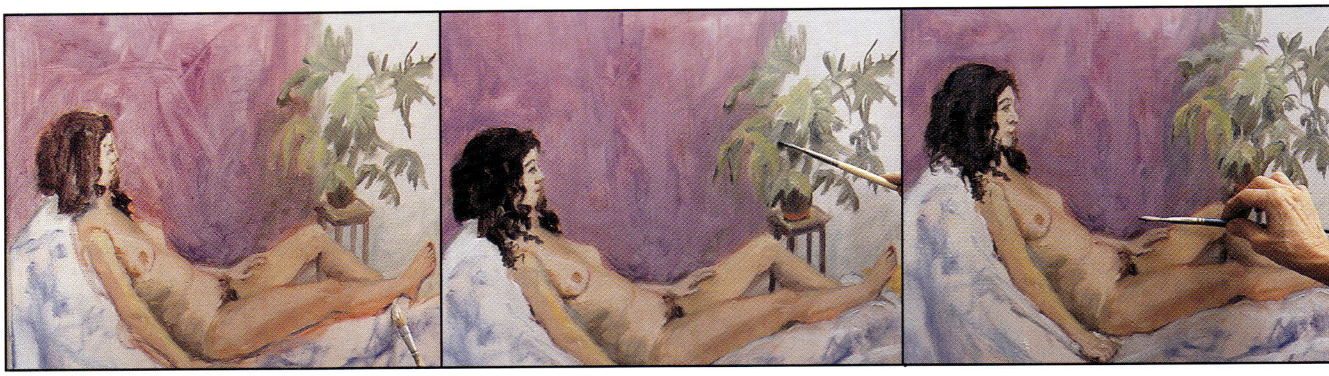

5

5 Es ist wichtig, sich an der Leinwand hin- und herzubewegen und bald hier, bald dort zu justieren, so daß die Lichtverhältnisse stimmig bleiben. Das Tuch wird ein wenig wärmer getönt. Am Ende steht eine lichte und luftige Studie.

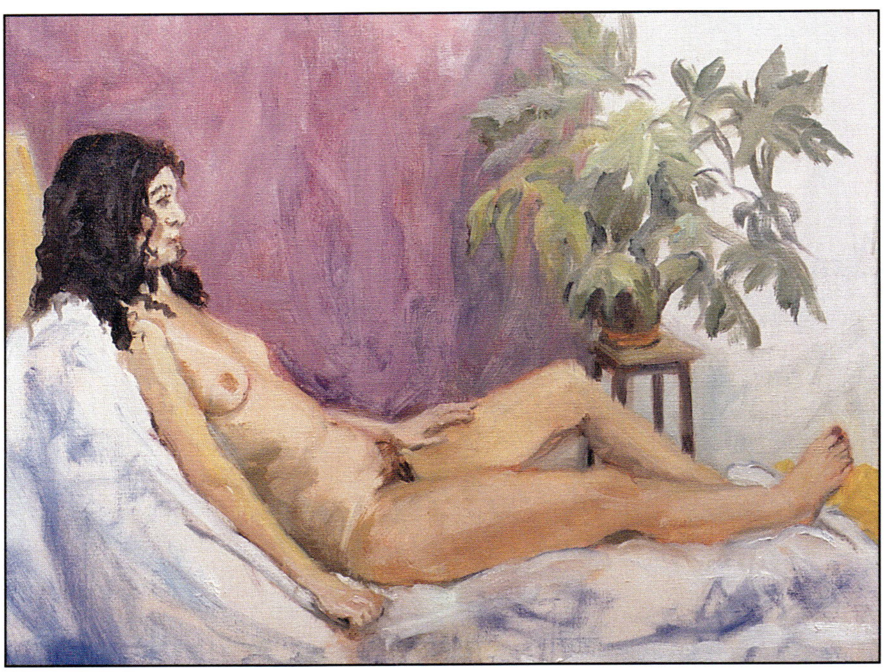

6

6 Dank der permanenten Aufmerksamkeit für alle Details hat die Künstlerin am Ende ein geschlossenes Ganzes geschaffen.

RASCHE *ALLA-PRIMA*-STUDIE

Diese kleine Studie eines ruhenden Akts auf rotkarierter Decke entstand binnen einer Stunde und liefert ein weiteres Beispiel für den Gebrauch der *Alla-prima*-Technik mit Ölfarben.

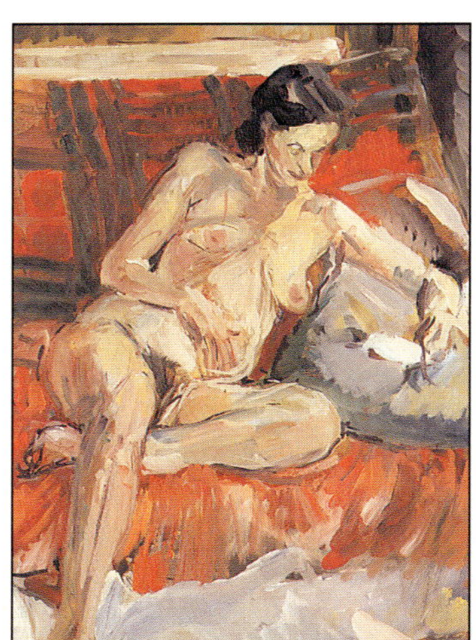

LINKS **Das Bild entstand mit einer Standardpalette aus Ultramarin, Kobaltblau, Chromgrün, Kadmium-Zitronengelb, Kadmiumrot, Krapprot und Titanweiß. Etwas Terpentin ist hinzugegeben, um die Farbe dünnflüssiger zu machen. Der Untergrund ist Hartfaserplatte, weiß grundiert. Die helle Haut ist mit einem hohen Anteil an warmen Gelb- und Hellorangetönen gemalt, was einen Kontrast zu den helleren Blau- und Rosatönen der Schatten bildet. Die Pinselstriche folgen der natürlichen Richtung der Formen.**

ALLA PRIMA IN DER AQUARELLMALEREI

Der Begriff *alla prima* ist in der Aquarellmalerei nicht gebräuchlich, da diese in gewissem Sinne stets *Alla-prima*-Malerei ist.

Das Aquarell ist ein spontanes Medium, das durch Überarbeiten nicht besser wird. Man braucht dazu Selbstvertrauen und eine sichere Hand, und beides erwirbt man nur durch Übung. Ein sehr nützliches Mittel, Auge und Hand zu üben und dabei gleichzeitig mit Aquarellfarben zu experimentieren, ist das Arbeiten mit vielen kleinen, von größeren Bögen geschnittenen oder gerissenen Papierschnipseln, die einen dazu zwingen, rasch zu arbeiten und sich auf das Wesentliche zu konzentrieren.

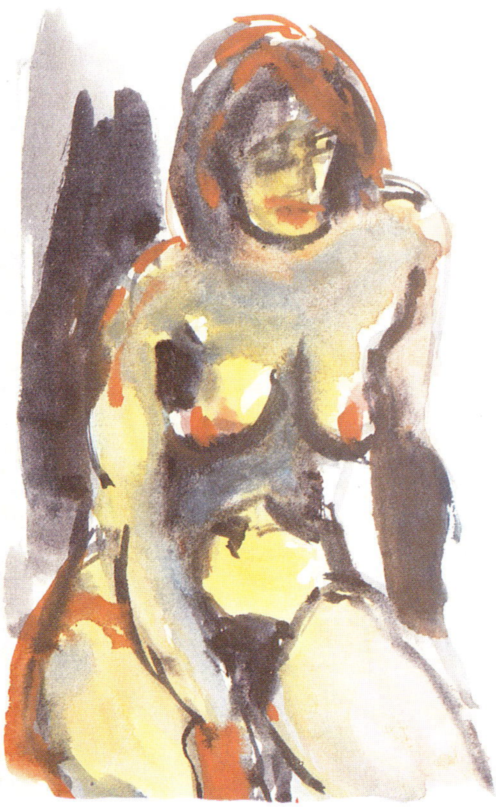

LINKS UND UNTEN **Für diese kleinen Aquarellstudien hat der Künstler, David Carr, wahrscheinlich nicht einmal zehn Minuten gebraucht. Zuerst wurden die Blätter mit warmen Farben leicht laviert, wobei die Seite des Pinsels der Hauptrichtung von Torso, Kopf und Gliedmaßen folgte. Mit trockenerer Farbe und der Pinselspitze wurde dann auf die noch feuchte Lavierung eine Mischung aus Ultramarin und Karminrot aufgebracht. Anschließend wurden in den schattigen Bereichen die wärmeren Farben dünn mit kälteren laviert, wodurch Form und Bewegung hineinkommen.**

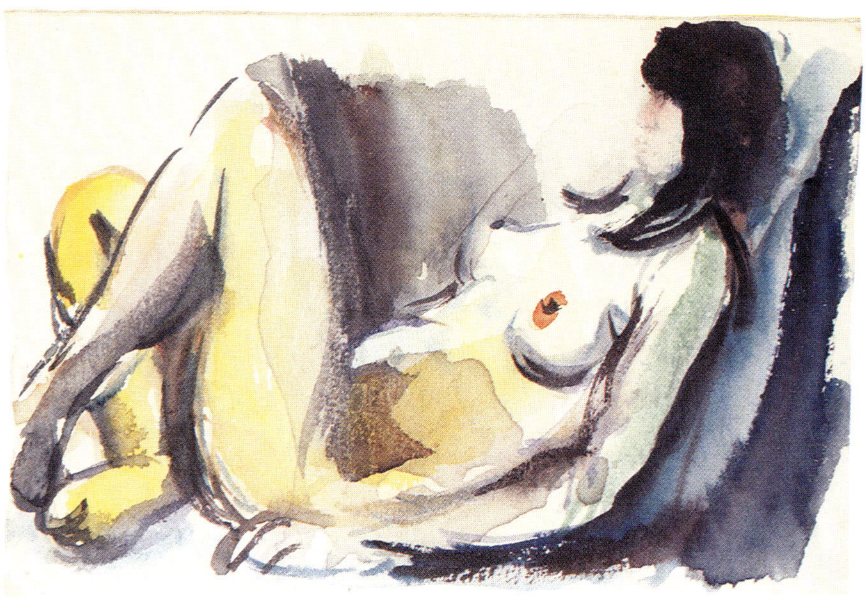

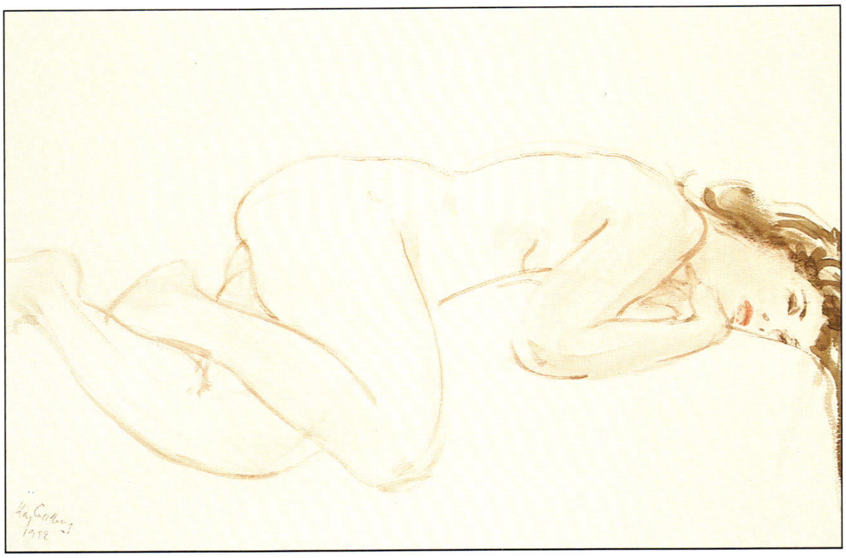

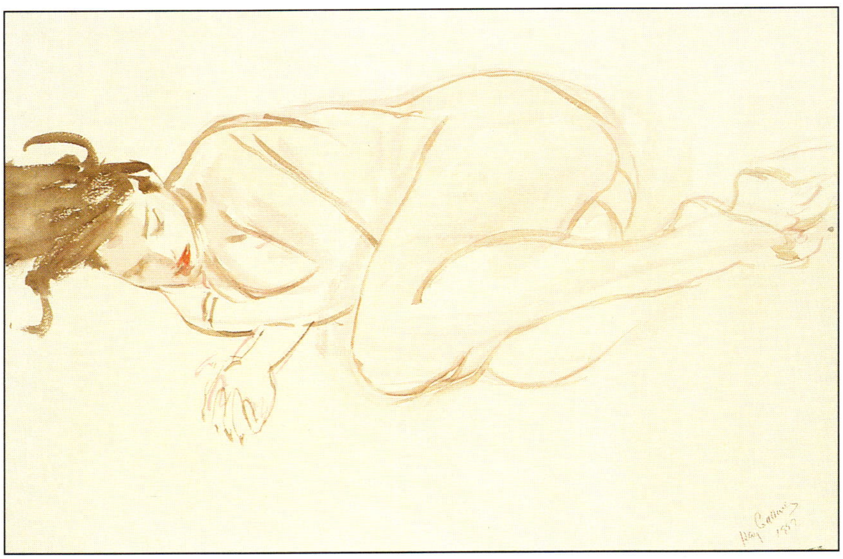

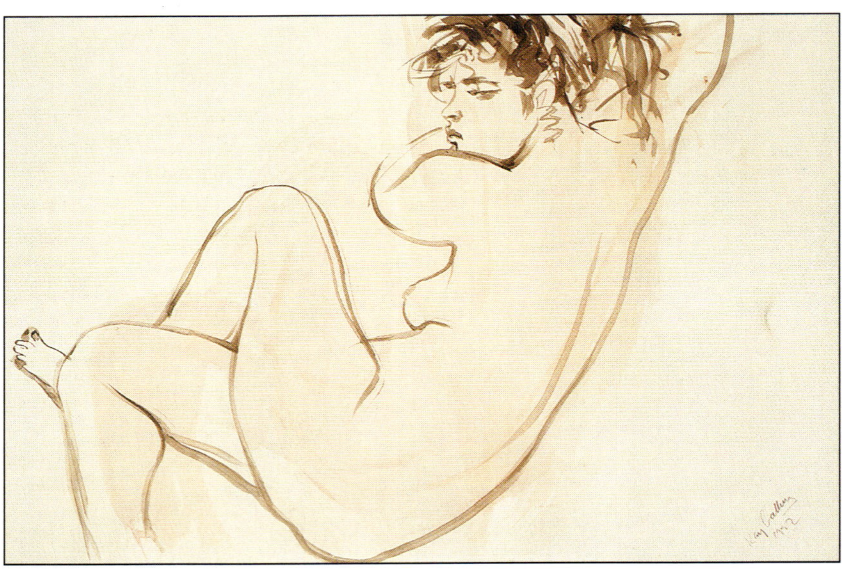

AQUARELL-STRICHZEICHNUNGEN

Diese Strichzeichnungen mit Aquarellfarben zeigen, wie effektvoll sich diese Technik einsetzen läßt, um Fülle und Fluß eines Menschenkörpers zu beschreiben. Um diesen Effekt zu erzielen, kommt alles darauf an, daß man rasch arbeiten kann.

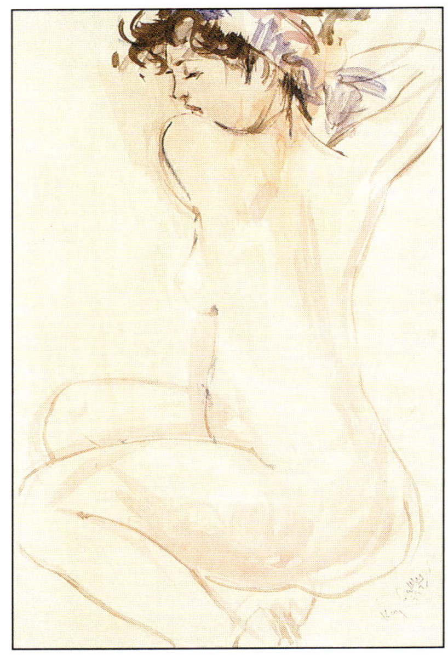

OBEN UND LINKS **Für ihre einfachen Aquarell-Aktstudien hat Kay Gallwey einen eher linearen Ansatz gewählt. Die stärksten Linien sind als letzte hinzugefügt. Sie begann mit sehr stark verdünnten Rosa- und hellen Ockertönen und zeichnete die Hauptzüge des Körpers nach, wobei alles auf die Linie des Rückgrats ankommt. Das Volumen des Oberschenkels ergab sich intuitiv, und dann wurde der Schatten aus hellem Umbra mit breitem Pinsel um den bereits angedeuteten Körper gezogen. Die abschließenden Tupfer galten Kopftuch und Haar. Dieselbe Technik wendet die Künstlerin auch in anderen Arbeiten an. Das wichtigste ist, daß man schnell arbeitet, und nur durch ständige Übung entwickelt man einen so flüssigen Stil.**

ALLA PRIMA MIT DICKEREN ÖLFARBEN

Diese drei Beispiele zeigen, welche Vielfalt an eindrucksvollen Effekten sich mit dickerer Farbe erzielen läßt, die mit Pinsel, Palettenmesser oder gar mit dem Finger verstrichen wird.

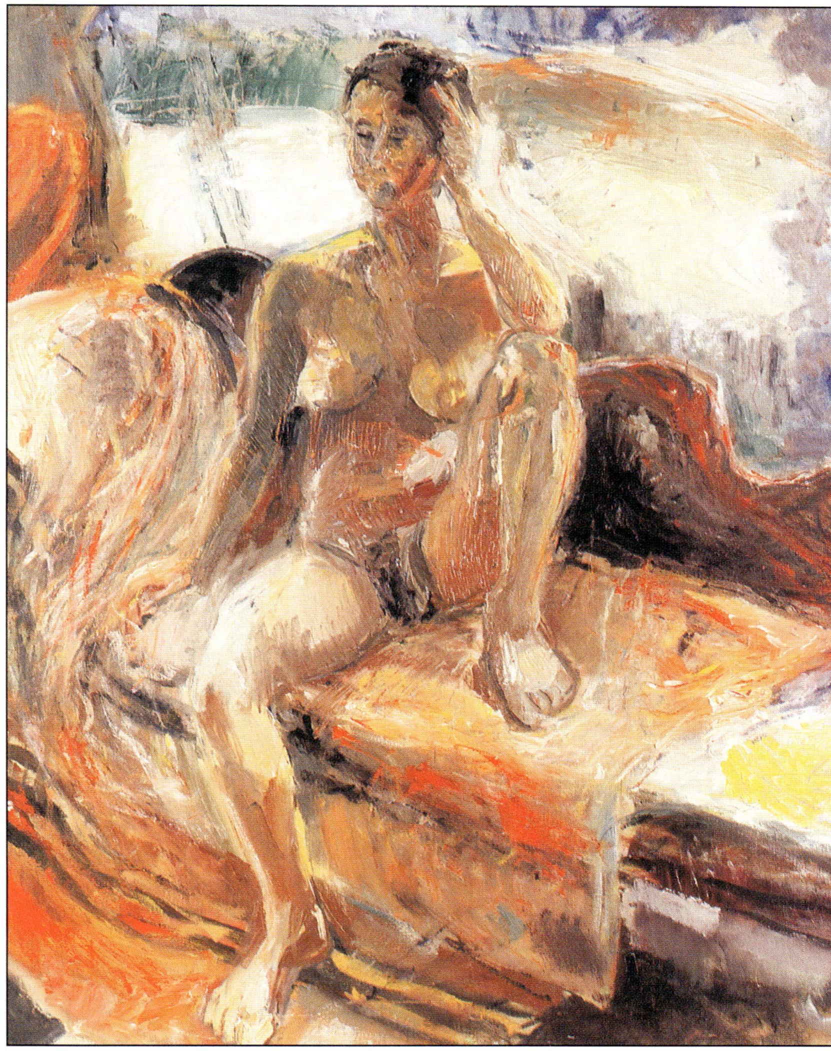

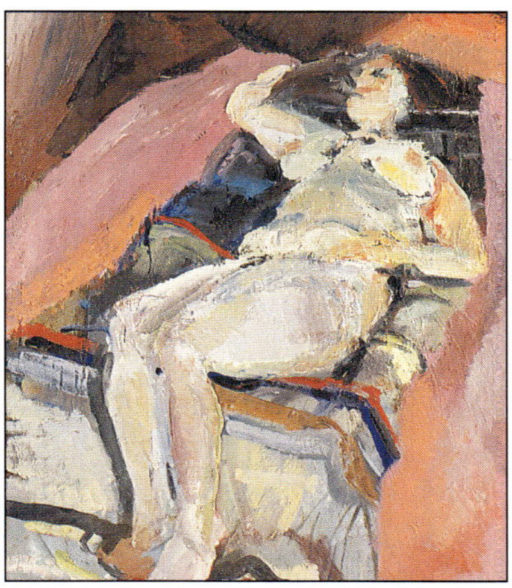

OBEN Diese Studie eines liegenden Akts auf gestreifter Bettdecke ist mit dicker Ölfarbe gemalt. Die Schwierigkeit bestand darin, das Licht auf Figur und Decke gleichmäßig zu halten. Den meisten Farben ist Weiß beigemischt, doch nicht soviel, daß sie kreidig wirken. Die Farben entwickeln sich den Körper hinunter kontinuierlich vom Warmen zum Kalten. Der Orangeton am Arm kontrastiert mit dem Blaugrün des Torsos, und kühle Rosa- umspielen die wärmeren Gelbtöne. Das ganze Bild ist mit dicker Ölfarbe mit Hilfe eines Palettenmessers gemalt.

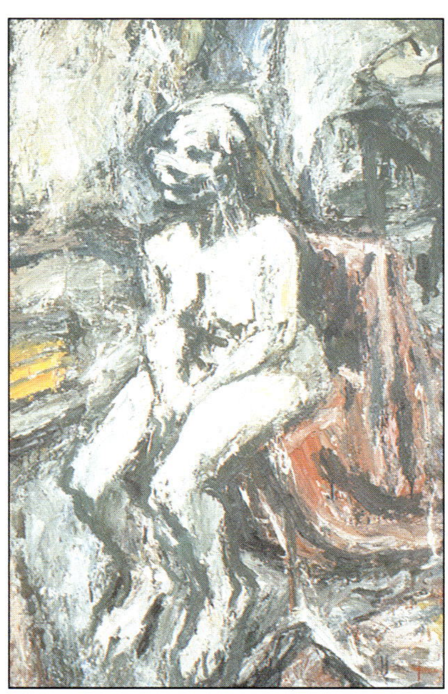

OBEN Bei diesem Bild ist mit einigem Aufwand die Figur sorgfältig gezeichnet, doch als die Hauptformen erst einmal da waren, wurde mit Farbe nicht gespart. Die Figur sollte sich im Licht abheben, ohne daß sie die Wärme verlor, und die dunkleren Flächen wurden mit Terra di Siena natur und Krapprot, abgetönt mit Ultramarin, gemalt. Es wird viel mit komplementären Kontrasten gearbeitet – die Blautöne hinter der Figur kontrastieren mit der orangefarbenen Decke, die in Wellen bis auf den Boden reicht, die Lilatöne mit den gelben Farbflecken der Fenster und der Chaiselongues. Das Bild ist nicht nur mit großen Pinseln, sondern dazu direkt mit dem Finger gemalt, damit die Farben frisch und glänzend bleiben. Auch Tizian, heißt es, hat in späteren Jahren die üppigen Partien seiner Bilder mit dem Finger gemalt.

RECHTS Hier arbeitete der Künstler, Mike Knowles, mit groben Pinseln, Palettenmessern und Ölfarben in Dosen. Indem er die Farbe immer wieder abkratzte und neu auftrug und so die Form immer wieder neu umschrieb, entstand eine krustige Oberfläche. Farbflächen und starke Zeichnung verstärken den Eindruck eines energischen Bildes noch, das Ergebnis langer Beobachtung.

5

FLÄCHEN UND STRUKTUREN SEHEN LERNEN

Die Hauptaufgabe, die sich jedem Maler stellt, besteht darin, die dreidimensionale Welt aus Raum und Tiefe auf eine zweidimensionale Oberfläche zu bringen. Deshalb ist einer der wichtigsten Schritte überhaupt das Erkennen von Flächen. Eine Fläche ist ein Mittel, die Richtungswechsel zu beschreiben, die sich bei den Rundungen einer Form ergeben. Umrisse existieren als solche ja nicht, und eine Kontur bezeichnet lediglich die Stelle, an der eine Fläche aus dem Blickfeld verschwindet. Die Form wird durch das Licht bestimmt, und wenn eine Form gerundet ist, können wir einen Schatten an der Kante sehen, der von einem anderen Blickwinkel aus eine Kontur wäre. Diese Kante ist der Übergang zwischen zwei Flächen.

MÄDCHEN AUF DEM TEPPICH

DAVID CARR

Bei diesem Aquarell baut der Künstler eine Reihe von Flächen mit dünnen, gerichteten Farbstrichen auf. Es wird teils mit Lasur- (Seiten 104–111), teils mit Naß-in-Naß-Technik (Seiten 112–116) auf 300 g/m^2 kaltgepreßtem Papier gemalt. Die Palette besteht aus Ultramarin, Coelinblau, Kobaltgrün hell, Kadmiumgelb, Kadmiumrot, Krapprot und Ultramarinviolett.

1

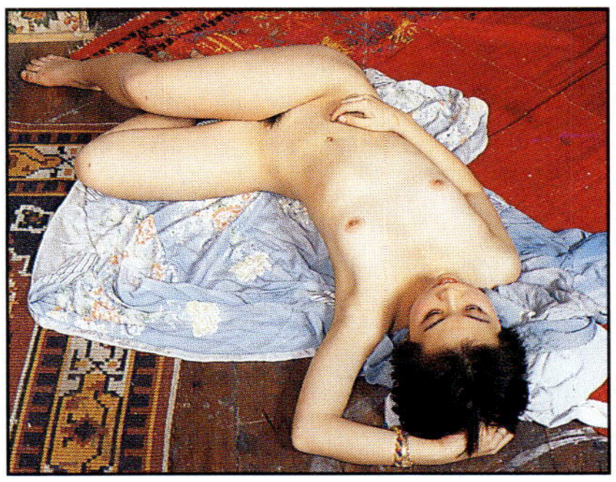

1 Das Modell liegt am Boden, der Maler steht über ihm und blickt hinunter.

2

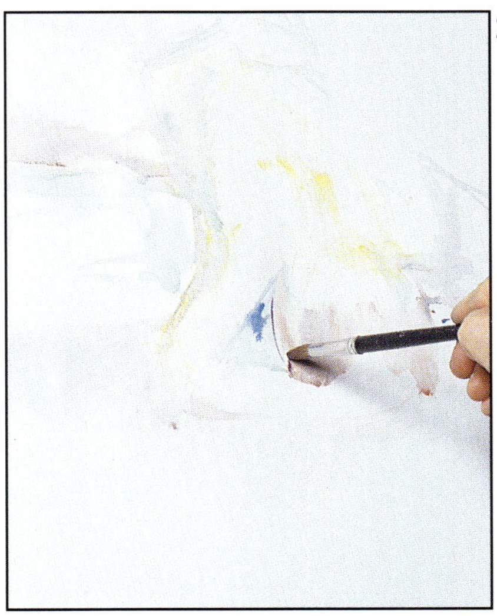

2 Die ersten Pinselstriche gelten der großen dreieckigen Fläche des Oberkörpers, der mit extrem verdünnten Krapprot-, Kadmiumrot- und Coelinblau-Tönen skizziert wird.

3

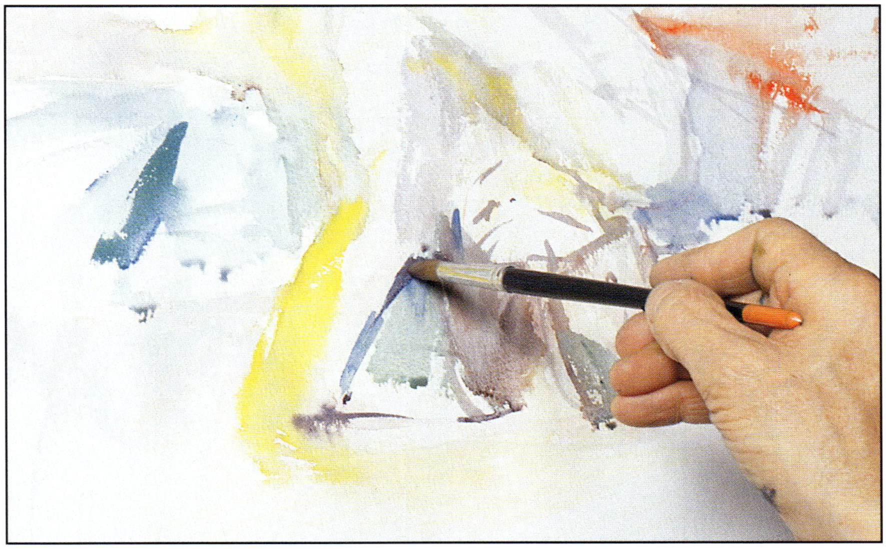

3 Die Seiten von Körper und Arm werden mit wesentl ch kräftigerem Gelb hervorgehoben. Fürchten Sie sich beim Aquarellieren nicht vor starken Farben – sie wirken blasser, wenn sie trocknen. Kobaltgrün und Ultramarin stehen für den Fußboden.

4

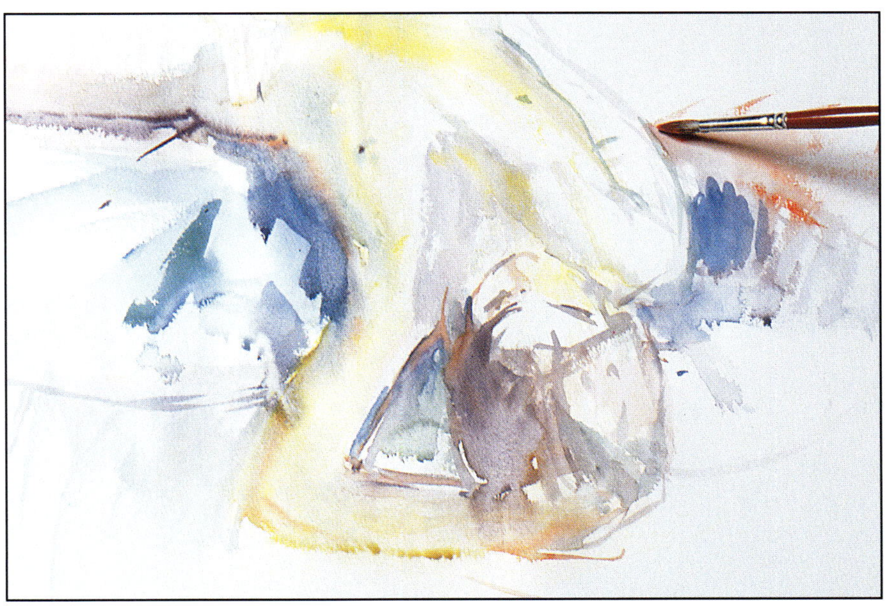

4 Hier wird der Boden weiter ausgeführt, und mit einem verdünnten Kadmiumrot werden die Seiten der Oberschenkel angelegt. Einige Striche unterhalb der Schenkel und rund um die Hüften bestimmen näher, was zunächst nur durch die Flächen definiert war.

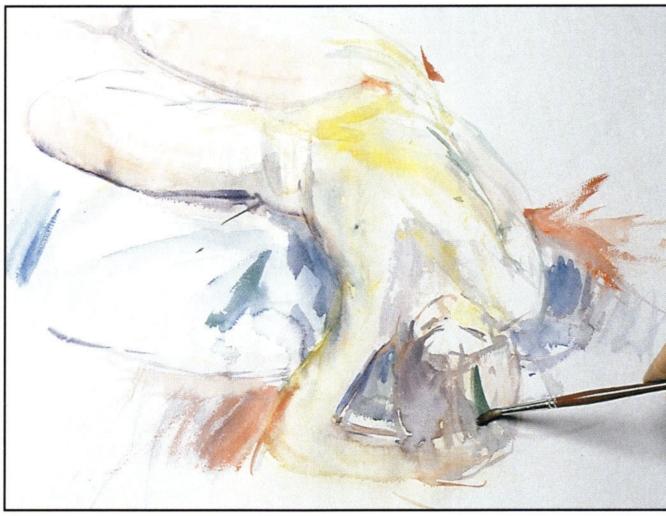

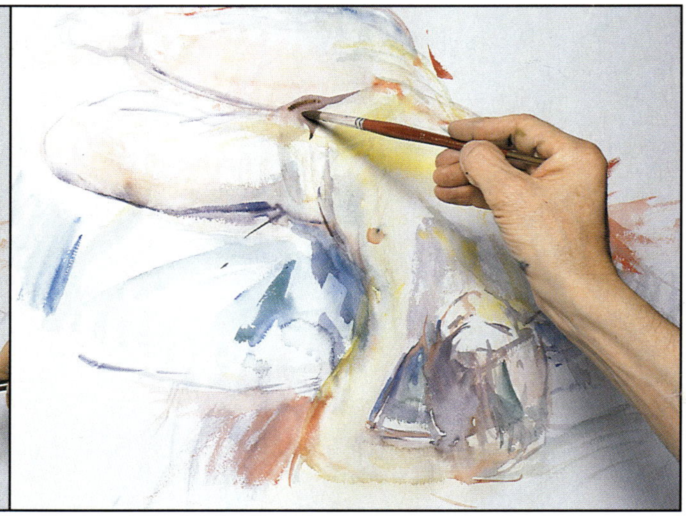
5

5 Pinselstriche folgen der Richtung der Flächen so, wie sie am Boden erscheinen. Kopf und Körper bekommen mehr Fülle. Die Flächen oberhalb der Schenkel werden mit Linien gezeichnet. Das Bild ist nach seinen Flächen konzipiert – anders ausgedrückt: Zuerst wurden die Flächen gefunden und erst danach die Position der Konturen.

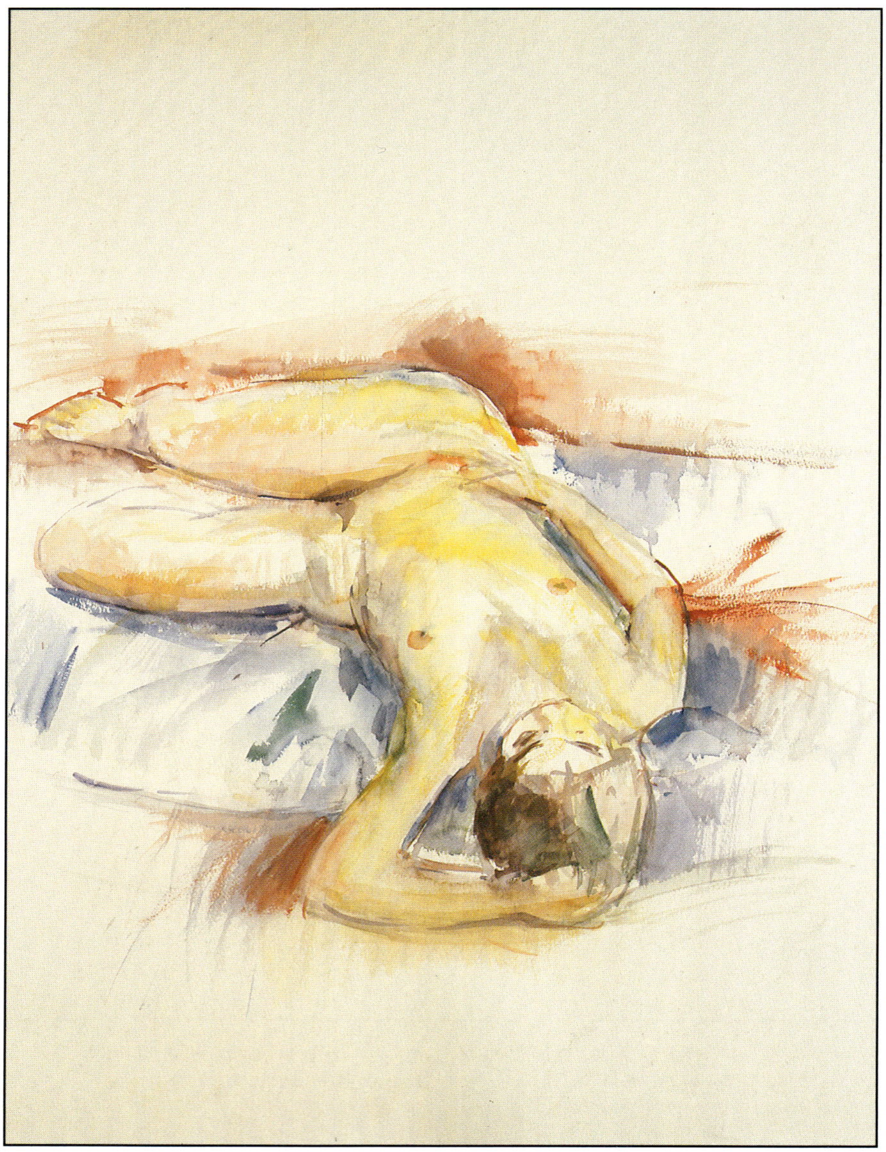
6

6 Die hellen und transparenten Pinselstriche folgen den Richtungen der Flächen, und das Weiß des Papiers wird als Farbwert mit einbezogen.

KLAR STRUKTURIERTE FLÄCHEN ERZIELEN

Je direkter ein Licht einfällt, desto klarer umrissene Flächen wird es produzieren, und diese drei Bilder zeigen, was sich erreichen läßt, wenn man darauf achtet.

UNTEN Dieses Aquarell eines auf dem Sofa ruhenden Akts hat Sharon Finmark in mehreren Schichten lasiert. Farbe kommt hauptsächlich für die dunkleren Töne zum Einsatz; für einige hellere Farbtöne steht einfach das weiß belassene Papier. Sie arbeitete mit begrenzter Palette aus Ultramarin, Kadmiumgelb, Kadmiumrot und Krapprot.

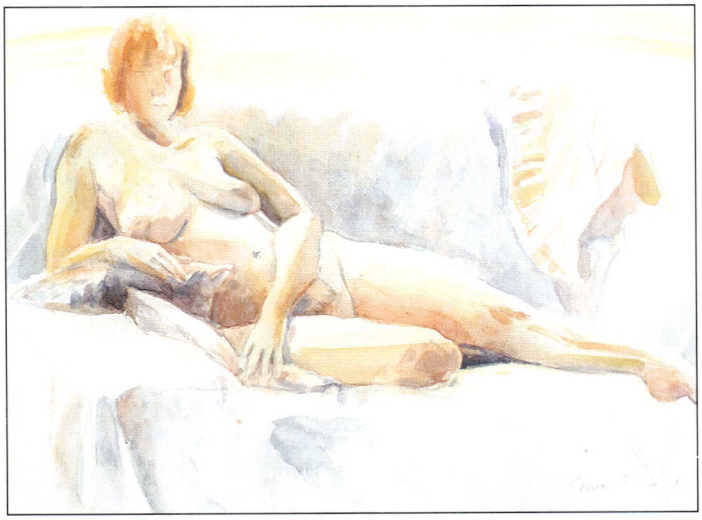

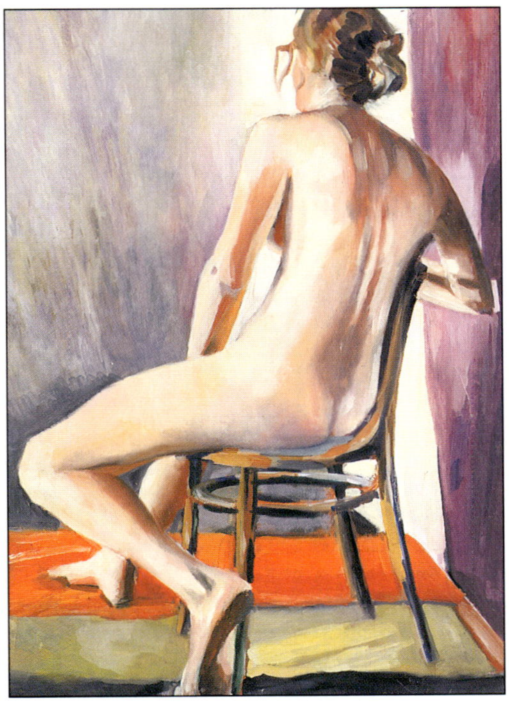

OBEN Bei diesem Ölbild von Jill Mumford läßt sich gut die Abstufung der Flächen über Schultern und Rücken erkennen. Über einen relativ warmen Hautton entwickeln sich die violetten und tiefroten Flächen vom Steißbein an aufwärts und folgen dann der Rundung der Schultern. Die helleren Bereiche erscheinen als warme und kalte Gelbtöne. Beachten Sie die Schatten an der Innenseite des rechten Arms und die klar umrissenen Flächen an Wade und Fuß.

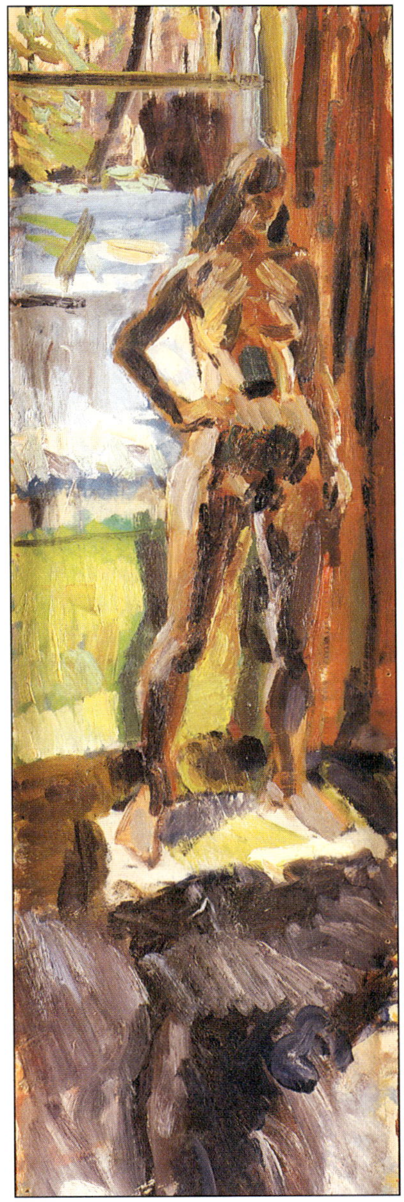

OBEN Die Pinselstriche folgen der Richtung jeder Form. Die Figur stand im Gegenlicht, und der angewinkelte Arm war nur als Silhouette zu sehen, doch gab es auch direktes Licht von einer hochhängenden Glühbirne im Zimmer. Das Modell hat sich in die Hüften gestemmt, wodurch die Beine im Schatten liegen. Im Bauchbereich wechseln die Flächen recht drastisch. Die helleren Flächen wurden auf den warmen Sienagrund der Figur mit Ockergelb mit einem Hauch Blau und Gelb gemalt. Die dunkleren Flächen sind mit starken, der Richtung folgenden Pinselstrichen in Chromgrün markiert, außerdem mit dunklen Purpur- und Graugrüntönen unter Verwendung einer Mischung aus Ultramarin und Krapprot.

MIT PINSELSTRICHEN DER FORM FOLGEN

Die beiden folgenden Ölstudien von David Carr zeigen dieselbe Pose in verschiedenen Lichtverhältnissen. Alle vier Bilder führen vor Augen, wie wichtig ein Sinn für die Fläche ist, ganz gleich, ob es sich um einen Figurenakt in komplexer Umgebung oder um ein intimeres Portrait handelt.

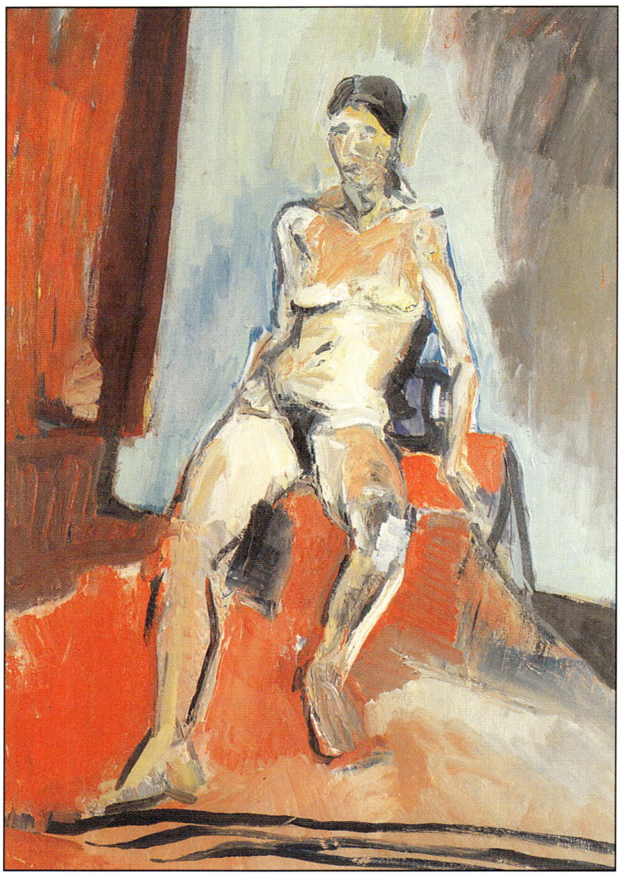

OBEN **Im helleren der beiden Bilder sind die Flächen mit groben Pinselstrichen in alle Richtungen hingeworfen. Ein orangefarbener Flecken markiert den oberen Brustbereich, dann folgt helleres Ocker den Flächen von Bauch und Becken und dem Inneren des Oberschenkels am ausgestreckten Bein. Die Struktur wird durch kräftige Linien in Schwarzblau zusammengehalten, die in die Form hineinreichen, um so die Richtung der Flächen noch zu betonen.**

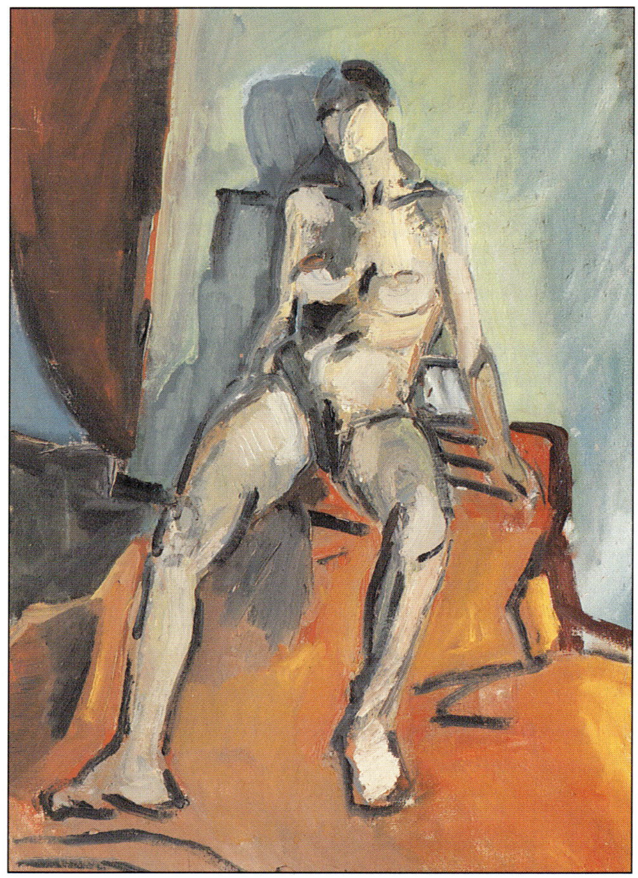

OBEN **Das dunklere Bild ist unter Kunstlicht gemalt, deshalb die harten Brüche in den Farbtönen und der klar umrissene Schatten, den die Figur wirft. Die helleren Hautpartien sind mit einer Mischung aus Ockergelb, Kadmiumrot und Weiß gemalt, die dunklen Flächen mit Grün und Blaugrau. Auch hier wurden am Ende kräftige Linien zugefügt, die die Figur zusammenhalten.**

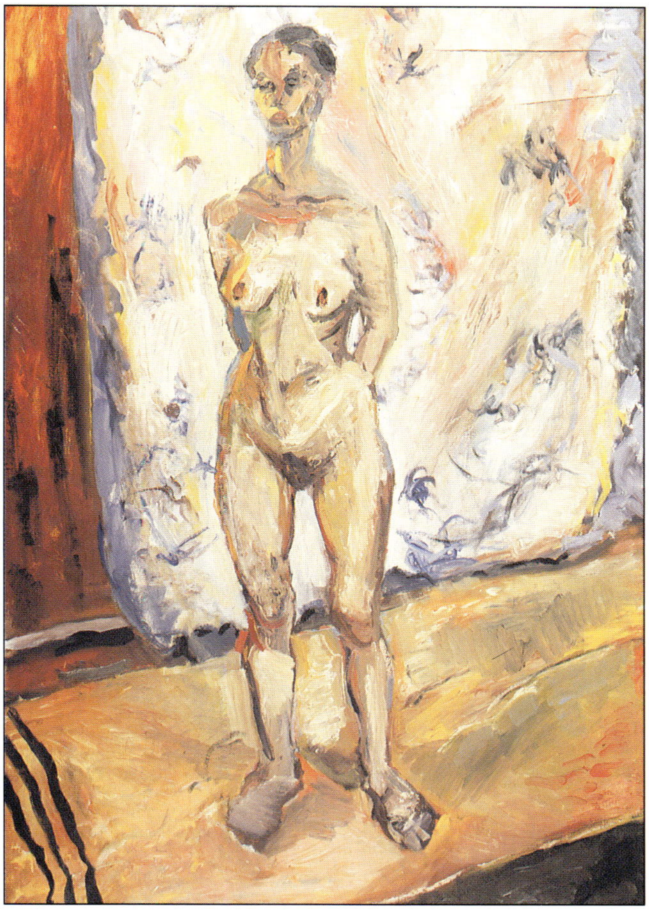

LINKS Dieses großformatige Ölbild (1,50 x 1,20 m) hat David Carr stärker ausgearbeitet als die beiden Studien sitzender Figuren. Die Palette für das hauptsächlich *alla prima* gemalte Bild war Kadmiumgelb hell, Kadmiumgelb mittel, Ockergelb, Kadmiumrot, Krapprot, Ultramarin und Titanweiß. Die letzte Fassung der Figur wurde in dicken, dunklen Linien gezeichnet, und die Pinselstriche folgten über diese hinweg der Richtung der Flächen. Hellblau- und Violettöne bestimmen die dunkleren Körperpartien, die hier durchweg in hellem Licht zu sehen sind. An Wangen und Hals stehen diese kalten Farben in starkem Kontrast zu den betonten Wangenknochen. Kräftiges helles Rosa-Ocker (Ockergelb, Kadmiumrot und Weiß) folgt der Form von oberhalb der Brüste hinunter über Bauch, Oberschenkel und Schienbeine. Beachten Sie den Farbflecken am rechten Schienbein: Der Künstler malte das Bild im Stehen und legte Wert darauf, die Füße solide zu malen und den Eindruck zu vermitteln, daß man von oben auf eine Fläche hinabblickt.

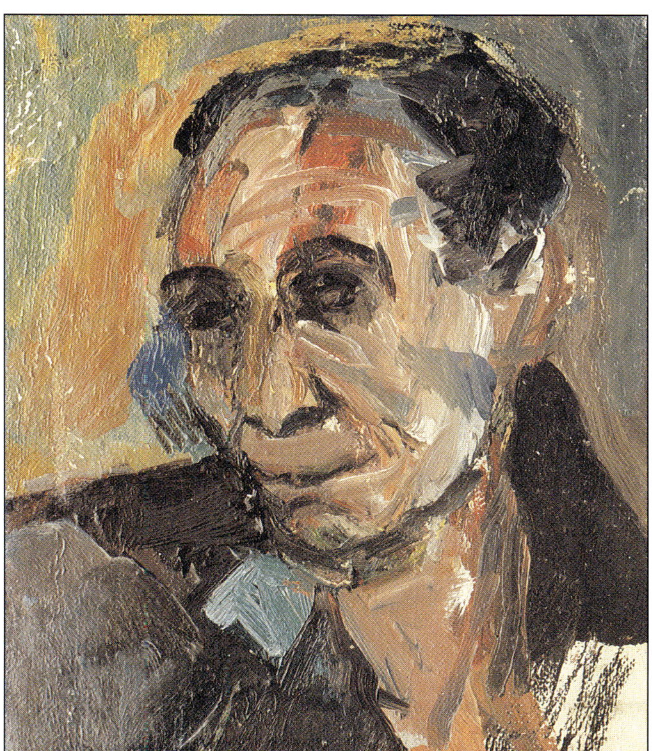

LINKS David Carr achtete bei dieser kleinen Ölstudie eines Freundes genau darauf, wie die Flächen in einer fließenden Folge rund um den Kopf laufen. Wiederum *alla prima* gemalt, hat dieses Bild eine wärmere Grundierung aus Kadmiumrot und Ockergelb. Der Pinsel wurde um die Stirn gezogen und hüpfte beinahe über die Farbe darunter. Die Fläche seitlich von Gesicht und Wange ist kräftig betont, und ein paar Striche Hellblau schaffen den Übergang zur Kinnpartie.

6

ANATOMIE

In den vorangegangenen Kapiteln ging es darum zu zeigen, wie ein Maler denkt, wie man das Wesentliche an Dingen erkennt und wie man ein Bild einteilt. Nachdem wir uns danach mit der Frage beschäftigt haben, wie sich die dreidimensionale Welt auf einer zweidimensionalen Oberfläche wiedergeben läßt, müssen wir uns nun noch die menschliche Gestalt ein wenig eingehender ansehen. Um den Menschenkörper mit sicherer Hand zu malen, muß man etwas über dessen »Vokabular« wissen – die Anatomie. Profunde anatomische Kenntnisse braucht man nicht, nur das Grundwissen darüber, wie sich bestimmte Knochen, Muskeln und Sehnen auf die Oberfläche des Körpers auswirken.

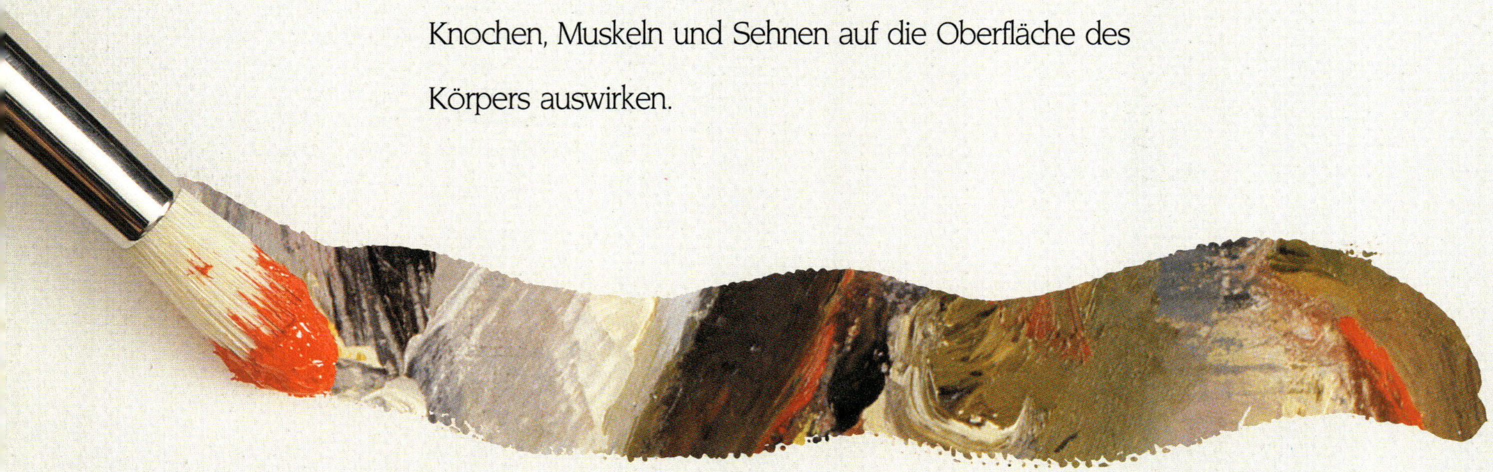

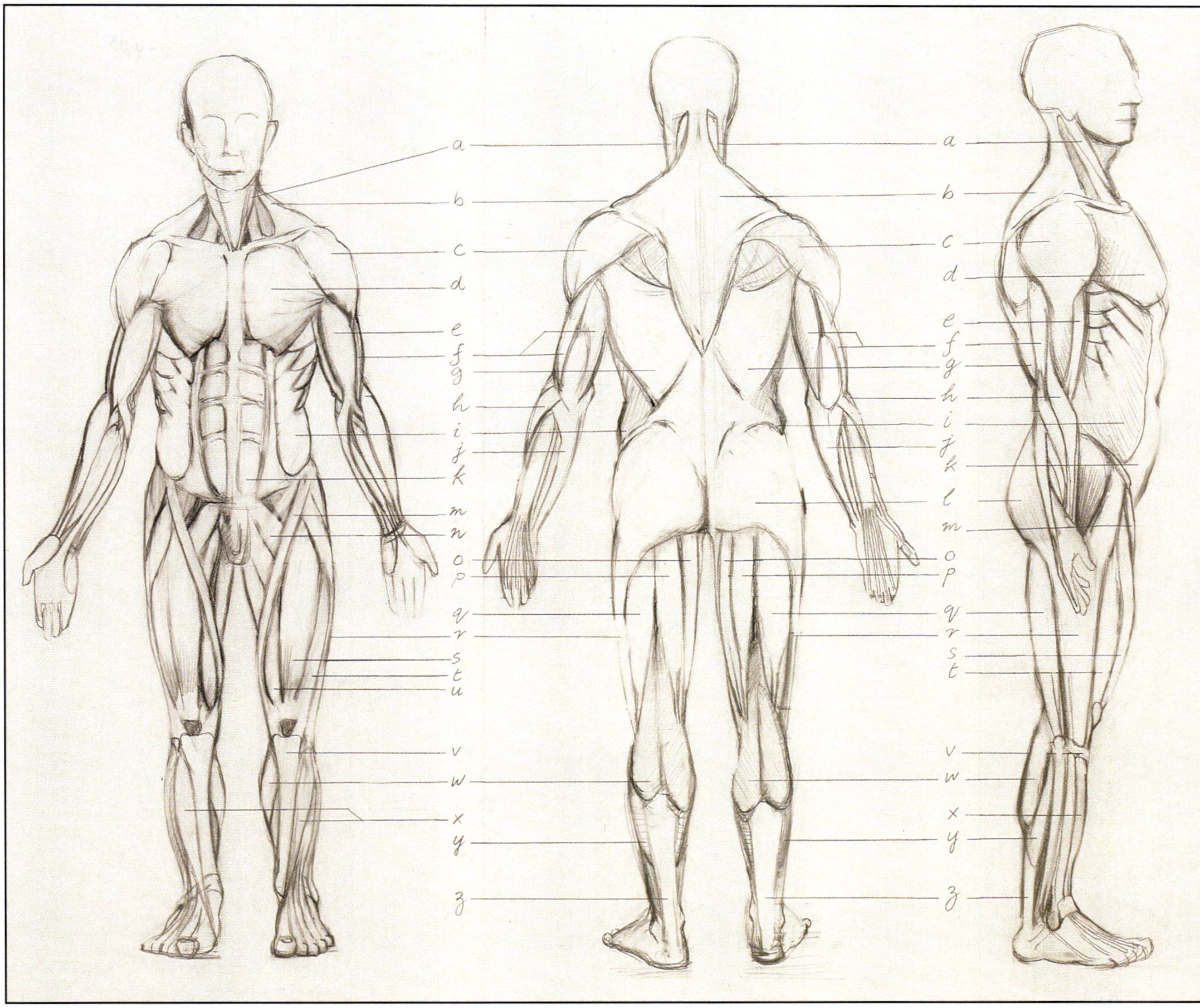

Oben sehen wir ein ABC des menschlichen Körpers – 26 wichtige Punkte, deren Kenntnis überaus hilfreich ist. Bei der stehenden Figur sind die Muskeln besonders gut zu erkennen. Ganz gleich, welche Haltung eine Figur einnimmt, man wird diese Muskeln immer wiederfinden, entweder angespannt oder im Ruhezustand.

Die auf den ersten Blick umständlichen Namen mancher Muskeln haben bei näherem Hinsehen durchaus ihren Sinn. Oft beschreiben sie Verlauf oder Funktion des Muskels. Der *Sternomastoideus* zum Beispiel (a) hat seinen Namen daher, daß er vom Brustbein (*Sternum*) zum Warzenfortsatz des Schläfenbeins hinter dem Ohr (*Mastoid*) verläuft; in der deutschen Bezeichnung *Kopfnicker* hingegen kommt seine Funktion zum Ausdruck. Der *Rectus femoris* (r) hat seinen Ursprung im Rektalbereich und verläuft hin zum Oberschenkelknochen (*Femur*).

Die Hauptmuskeln rund um Kopf, Hals und Schultern sind der *Kopfnicker* (a) und der beinahe rauten- oder trapezförmige *Trapezmuskel* (b). Er verläuft von der Schädelbasis tief den Rücken hinunter, greift seitwärts bis zu den Schulterblättern aus und führt über die Schultern auf die Körpervorderseite, wo er mit den Schlüsselbeinen (*Claviceln*) verbunden ist. Dieser Muskel ist für die typische Rundung der Schultern verantwortlich, von der auf Seite 54 noch ausführlicher die Rede ist.

Der *breite Rückenmuskel* (*Latissimus dorsi*, g), der sich in zwei Flügel beiderseits des Rückens teilt, umschließt die Rippen und greift bis in die Armhöhlen, wo er an der Oberseite des Oberarmknochens befestigt ist.

OBEN **Diese drei Ansichten zeigen die Hauptmuskeln des menschlichen Körpers.**

Auf der Vorderseite reicht der *große Brustmuskel* (d) vom Brustbein bis hinauf zu den Schlüsselbeinen und weiter zu den Oberarmen. Auf der Vorderseite des Körpers verläuft der langgestreckte *gerade Bauchmuskel* (k) abwärts; er besteht aus vier Teilen, die sich bei muskulösen Menschen von außen deutlich unterscheiden lassen. Die *schrägen Bauchmuskeln* (i) verlaufen vom *geraden Bauchmuskel* rund um die Taille und von da zum *breiten Rückenmuskel*. Die Form der Schultern wird vervollständigt durch den *Schultermuskel* (*Deltamuskel*, c). Von der Seite gesehen, erscheint er wie ein auf dem Kopf stehendes Dreieck (der griechische Buchstabe *delta* hat die Form eines Dreiecks). Er umschließt das Schultergelenk in einer Form, die an einen Raglanärmel erinnert, und verläuft hinunter zu den Armmuskeln *Bizeps* (e) und *Trizeps* (f).

Das charakteristische Äußere des Unterarms wird weitgehend durch den *Armspeichenmuskel* und den langen *Speichenstrecker* (h) bestimmt. Auf der Innenseite mit ihrer unverkennbaren Rundung finden sich die Muskeln, die die Finger bewegen. Am äußersten und bis zum Handgelenk hinunterreichend liegt der *Ellenbeuger* (j), der sich am deutlichsten von hinten erkennen läßt.

Auf der Vorderseite der Beine reicht der lange, schmale *Schneidermuskel* (m) diagonal über den Oberschenkel vom Becken hinunter bis an die Wade, wo er mit dem Schienbein verknüpft ist. Wenn man ein Bein malt, ist es entscheidend, diesen Muskel zu erkennen. Drei einzelne Muskeln lassen sich bei gespanntem Bein erkennen, die jedoch im Grunde Teil ein und desselben sind, denn alle drei sind mit einer gemeinsamen Sehne mit der Kniescheibe verbunden: der *vordere Schienbeinmuskel* (s) sowie der *äußere* (t) und *innere* (u) *Unterschenkelstrecker*. Auf der Innenseite der Wade findet sich ein Bündel von Muskeln, die sogenannten *Beuge-* oder *Anziehmuskeln* (n).

Das Hinterteil wird von den *Gesäßmuskeln* (l) gebildet. Für uns ist es wichtig zu wissen, wie diese Muskeln mit starken Sehnen am *Darmbein-Schienbein-Band* (r) befestigt sind, das die Außenseite der Waden straff hält und hinunterführt bis zum oberen Ende des Schienbeins (v).

Die Rückseite der Wade wird von den drei langen Beugemuskeln des Knies gebildet – *Bizeps* (q), *halbsehniger Muskel* (o) sowie der schon vom Namen her eindrucksvolle *zweiköpfige Unterschenkelbeuger* (p). Sie gehen vom Becken aus und sind am oberen Ende von den Gesäßmuskeln verdeckt. Diese Muskeln sind für die Fülle an der Rückseite des Oberschenkels verantwortlich. Wenn das Knie angewinkelt ist, sind sie als Stränge deutlich zu erkennen und werden oft als Kniesehnen bezeichnet.

Auf der Vorderseite des Unterschenkels ist der auffälligste Muskel der *vordere Schienbeinmuskel* (x). Auf der Rückseite besteht die Wade aus zwei Hauptmuskeln: Der tieferliegende und flachere, der in der Form ein wenig an einen Plattfisch erinnert, heißt konsequenterweise auch *Soleus* (lateinisch für Scholle, y), und der auffälligere äußere Muskel heißt *Gastrocnemius*, was soviel wie Krötenbauch bedeutet. Er hat zwei Köpfe; der weiter innen liegende sitzt tiefer als der äußere. Zuletzt soll noch die größte Sehne des Körpers erwähnt werden, die *Achillessehne* (z), die Soleus und Gastrocnemius mit der Ferse verbindet.

Natürlich stellen diese anatomischen Zeichnungen den Körper nur schematisch dar, doch ist das Zeichnen nach Anatomiebüchern eine wichtige Übung. Gut illustrierte medizinische Lehrbücher sind oft sehr nützlich. Den Aufbau des menschlichen Körpers zu kennen ist für ein ernsthaftes Studium der Malerei unerläßlich.

CONTRAPPOSTO

Von klassischen Zeiten an ist eine bestimmte stehende Haltung, die als *contrapposto* bekannt ist, immer wieder in der bildenden Kunst aufgetaucht. Es ist ein idealer Ruhezustand, der durch den Ausgleich gegenläufiger Bewegungen zustande kommt. Ganz gleich, welche Position die Figur einnimmt, es gibt immer Kräfte, die sie stabilisieren. *Contrapposto* führt vor Augen, wie diese ausgleichenden Kräfte funktionieren.

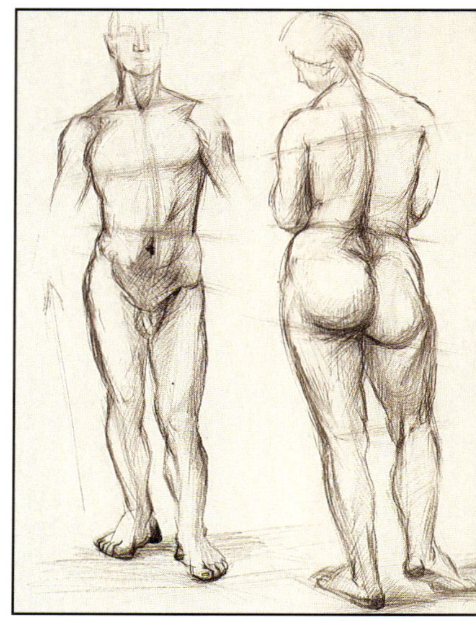

OBEN **Beim Betrachten einer stehenden Figur ist es wichtig zu erkennen, auf welchem Bein das Gewicht lastet – es ist selten gleichmäßig verteilt, außer auf dem Paradeplatz. Auf diesem Bild ist offensichtlich, daß jeweils ein Bein das Hauptgewicht trägt (Standbein), und deshalb ist deutlich ein Richtungswechsel der Fläche am Trochanter (Rollhügel) des Hüftbeins zu erkennen. Eine eindeutige diagonale Achse verläuft oberhalb des Beckens und eine weitere, nicht ganz so offensichtliche an der Taille. Das Rückgrat ist gekrümmt, und die Schulter auf der Seite des Standbeins steht niedriger als die auf der Seite des entlasteten Beins (Spielbein). Folglich gibt es einen auffälligen Richtungswechsel der diagonalen Achse auf Höhe der Brustmuskeln bzw. Schulterblätter, und die Schultern balancieren die entgegengesetzte Bewegung des Beckens aus.**

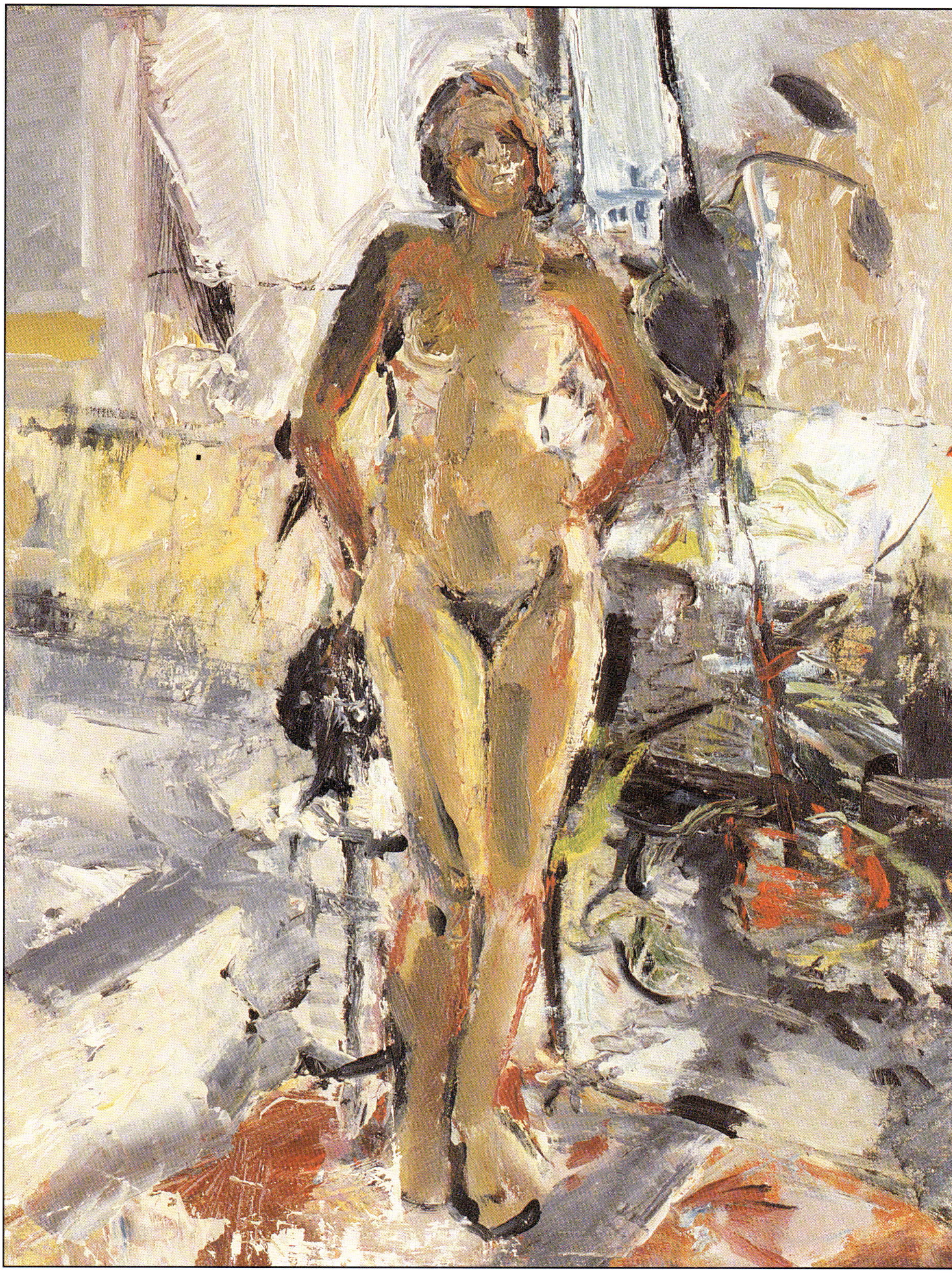

OBEN In diesem stehenden Akt, einem Ölbild des Autors, nahm das Modell die *Contrapposto*-Pose ganz unbewußt ein. Außerdem ist das Bild *contro luce* oder *contre jour* gemalt – im Gegenlicht. Das Modell lehnt an einem Stuhl, die Arme hinter dem Rücken. Das linke Bein ist offensichtlich das Standbein, denn das rechte ist angewinkelt. Achten Sie darauf, wie die Achsen von Becken, Taille, Brust und Schultern in entgegengesetzte Richtungen verlaufen. Das Bild ist in groben Strichen gemalt, ein Großteil des Zimmers mit dem Palettenmesser und in Impasto-Technik (mit dick aufgetragener Farbe). Viel Weiß wurde verarbeitet, damit die Umgebung lichter wirkt. Die Grundfarbe für die Figur ist Siena natur, wobei Pinselstriche in Indigo, Krapprot und etwas Kadmiumrot der Richtung der Flächen folgen.

BALANCE UND GEWICHT

Diese Folge kleiner Aquarellskizzen von David Carr geht der Frage nach, wie die Balance eines Modells erzielt wird und wie man die Kräfte, die dabei am Werk sind, zum Ausdruck bringen kann. Von Bild zu Bild wird der Blickwinkel leicht variiert.

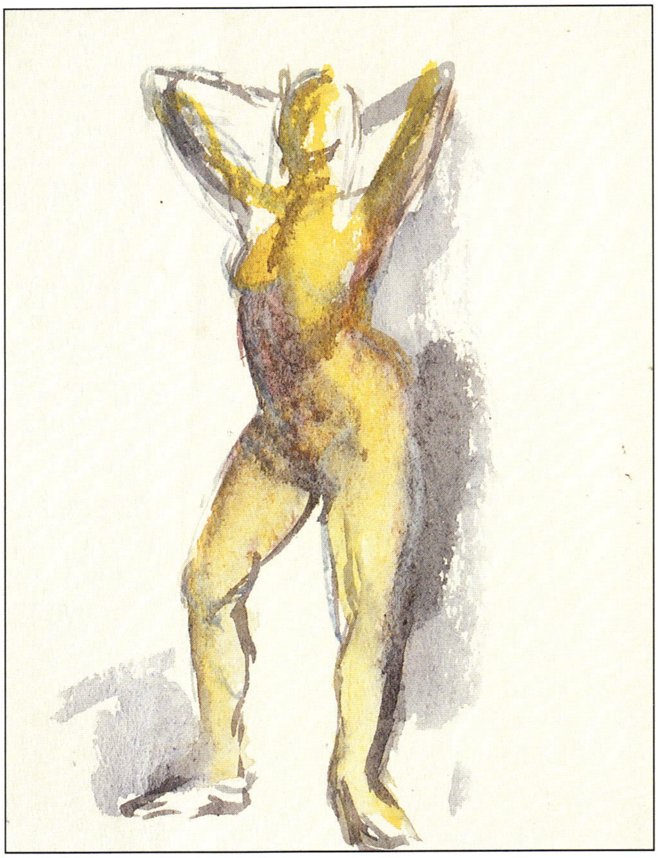

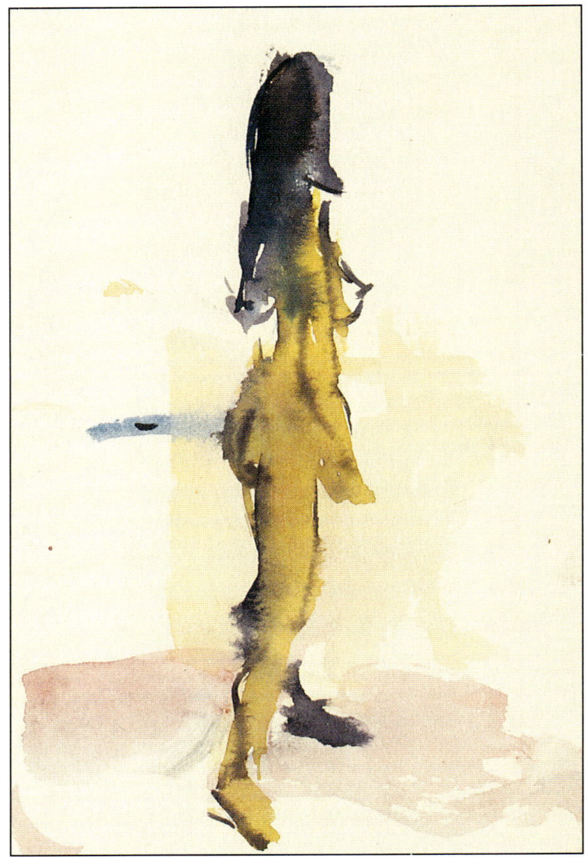

OBEN Bei diesem stehenden Akt mit hinter dem Kopf verschränkten Armen ruht das Gewicht auf dem linken Bein, wodurch sich der krasse Richtungswechsel in der Taille erklärt. Wenn Sie das Bild näher betrachten, werden Sie sehen, daß die Masse der Figur zunächst in einem warmen Gelb (Aureolin oder Kobaltgelb) definiert und erst dann mit Ultramarin in die feuchte Farbe gezeichnet wurde. Ein mit Ultramarin getränkter Pinsel wurde kurz in Krapprot getaucht und einmal über den Torso gefahren. Mit nur drei Primärfarben ist die »Idee« des Stehens zum Ausdruck gebracht.

OBEN In diesem kleinen Aquarell hat die Figur sich gedreht und das Gewicht vom rechten auf das linke Bein verlagert. Auch dieses Bild ist mit einem Minimum an Mitteln gemalt; mit dunklem Violett (Ultramarin mit Krapprot) ist in die wärmer getönte Lavierung gezeichnet. Beachten Sie, wie die Farben ineinanderlaufen, was den räumlichen Eindruck noch erhöht.

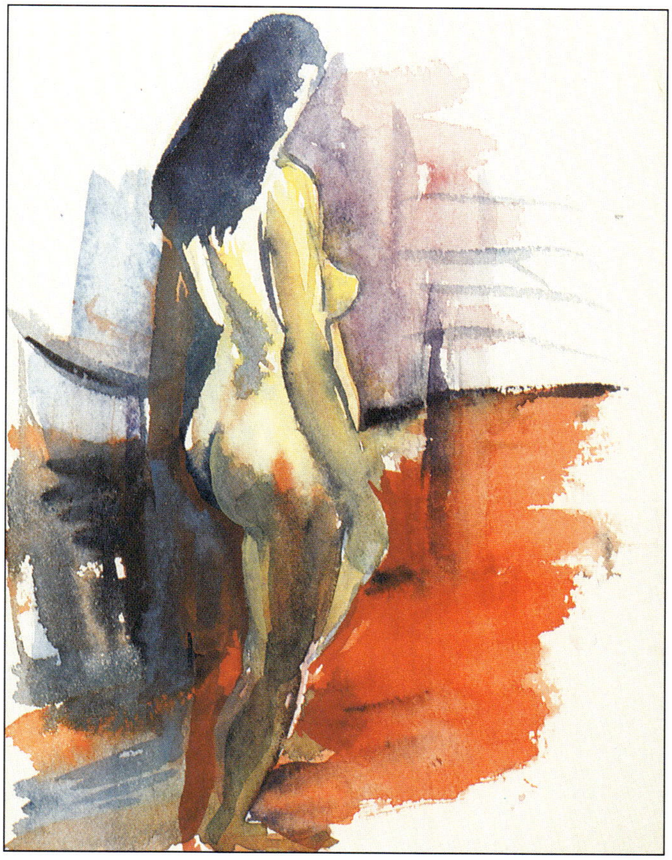

OBEN In der dritten Variante hat die Figur uns mehr den Rücken zugedreht. Mit einem hellen, matten Gelb ist die Figur festgelegt. Das Standbein ist mit einer kräftigen roten Linie hervorgehoben, die mit Ultramarin übermalt wurde, so daß das ganze Bein im Schatten liegt und ein eindrucksvoller Flächenwechsel an der Hüfte entsteht.

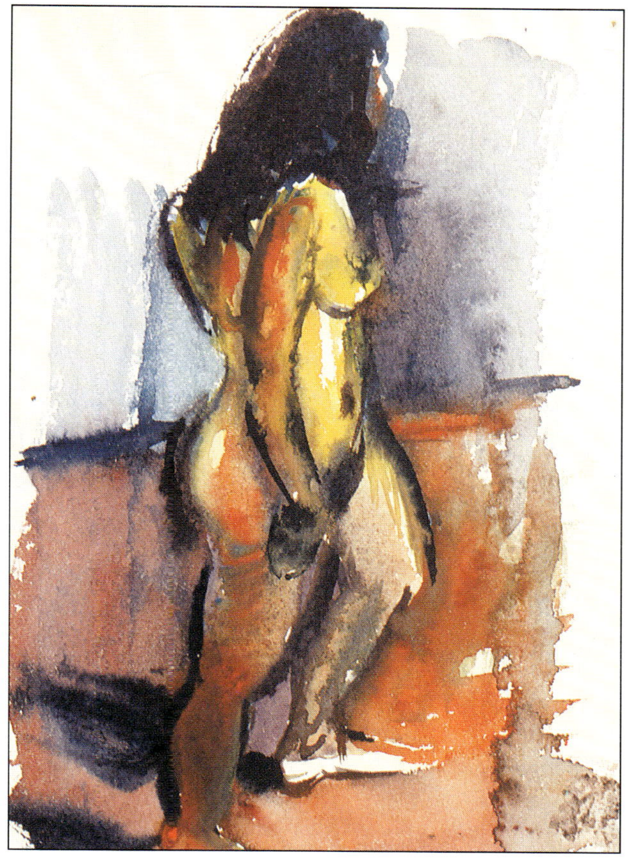

OBEN Hier ist der Künstler ein wenig nach vorn gerückt, um mehr von Bauch und Spielbein zu sehen. Wiederum wurde mit Kadmiumrot in Kadmiumgelb gearbeitet, und in diese Farbe sind sehr starke Linien aus Ultramarin und Kadmiumrot gezeichnet, was beinahe Schwarz ergibt. Das fällt besonders beim Haar auf, doch gibt es auch dem Standbein seine Spannung. Der Schatten, den die Beine werfen, gibt auch der Fußbodenfläche Richtung.

7

KOPF, HALS UND SCHULTERN

Beim Malen von Kopf und Schultern ist es außerordentlich wichtig, den Grundaufbau dieser Körperteile zu kennen. Wir haben ein Meisterwerk der Ingenieurskunst vor uns, das es dem Kopf ermöglicht, durch ein Gelenk auf dem obersten Halswirbel (dem Atlas) auf- und abzunicken, während er sich gleichzeitig auf dem zweiten (dem Dreher) hin- und herdreht.

Man sieht so oft Köpfe, die wie ein Fußball gemalt sind, der auf einer Stange steckt, wo doch schon ein Minimum an anatomischem Wissen über diesen Teil des Körpers genügen würde, ihn um vieles natürlicher darzustellen.

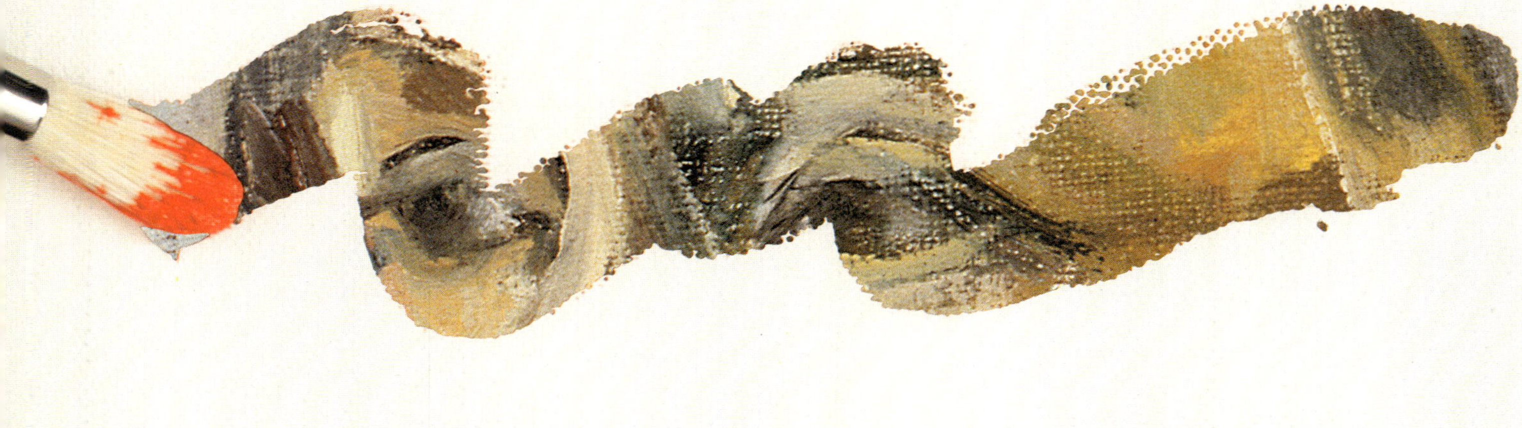

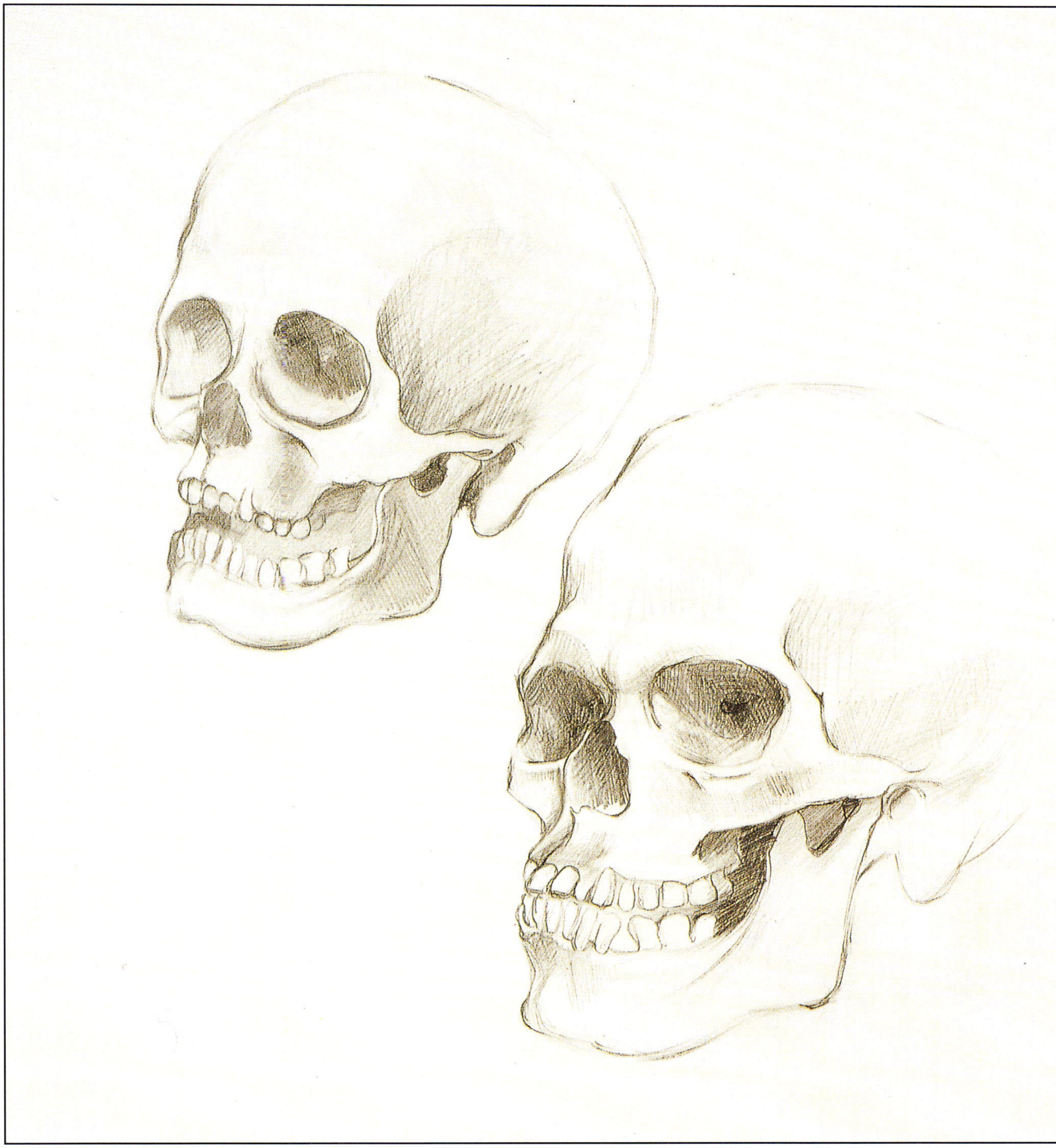

OBEN Diese beiden Zeichnungen zeigen die Hauptunterschiede zwischen Männer- und Frauenschädel; der Männerschädel ist der untere.

Bei genauer Betrachtung erkennt man deutlich den Unterschied zwischen männlichem und weiblichem Schädel. Der Schädel des Mannes ist meist ein wenig kantiger, und die Braue ist kräftiger. Die Stirn des Mannes ist fliehender, die der Frau steht eher aufrecht. Der männliche Kieferknochen ist größer, bei der Frau ist das Hinterende dieses Knochens wesentlich graziler geformt. Achten Sie beim Wangenknochen, der bis zur Seite des Auges hinaufreicht, darauf, wie er mit der Seite des Schädels durch einen schmalen Knochen, das Jochbein, verbunden ist. Der Schädel besteht aus einer Reihe von Knochen, die fest miteinander verbunden sind; der einzige bewegliche Teil ist der Unterkiefer.

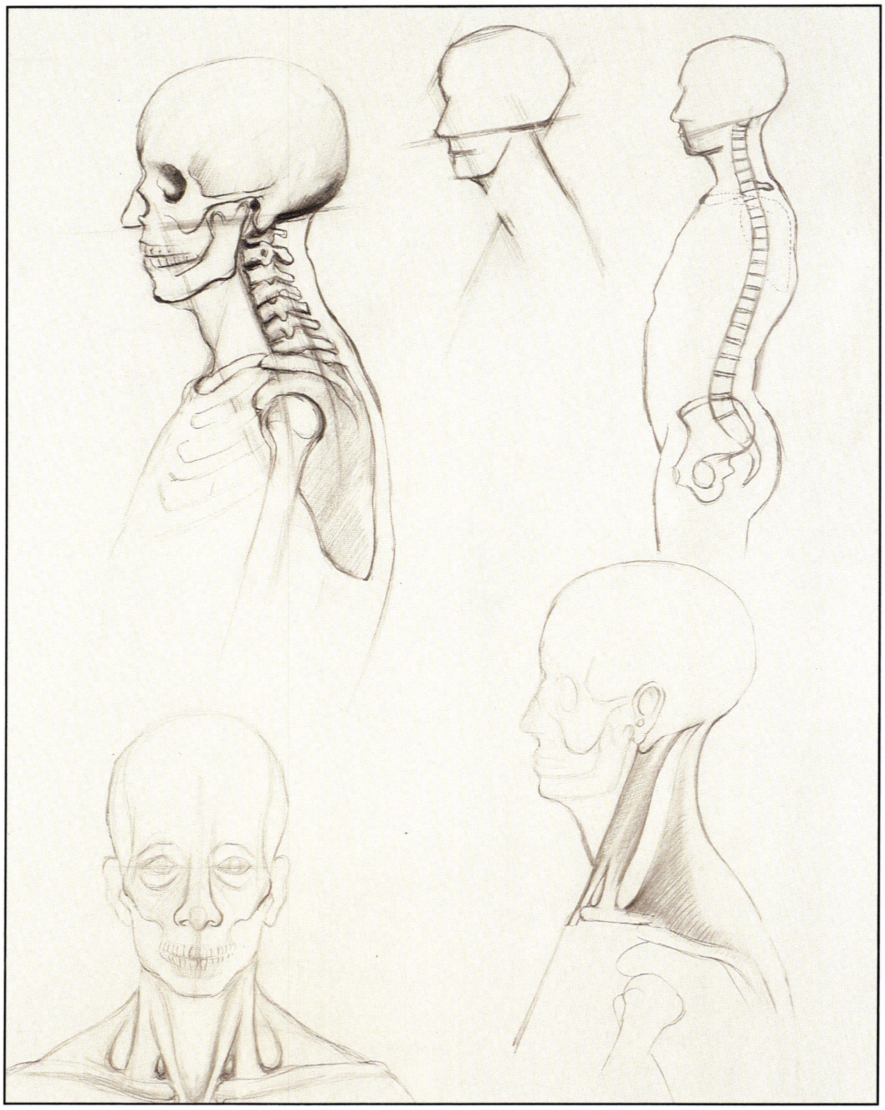

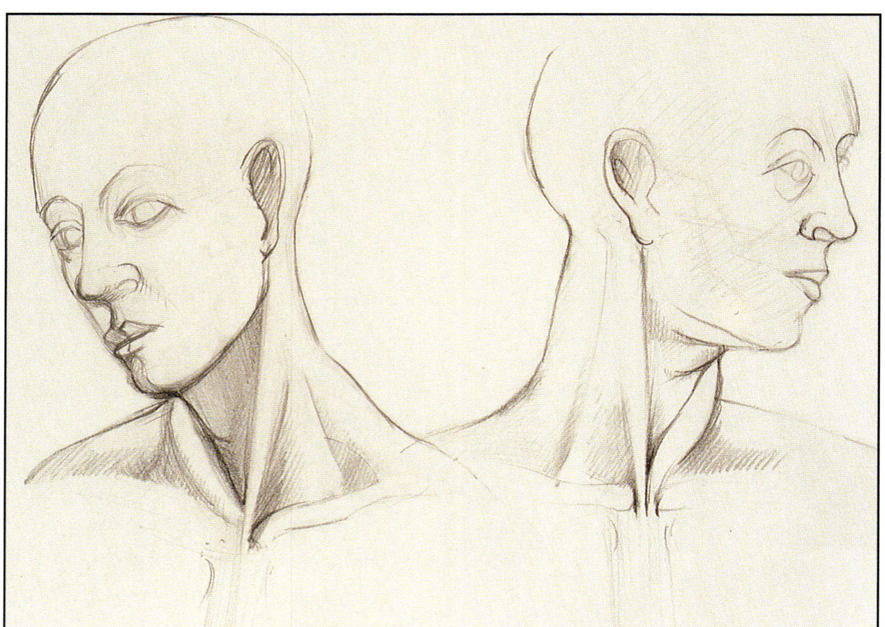

Diese Abbildung illustriert drei wichtige Punkte. Zunächst einmal, daß die *Rückseite* des Schädels wesentlich *höher* liegt als die Basis von Unterkiefer oder Kinn. Wo sie vom Haar verborgen ist, wird die Schädelbasis oft zu tief angesetzt. Zum zweiten, daß der Kopf nicht rechtwinklig auf den Halswirbeln sitzt, sondern daß diese schräg hinaufführen. Von da verläuft die Wirbelsäule über Schultern, Taille und Becken in Gestalt eines flachen S. Zum dritten – und das ist der wichtigste Punkt – liegt der Warzenfortsatz (ein knotenförmiger Knochen) stets unmittelbar unter und hinter dem Ohr. Selbst wenn er vom Haar verborgen ist, läßt sich anhand der Position des Ohres genau sagen, wo er sich befindet, und damit hat man die Höhe der Schädelbasis bestimmt.

Von dieser Stelle geht der Kopfnicker-Muskel aus, der entscheidend die charakteristische Form des Halses bestimmt. Er beginnt am Warzenfortsatz und teilt sich dann in zwei Stränge, von denen einer zum oberen Ende des Brustbeins führt, der andere zum inneren Ende des Schlüsselbeins. Luft- und Speiseröhre führen vom Brustbein aus parallel über den Hals zwischen den Kopfnickermuskeln hinauf zum Rachen.

Der zweite Hauptmuskel in diesem Bereich ist der Trapezmuskel, der vom Nacken über die Schulterblätter hinunterführt und den Schultern ihre typische Neigung verleiht. Achten Sie darauf, wie Kopfnicker und Trapezmuskel sich spannen und entspannen, wenn der Kopf gedreht wird. Schauen Sie in einen Spiegel, ziehen Sie die Schultern vor, und achten Sie auf die Vertiefungen, die zwischen Muskeln und Schlüsselbeinen entstehen.

OBEN LINKS Die Zeichnung zeigt die Lage von Schädel, Rückgrat und Kopfnickermuskel zueinander.

LINKS Diese Zeichnung verdeutlicht die Funktion des Kopfnickers.

KOPFBILD

DAVID CARR

Beim Malen dieses Portraits achtete der Autor sorgfältig auf die Punkte, die auf den vorangegangenen Seiten beschrieben sind. Es ist wichtig, die Masse des Schädels unter der Haut zu spüren und zu sehen, daß das Haar dessen Formen folgt und nicht einfach daraufsitzt wie eine Perücke. Oft erleichtert es die Arbeit, wenn man ein weibliches Modell bittet, das Haar hochzustecken, so daß die Schädelbasis am Hinterkopf besser zu erkennen ist.

Die Palette für dieses Bild bestand aus Ultramarin, Kobaltblau, Coelinblau, Kobaltgrün, Chromgrün, Umbra natur, Kadmium-Zitronengelb, Kadmiumgelb, Ockergelb, Kadmiumrot, Krapprot und Titanweiß. Gemalt wurde mit einem Zungenpinsel Nr. 8, einem runden Schweinsborstenpinsel Nr. 3 und einem Zobel-Kunstfaserpinsel Nr. 8 auf mit Eitempera grundierter Leinwand.

1 Das Modell in Positur, mit Licht von links.

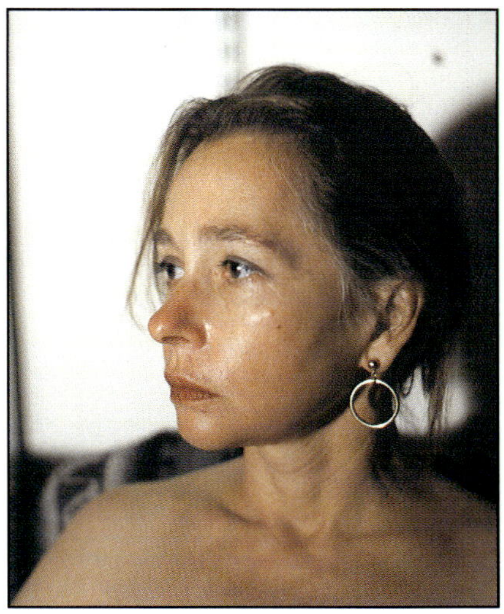

1

2 Die Vorzeichnung wurde nur mit dünnen Kohlestrichen angedeutet und mit einer stark verdünnten Mischung aus Umbra natur und Ultramarin ausgeführt. Das Licht kam von links. Die Grundform für die helleren Partien von Gesicht, Kopf und Schultern sind mit einer Mischung aus Kadmiumgelb, Kadmiumrot und Ockergelb sowie Weiß angelegt. Anschließend wurden mit Ultramarin, Umbra natur und Kadmiumrot die dunkleren Partien definiert. Der Künstler achtete genau auf die Masse des Schädels und auf die Höhe des vom Haar verdeckten Ansatzes. Der Kopfnickermuskel ist deutlich hervorgehoben, ebenso der Verlauf des Jochbeins von der Wange zum Ohr.

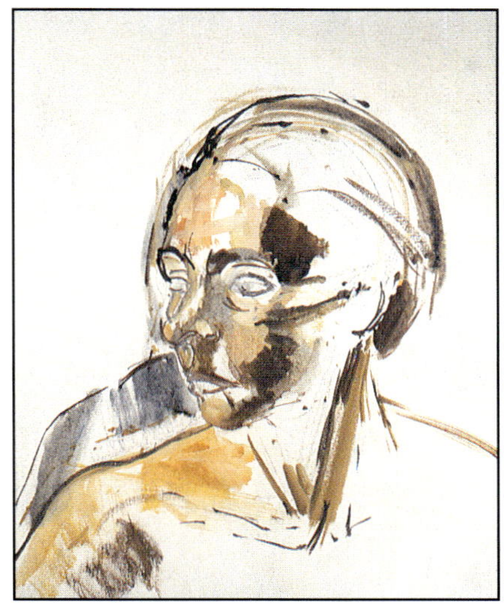

2

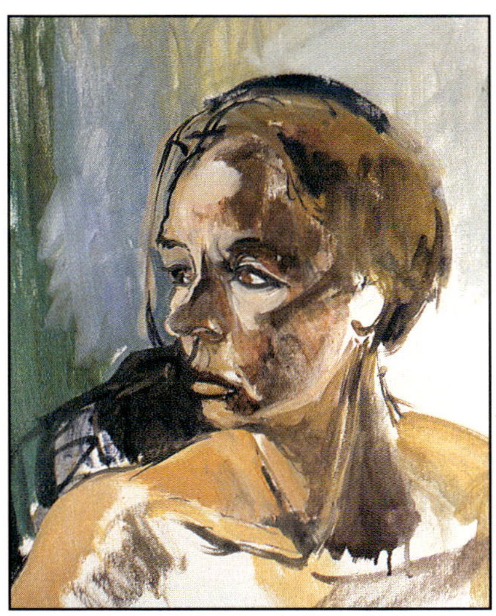

3

3 Als nächstes kamen Kobaltblau und -grün, Chromgrün, Kadmium-Zitronengelb und Krapprot zum Einsatz. Für die Wand wählte der Künstler hauptsächlich Chromgrün und Kobaltblau mit etwas Weiß und Ockergelb.

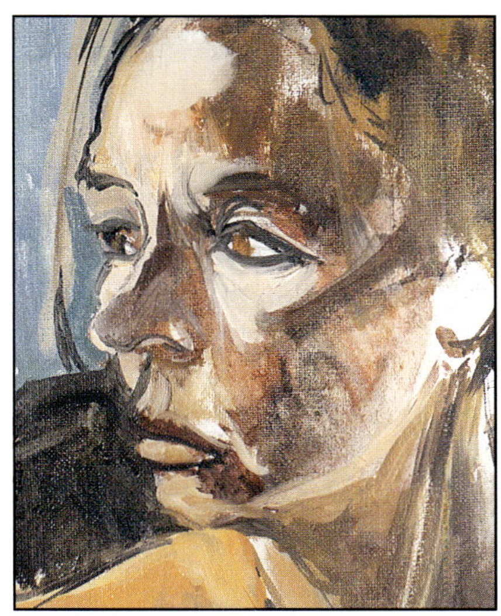

4

4 Auf der einen Seite ist die Stuhllehne deutlich hervorgehoben. Solche Farbflecken sind wichtig, damit das Profil zur Geltung kommt. Achten Sie darauf, wie das Hauptaugenmerk stets den anatomischen Formen gilt.

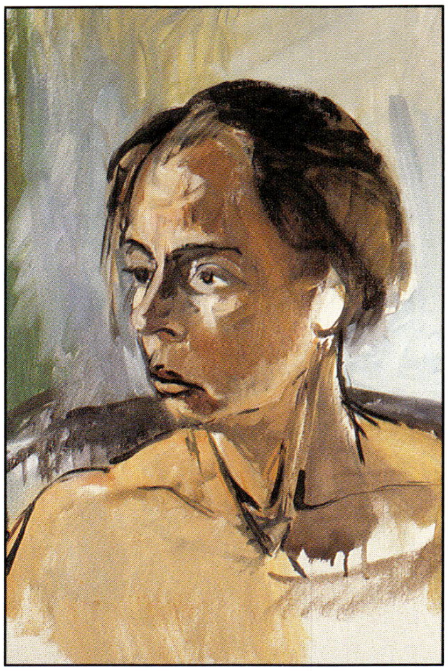

5

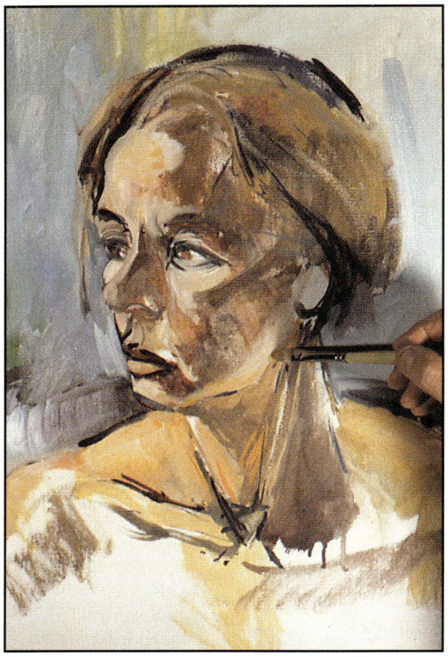

6

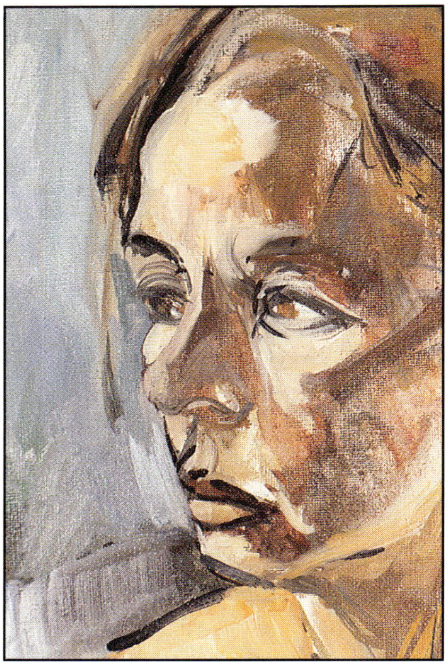

7

5 Der Trapezmuskel und damit der Verlauf der Schultern ist nun dargestellt und die Struktur des Halses noch weiter herausgearbeitet, so daß deutlich zu sehen ist, wie die Gurgel zwischen den beiden Kopfnickern hervorkommt. Das Haar sollte stets der Schädelform folgen.

6 Stuhl und Wand sind näher definiert worden. Mit einer Zeichnung in Ultramarin und Umbra natur sind die Linien des Kopfes weiter ausgearbeitet, so daß der Bau des Auges und die Art, wie das Haar um den Kopf gelegt ist, deutlicher werden.

7 Der Körper wirft ein wenig reflektiertes Licht von unten auf das Kinn.

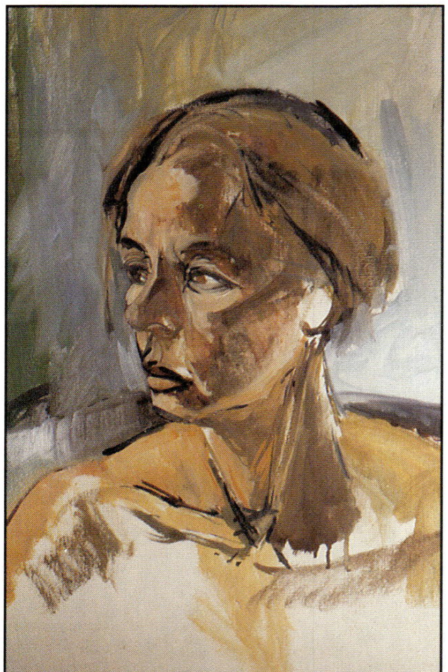

8

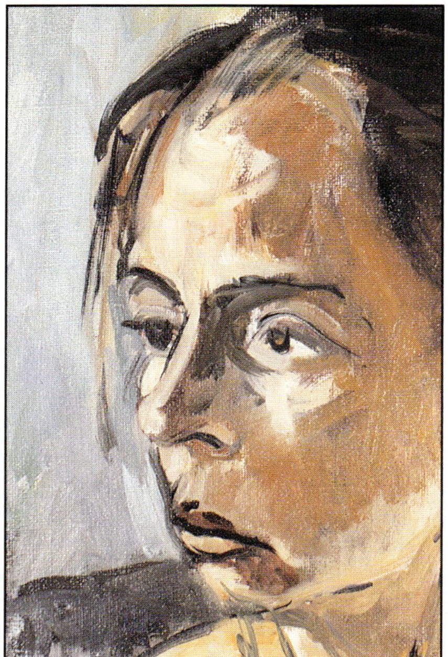

9

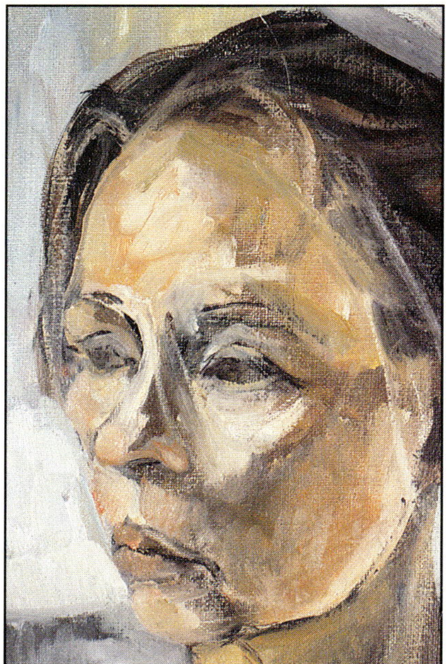

10

8 Bei dem Versuch, das Spiel der Schatten auf Stirn, Wangen und Hals wiederzugeben, büßte das Bild an Tiefe und damit an Volumen ein, so daß es der Portraitierten nun weniger ähnlich sieht als zuvor.

9 Bei näherem Hinsehen ist jedoch zu erkennen, daß die Flächen rund um die Augen und an den Nasenflügeln weiter ausgearbeitet sind. Die Stirn müßte breiter sein, und der Wangenknochen sitzt nicht ganz richtig. Auch das Kinn ist zu schwach.

10 Hier ist das Bild mit einer hellen Fleischfarbe aus Kadmiumgelb, Kadmiumrot und ein wenig Weiß und Ockergelb retuschiert. Die Art, wie das Haar um den Kopf gelegt ist, ist hervorgehoben. Lippen und Kinn sind nun voller.

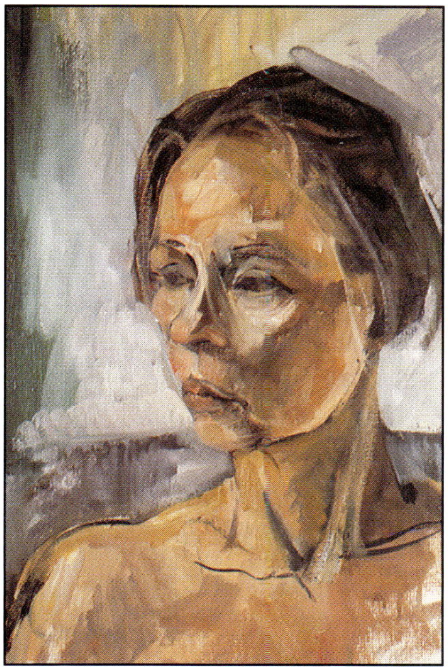

11

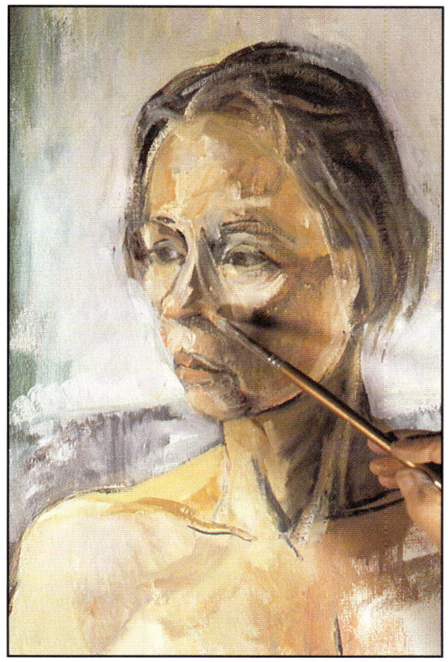

12

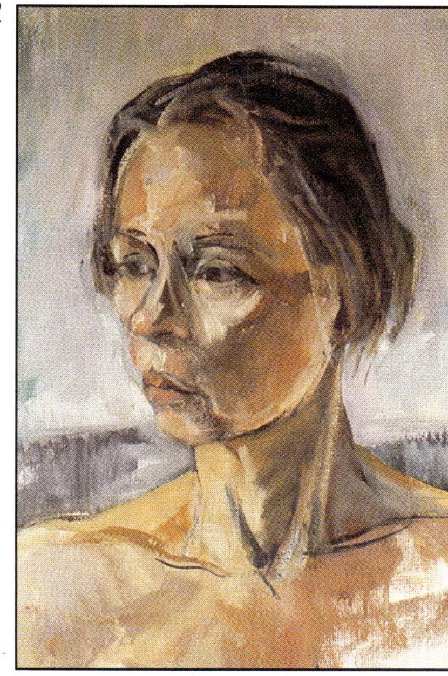

13

11 Auch Kopf und Hals sind retuschiert, und der Künstler hat die Flächen im Schulter- und oberen Brustbereich aufgebaut, mit denselben Fleischfarben, doch abgewandelt mit etwas Ultramarin und Krapprot.

12 Das Nasenloch wirkt nun wärmer, weil der Winkel der Nase leicht verändert ist, und eine hellere Fläche unterhalb des Auges ist hinzugekommen, um das untere Lid besser um den Augapfel zu führen. Es ist wichtig, daß die Lider der Masse des darunterliegenden Augapfels folgen. Das Weiße des Auges ist mit einem hellen Blaugrau dargestellt. Reines Weiß sollte man meiden, da die Augen damit meist zu grell wirken.

13 Ein wenig Violett in der Wand hinter Kopf und Hals gibt dem Hautton im Kontrast mit dem Gelb etwas Lichtes. Das Grün (sowohl der dunkle Flecken links am Bildrand wie auch das helle Grüngelb unter dem Violetten) gibt den wärmeren, vom Rot geprägten Bereichen des Bildes ein Gegengewicht.

14 Das Bild hat eine Reihe von Veränderungen erfahren, und einmal wäre es beinahe mißlungen. Daß es am Ende doch noch erfolgreich abgeschlossen wurde, zeigt, wie wichtig es ist, unter der Form stets auch die Struktur zu sehen.

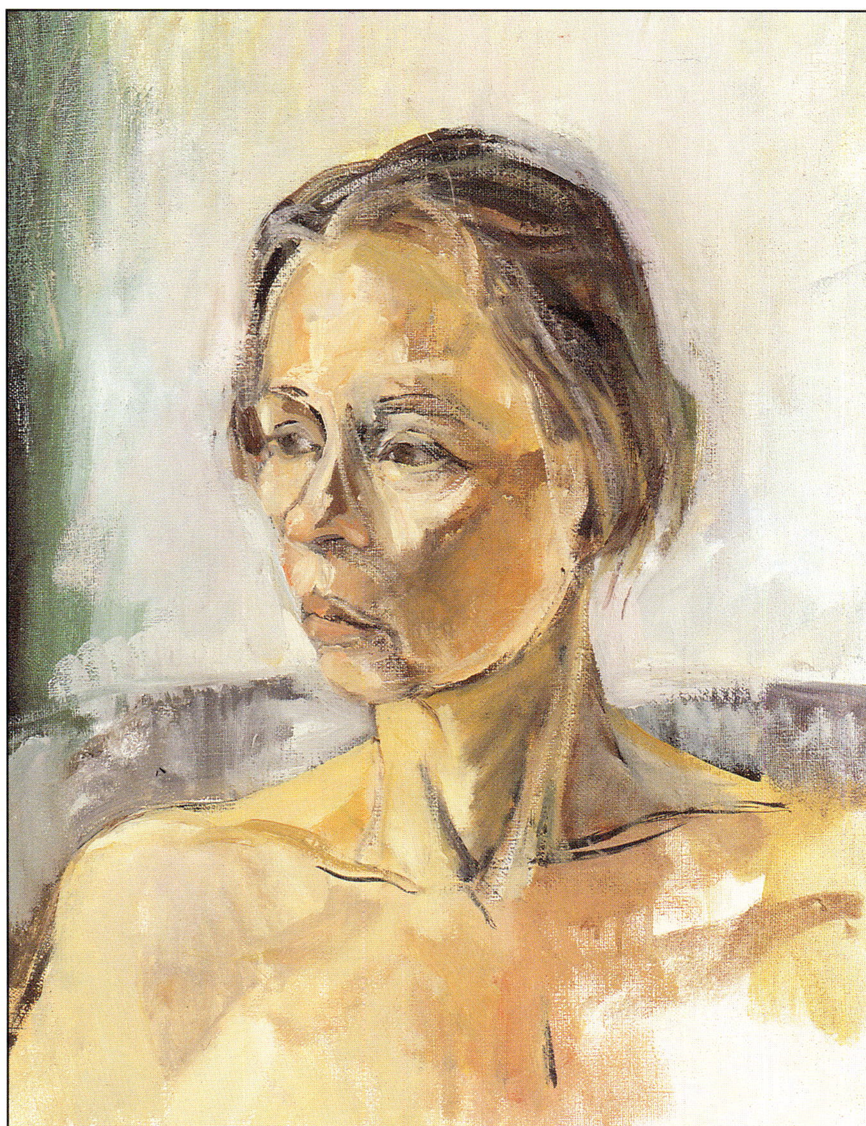

14

8

GESICHT UND GESICHTSZÜGE

Als nächstes sollten wir uns den Kopf genauer ansehen, besonders das Gesicht. Eine ganze Reihe von Muskeln ist erforderlich, um die Vielfalt an Gesichtsausdrücken hervorzubringen, die man an Menschen sieht. Doch keine Angst, für unsere Zwecke brauchen wir nur die Muskeln unmittelbar unter der Oberfläche zu kennen, denen das Gesicht seine typische Form verdankt.

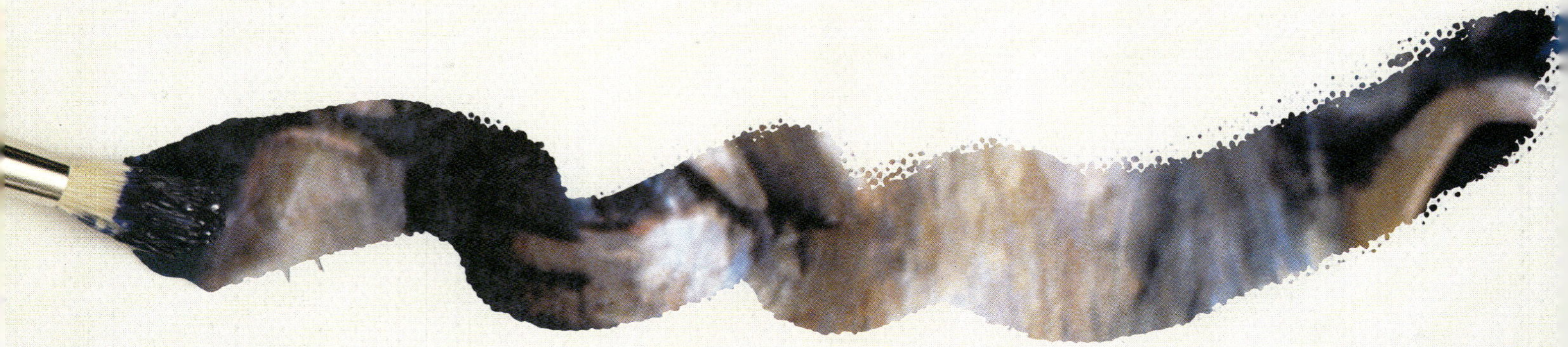

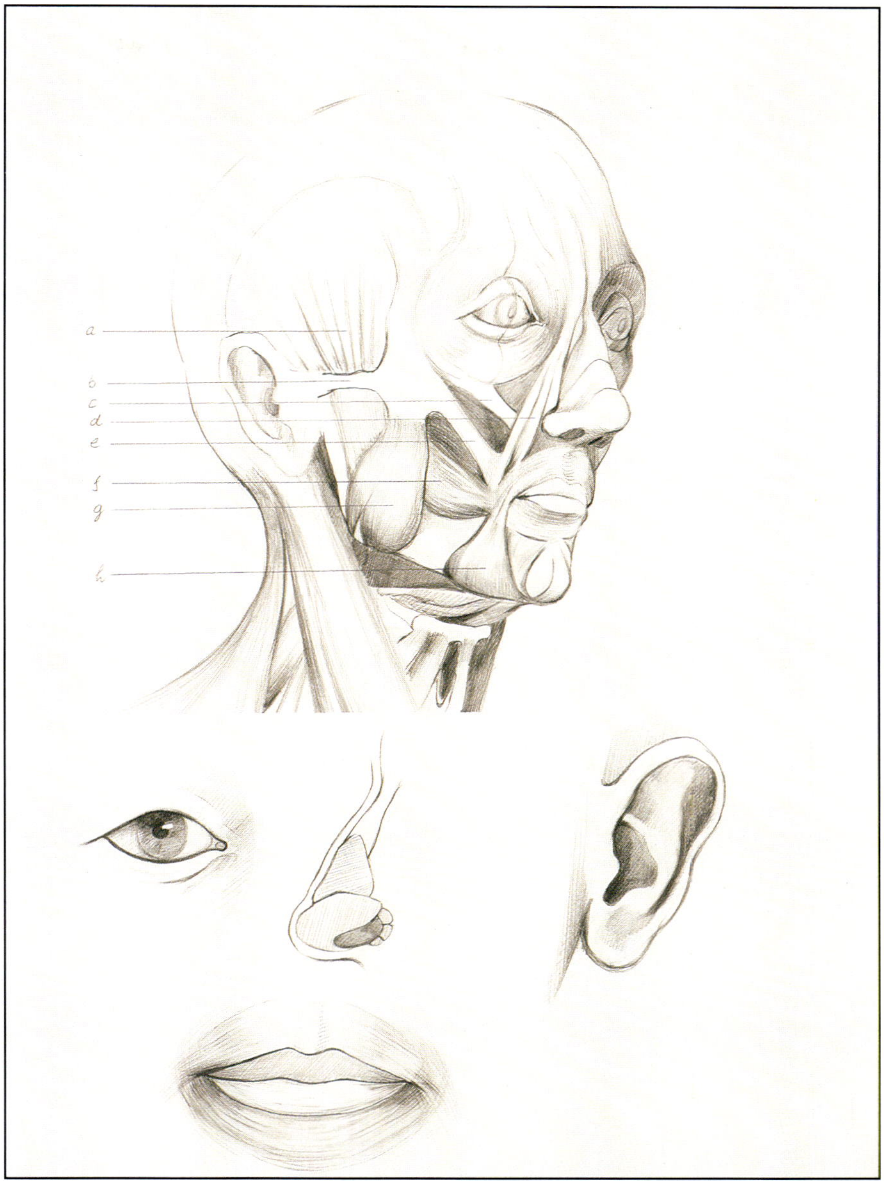

LINKS Diese Zeichnung zeigt die wichtigsten Gesichtsmuskeln sowie den Feinbau der Haupt-Gesichtspartien.

Der Schädel ist ganz von einer dünnen Muskelschicht überzogen. Seitlich reicht der *Schläfenmuskel* (a) an der Innenseite des *Jochbeins* (b) vorbei hinunter bis zum Unterkiefer. Zusammen mit dem *Kaumuskel* (g), dem großen Muskel, der von der Schläfe zum Kiefer führt, schließt und öffnet er den Mund. Der Kaumuskel wird deutlich sichtbar, wenn man die Zähne fest zusammenbeißt.

Vom oberen Inneren der Nase reichen Muskeln seitlich die Nase hinunter zur Innenseite der Nasenlöcher und zur Oberlippe in den Mundwinkeln. Dies sind die *Oberlippen-* und *Nasenheber* (d). Sie heben Mundwinkel und Nasenflügel und sind verantwortlich für die charakteristische Furche zwischen Nase und Wangen, die besonders bei Männern deutlich zu sehen ist.

Weitere Muskeln verlaufen von den Mundwinkeln seitwärts, insbesondere der *Trompetermuskel* (f), der die Mundwinkel zurückziehen und zwischen Zähnen und Wangen Luft ausstoßen kann. Der *kleine* (c) und *große Lachmuskel* (e) heben ebenfalls Mundwinkel und Oberlippe, besonders beim verächtlichen Lächeln.

Die schlingenförmigen *Triangelmuskeln* (h) an Unterlippe und Mundwinkel ziehen Kiefer und Mundwinkel herunter. Man sollte sich merken, daß ein Muskelring den gesamten Mund umgibt, mit dem die Lippen zusammengepreßt oder geschürzt werden. Dies ist der *Mundschließmuskel*, der mit den umliegenden Muskeln (Trompetermuskeln, Triangelmuskeln, Oberlippen- und Nasenheber) verbunden ist, wodurch sich der Mund in jede erdenkliche Stellung bringen läßt.

Ähnlich ist auch das Auge von einem ringförmigen Muskel umgeben, dem *Augen-Ringmuskel*. Er tritt in Erscheinung, wenn man das Auge fest zukneift.

Hier sollte man sich merken, daß das Auge wesentlich größer ist als der Teil, den wir sehen. Es ist kugel-, ein wenig eiförmig und reicht bis tief in den Schädel hinein.

Man muß besonders darauf achten, daß die Augenbrauen dieser sphärischen Form folgen. Und das Auge hat auch nicht die Form einer auf beiden Seiten spitzen Mandel. Nasenwärts liegt im Augenwinkel der Tränenkanal, der in seiner Form selbst an eine Träne erinnert. In den äußeren Augenwinkeln wird das untere Lid stets vom oberen überschnitten.

Die Nase besteht zu zwei Dritteln aus Knorpeln und Gewebe (auf dem Bild der schraffierte Teil), und nur am oberen Ende steckt (wie man auf dem Bild des Schädels sehen kann) ein Knochen in ihr. Wenn man das Pech hat und sich die Nase bricht, dann handelt es sich nur um diesen kleinen Knochen, der gebrochen wird.

Auch das Ohr besteht, abgesehen von den fleischigen Ohrläppchen, fast ganz aus Knorpel. Es setzt sich aus zwei Muscheln zusammen, der äußeren, flacheren, die fast den ganzen herausragenden Teil bildet, und der steiler ausgeprägten inneren Ohrmuschel, die in den Gehörgang hineinführt. Die Bandbreite an Ohrformen ist groß, und das beste Mittel, mit diesem komplexen kleinen Gebilde zurechtzukommen, ist, sich vor den Spiegel zu stellen und versuchsweise die eigenen Ohren zu zeichnen.

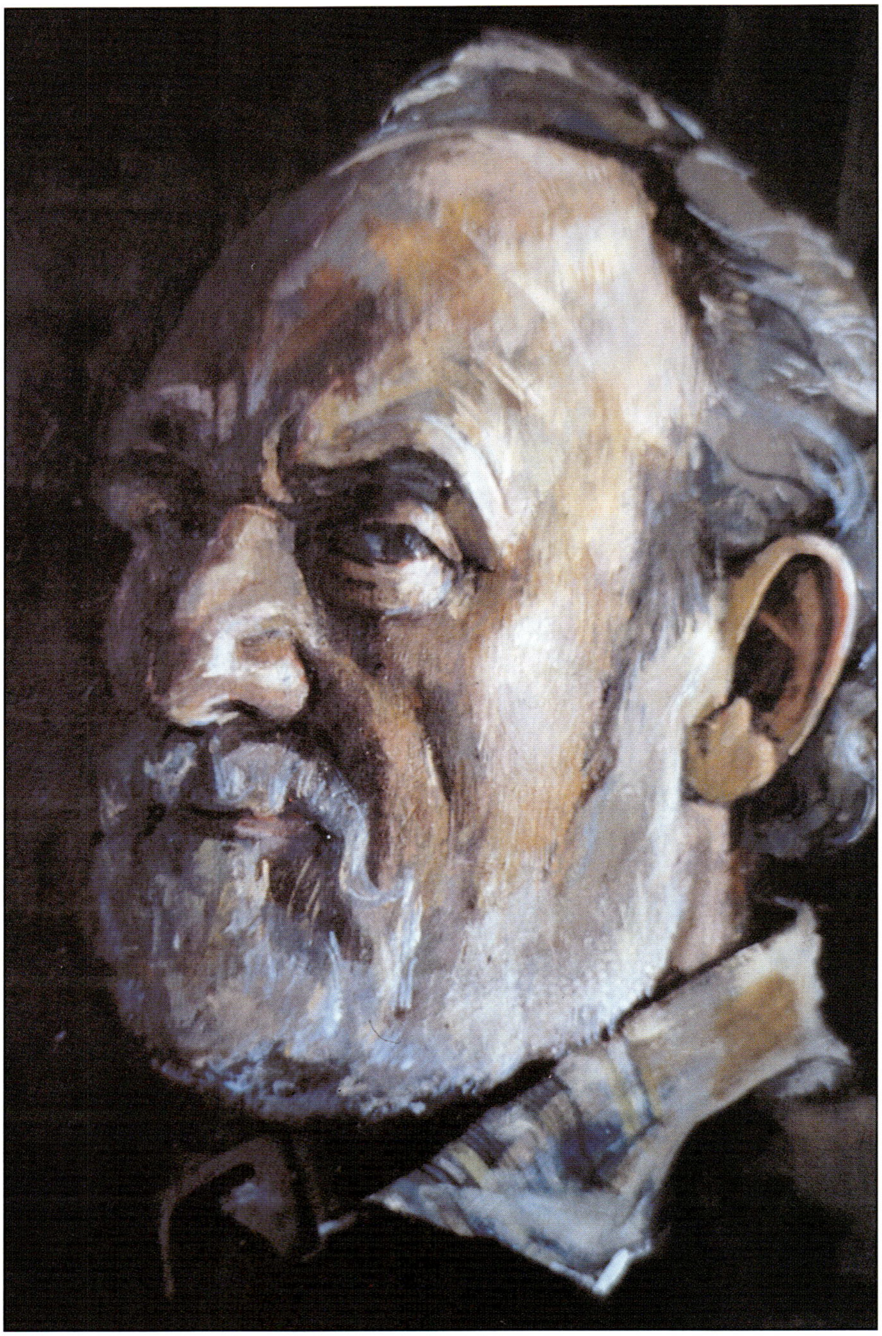

LINKS **Bei diesem Selbstportrait in Öl des Malers John Arnold wird das Volumen des Schädels sehr eindrucksvoll vermittelt; Haare und Bart sind so strukturiert, daß sie der Form von Kopf und Gesichtsmuskeln folgen. Das Bild wurde zunächst mit breiten Pinselstrichen angelegt, doch vollendet ist es mit feinem Pinsel in einer Art Schraffurtechnik. Durchweg ist der flächige Aufbau auch im fertigen Bild präsent. Achten Sie auf die tiefen Furchen längs der Nase und an den Mundwinkeln, die durch die Lippen- und Nasenhebermuskeln verursacht sind. Der große Kaumuskel läßt sich unter dem Bart erahnen. Die Struktur rund um die Augenpartie, die Braue und Wangenknochen betont, ist wunderbar dargestellt, und die Lider folgen perfekt der Form des Augapfels. Das Ohr ist mit einfachen Strichen klar umrissen. Das Knorpelige der Nase kommt dank des überlegten Einsatzes von reflektiertem Licht hervorragend zum Ausdruck.**

9

ARME, HÄNDE UND FÜSSE

Der Arm, insbesondere der Unterarm ist ein bemerkenswertes Gebilde. Der Speichenknochen dreht sich um die Elle, die wiederum am Oberarmknochen befestigt ist, und kann die Hand um fast 360 Grad drehen. Ein ganzer Komplex von Muskeln im Unterarm ist an dieser Bewegung beteiligt, ebenso am Strecken und Drehen von Fingern und Daumen. Führen Sie sich dies vor Augen, indem Sie den linken Arm ausstrecken, mit der Handfläche nach oben, und dann die Finger der anderen Hand längs auf die Elle legen, mit dem Daumen in der Armbeuge. Die Muskeln, die Sie nun in der Hand halten ermöglichen den Fingern die Greifbewegung. Die gegenüberliegende Gruppe von Muskeln an der Außenseite des Arms streckt die Finger und dreht und beugt die Hand.

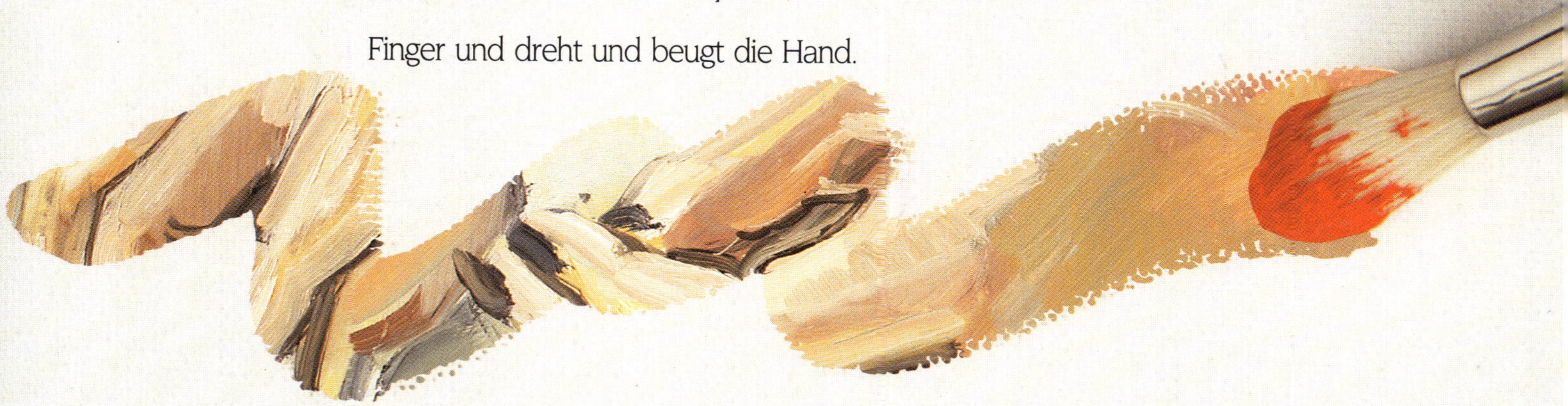

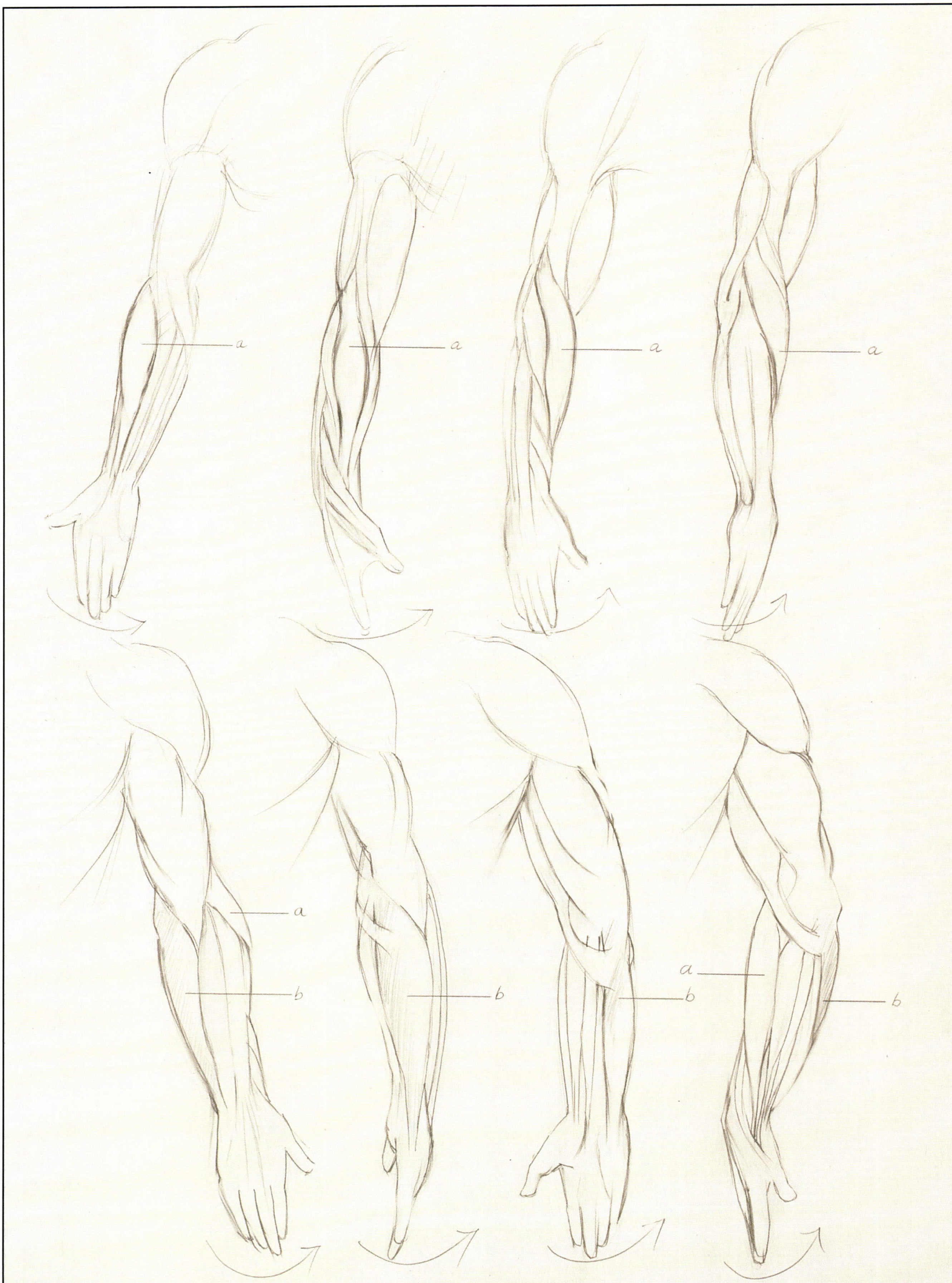
a
a
a
a
a
b
b
a
b
a
b

LINKS Dieses Bild zeigt die Drehung des Arms. Entscheidend für seine Form ist der langgestreckte Aufwärtsdreher. Die obere Reihe des Bildes links zeigt den rechten Arm, die Handfläche uns zugewandt. Achten Sie auf die Stellung des Aufwärtsdrehers (a), wie er bei der Drehung des Daumens nach innen beinahe eine Zirkelbewegung vollzieht. Beim Malen von Armen in verschiedensten Haltungen ist es hilfreich, die jeweilige Lage dieses Muskels zu kennen. Von hinten betrachtet (untere Reihe), verleiht der Ellenbeuger (b) dem Arm seine charakteristische Form. Er reicht vom Ellenbogen zum Handgelenk. Sehen Sie, wie er sich bei Drehung verlagert und der Aufwärtsdreher (a), anfangs nur knapp zu sehen, deutlich sichtbar wird.

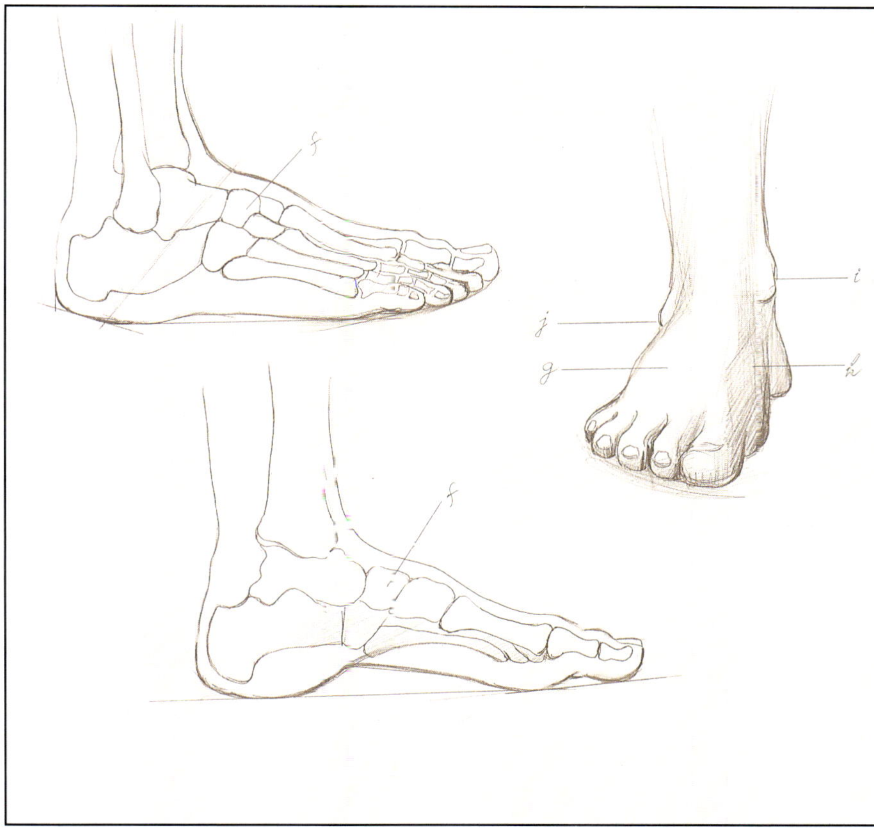

UNTEN Auch Hände und Füße sind oft eine Hürde für den Anfänger. Konzentrieren Sie sich ganz auf die Fläche. Achten Sie zunächst einmal auf die dreieckige Fläche, die der Handrücken, die hinteren Fingerknöchel und das Daumengelenk bilden. Dies ist das sogenannte *Delta* (a). Denken Sie sich eine Linie quer über die Fingerknöchel, den *Querbogen* (b). Fassen Sie den Handrücken als weitere Fläche auf (c), und ziehen Sie weitere Linien über die mittleren und vorderen Fingerknöchel (d und e).

OBEN Der häufigste Fehler beim Malen eines Fußes ist, daß man ihm eine zu stark L-förmig gebogene Gestalt gibt, mit einem rechten Winkel zwischen Bein und Fußrücken. In Wirklichkeit ist der Fußrücken eine aus neun Fußwurzelknochen (f) gebildete Fläche – das Gegenstück zu den acht Handwurzelknochen –, und eine flache dreieckige Fläche (g) fällt seitwärts von dem Rücken ab, den diese Knochen bilden, hinunter zu den Zehen und den Außenseiten des Fußes. Die Innenseiten des Fußes hingegen sind eine beinahe vertikale flache Ebene (h). Der vom Schienbein gebildete innere Fußknöchel (i) steht höher als sein Gegenstück an der Außenseite (j) mit dem Wadenbein.

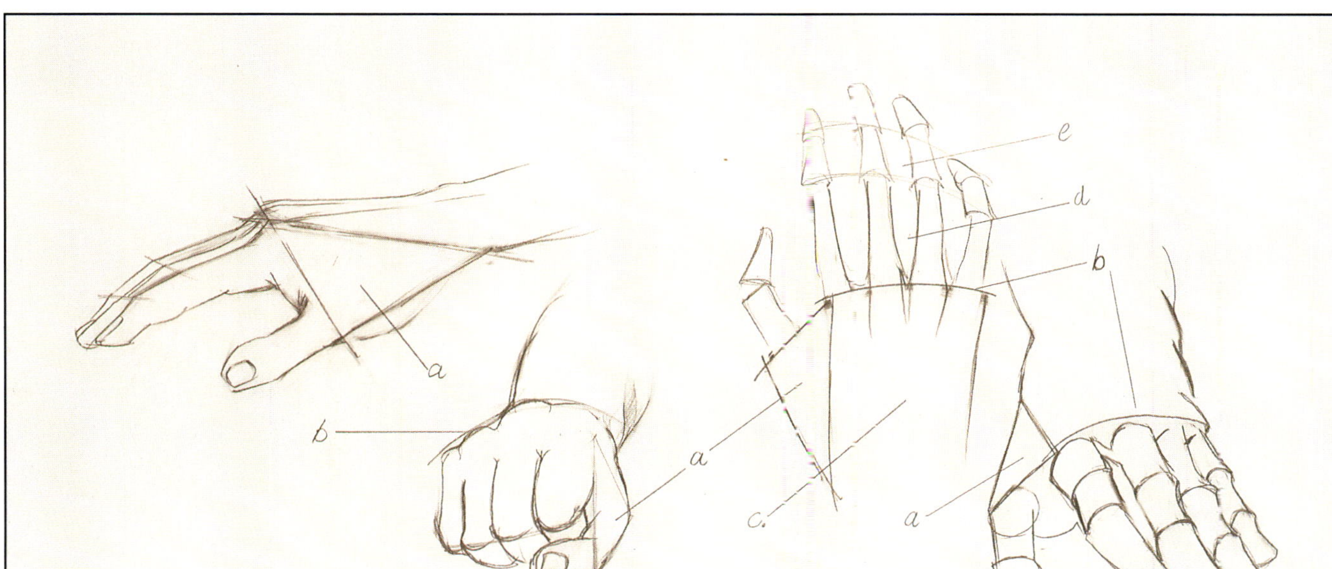

EIN PAAR HÄNDE

DAVID CARR

Je mehr Praxis man im Zeichnen und Malen von Händen und Füßen hat, um so besser. Um Vorlagen werden Sie nie verlegen sein, wenn Sie mit einem Spiegel arbeiten, und die Mühe, Ihre Hände immer und immer wieder zu studieren, wird reichlich belohnt. Die Palette der hier gezeigten Ölstudie umfaßte Ultramarin, Chromgrün, Kadmiumgelb, Ockergelb, Krapprot und Titanweiß.

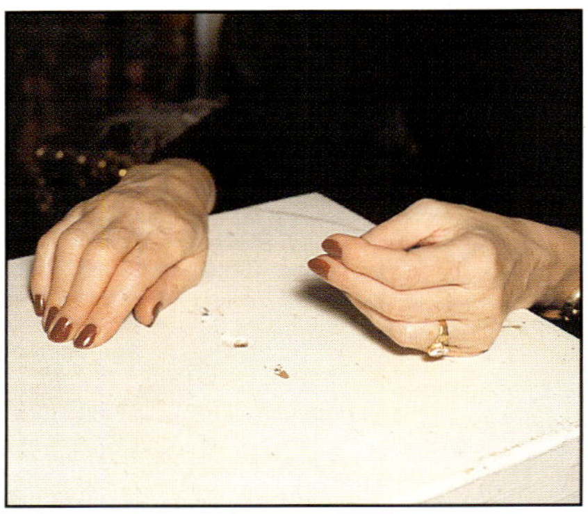
1

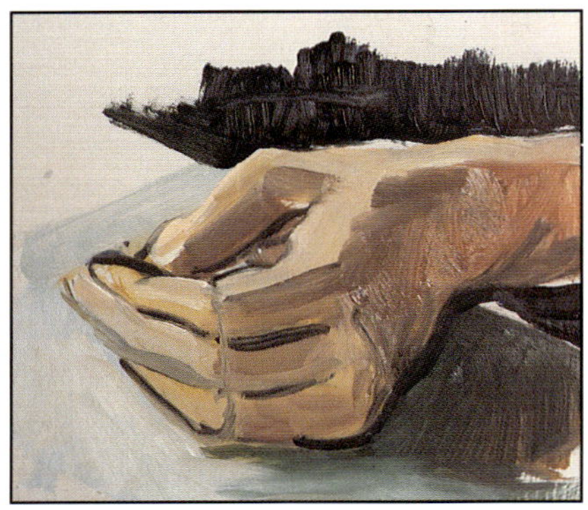
2

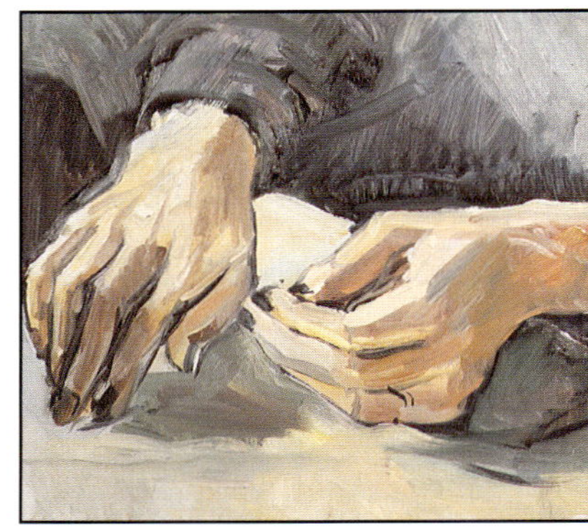
3

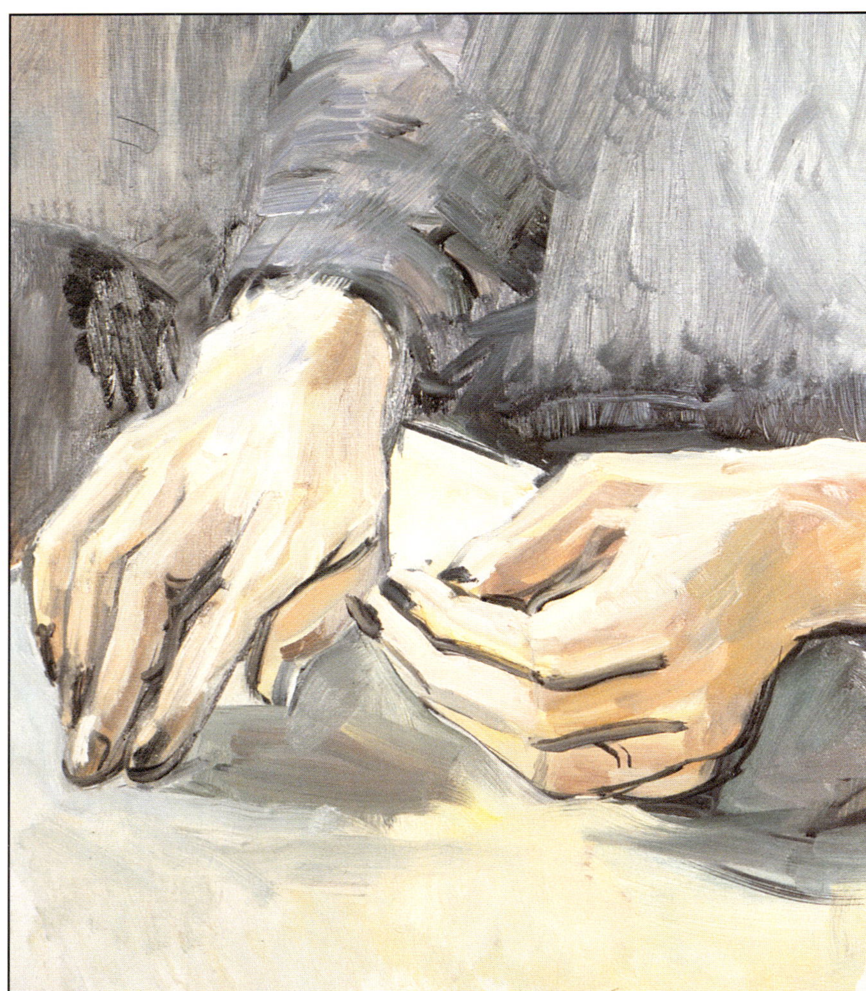
4

1 Die Hände des Modells wurden so plaziert, daß die Flächen deutlich beleuchtet waren.

2 In dieser Studie wird die Hand ganz einfach als eine Folge von Flächen aufgefaßt. Das Dreieck der Finger ist deutlich zu sehen, und die Finger selbst sind durch Gelenke verbundene Flächen. Sie sind mit Ockergelb, Weiß, Ultramarin und Krapprot gemalt. Hinzu kommt ein wenig Chromgrün für den Tisch.

3 Hier kommt die zweite Hand hinzu, und die Tischplatte bekommt eine wärmere Tönung. Die Flächen am Handgelenk werden verdeutlicht, und eine weitere Flächeneinteilung innerhalb der Finger ist mit feineren Pinselstrichen angedeutet. Die dunkleren Hautpartien werden mit kühleren Farben ausgearbeitet.

4 Alles kommt darauf an, die Hände als miteinander verknüpfte zweidimensionale Formen aufzufassen und dadurch ihre Struktur klar und mit großen Strichen herauszuarbeiten.

5

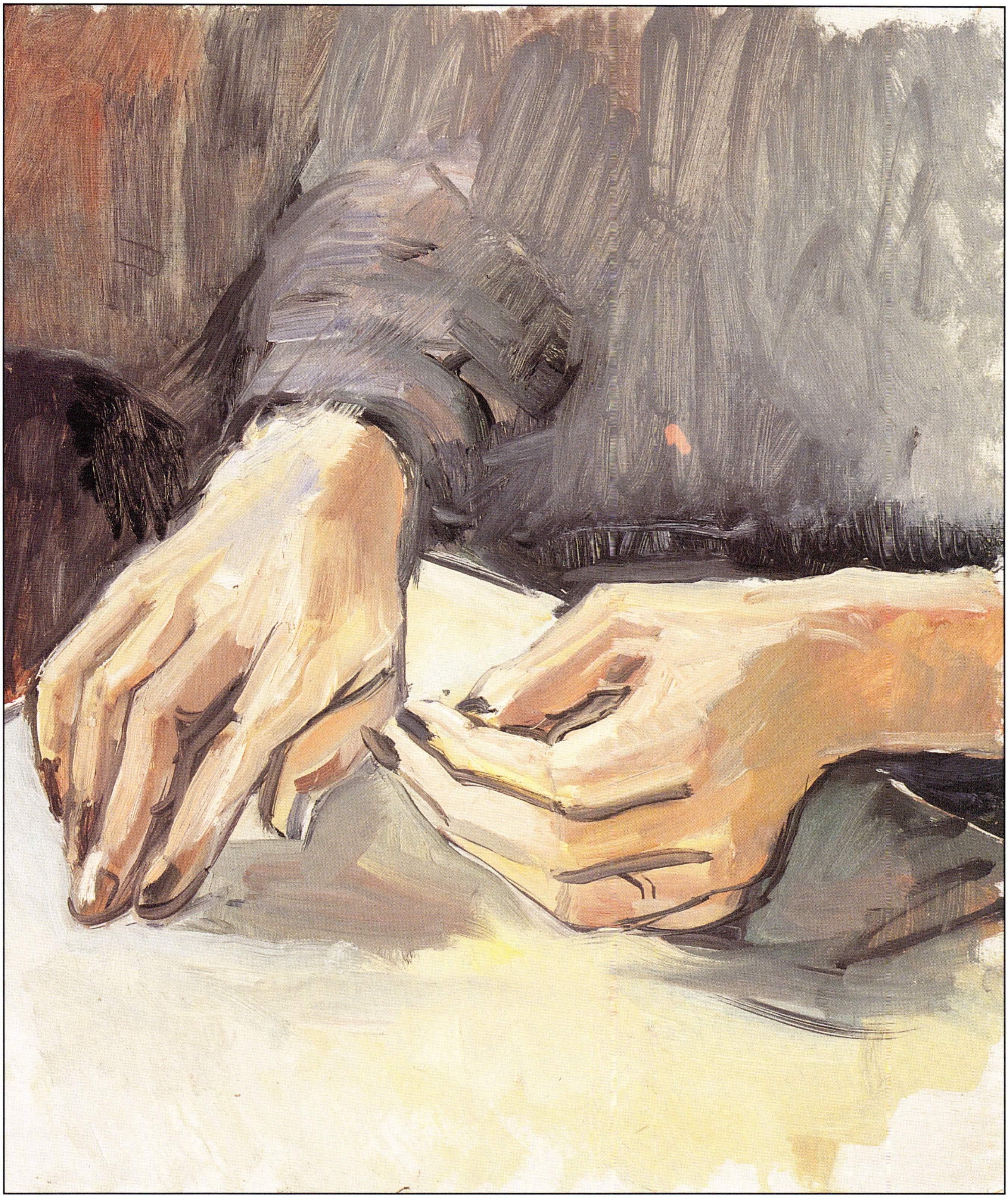

5 In dieser einfachen *Alla-prima*-Studie folgen die Pinselstriche den Verläufen der Form.

EIN PAAR FÜSSE

DAVID CARR

In dieser Studie entschied sich der Künstler für eine wesentlich stärker verdünnte Farbe als zuvor sowie für eine andere Palette, diesmal bestehend aus Ultramarin, Chromgrün, Ockergelb, Siena natur, Kadmiumrot und Titanweiß.

1

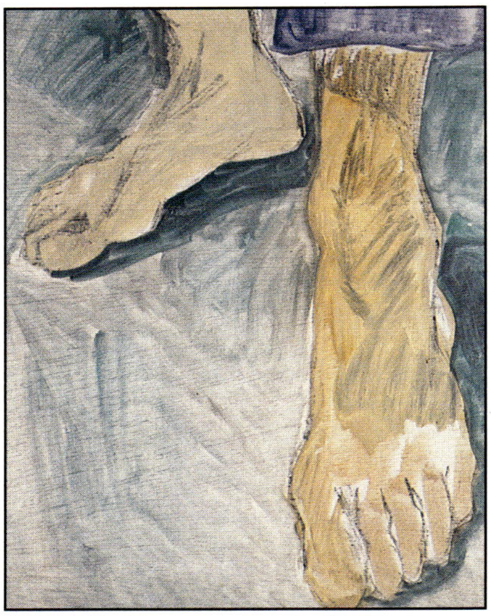

2

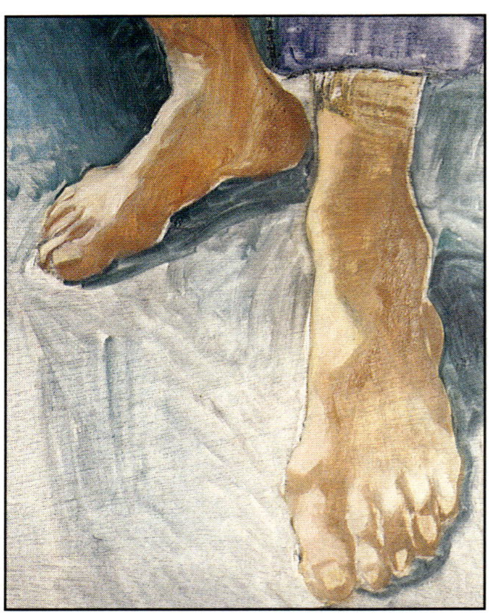

3

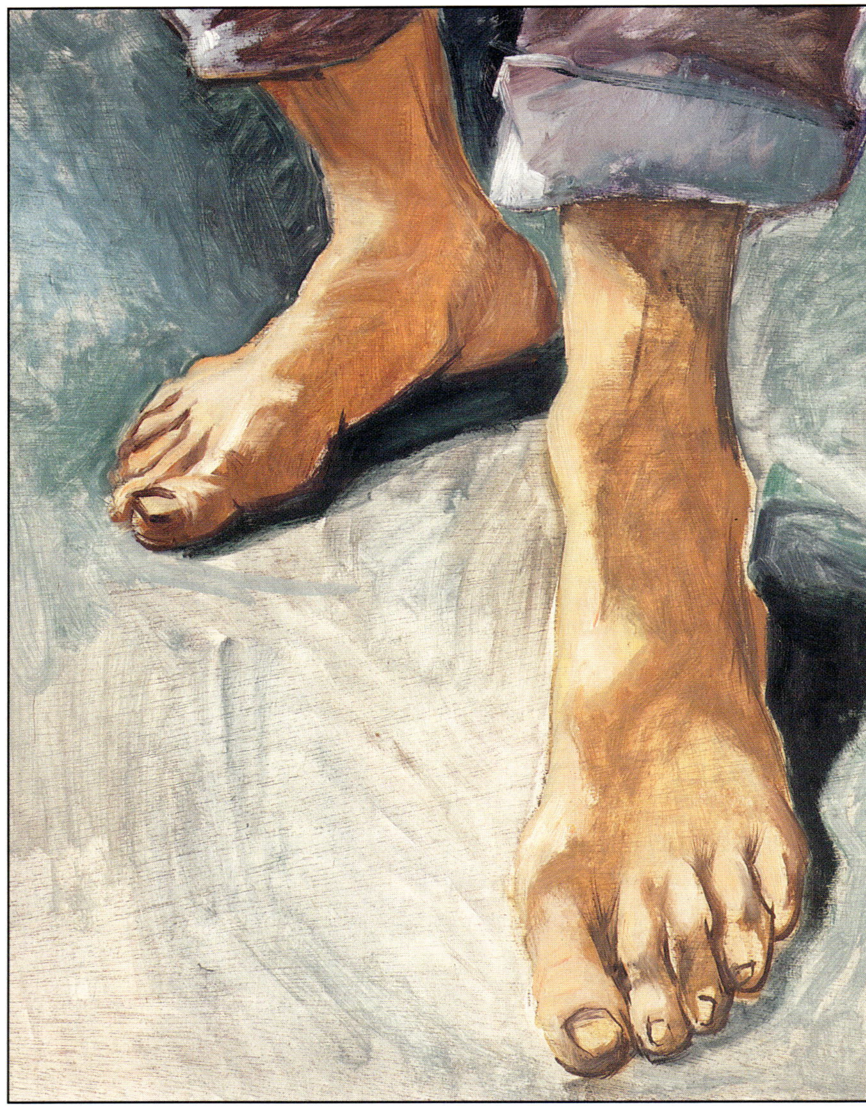

1 Die Umrisse der Form werden mit einfachen Kohlestrichen angedeutet, und dann wird die Silhouette mit verdünntem Ockergelb einlaviert. Versuchen Sie, die Unterschiede zwischen den Flächen auf dem Fußrücken und an den Seiten des Fußes im Auge zu behalten. Auch alle übrigen Bildbereiche werden in diesem Stadium einlaviert.

2 Ein wenig Siena natur, leicht abgetönt mit Ultramarin, wird über das Ockergelb vertrieben, wo dunklere Tönungen erwünscht sind. Um auf dem Kamm des Fußes einen klaren Wechsel der Tönung zu erhalten, ist dem Ockergelb Weiß hinzugefügt, so daß die hellen Flächen um so klarer wirken.

3 Über die dunkelsten Partien der Füße an Zehen, Ferse und Bein wird eine weitere Schicht aus Ultramarin und Siena vertrieben. Am Ende werden die Zehen noch mit Linien hervorgehoben. Dunkle, kühlere Farben über warme, hellere zu vertreiben, so daß ein wenig von der warmen Farbe noch durchscheint, bringt Lichtwirkung und Fleischtöne gut zum Ausdruck.

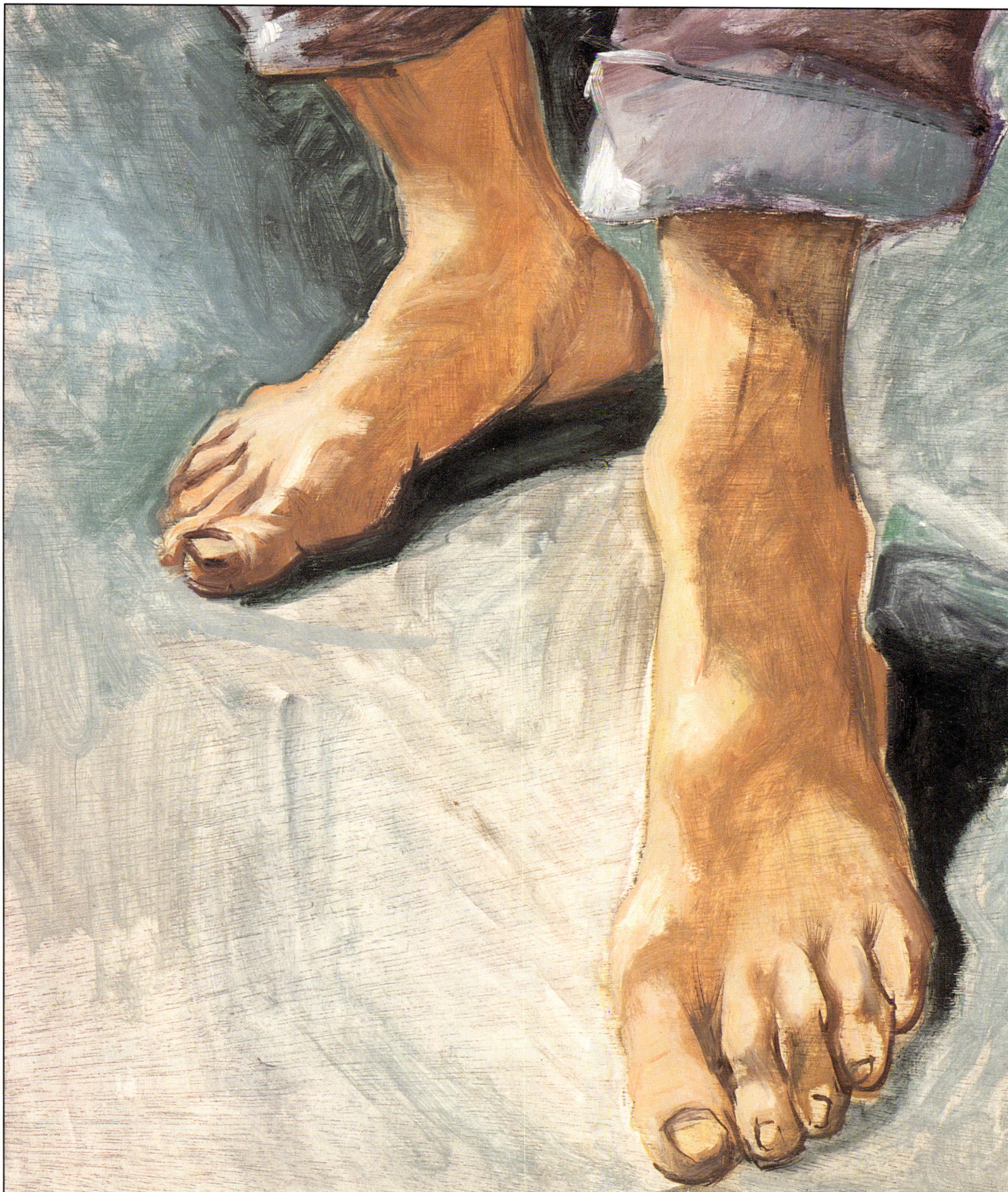 4

4 Achten Sie darauf, wie stark man das Licht als von rechts nach links gerichtet empfindet, das gerade bis an Bein und Hosenaufschlag heranreicht und einen Schatten auf den Fußknöchel wirft.

10

HAUTFARBE UND -TON

Der Farbenhandel bietet eine Farbe an, die man unter allen Umständen meiden sollte. Sie heißt »Fleischfarbe«, manchmal auch »Hautton«. Im Aussehen ähnelt sie eher bestimmten Hautcremes. Um aber die Leuchtkraft der menschlichen Haut wiederzugeben, ist sie ganz und gar ungeeignet. In dem breiten Spektrum von Hauttönen, vom blassesten nordischen Typus bis zum schwärzesten Afrikaner, von den Farben des Mittleren bis zum Porzellanton des Fernen Ostens, findet man »Fleischfarbe« nirgends, höchstens im Zirkus.

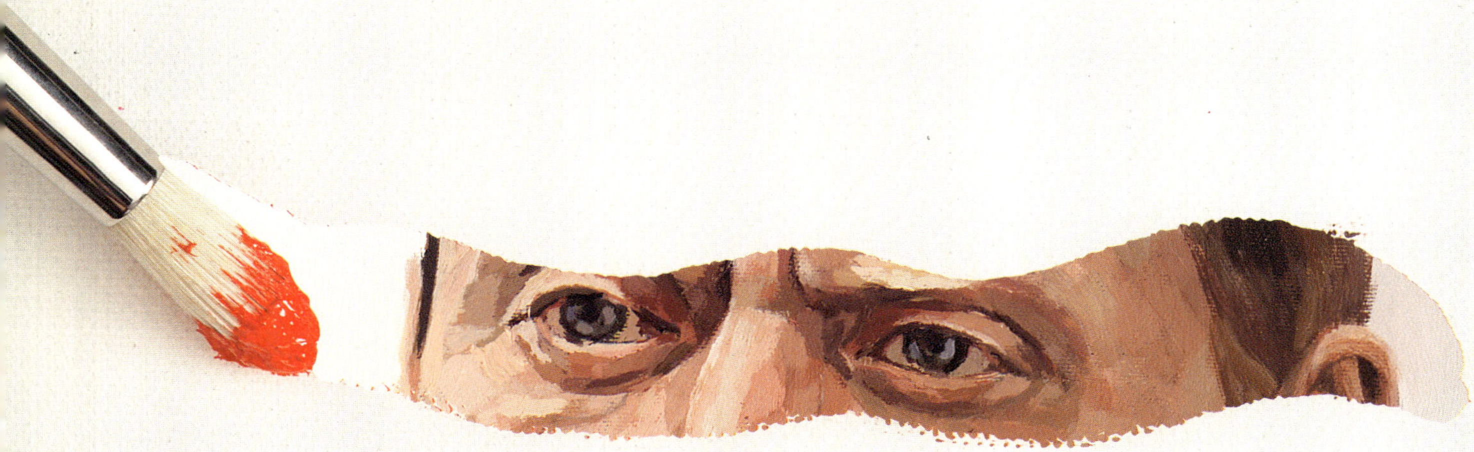

Eine Vielzahl von Faktoren bestimmt Farbe und Ton der Haut. Nicht nur das herrschende Licht, sondern in vielen Fällen auch die umgebenden Farben beeinflussen sie, insbesondere die der Kleidung. Ihre Vielfalt läßt sich durch die verschiedenen Menschenrassen, aber auch durch das Maß erklären, in dem ein Individuum Sonne und Wetter ausgesetzt ist. Auch an den verschiedenen Körperteilen unterscheidet sie sich stark – sehen Sie sich die Haut an, die der zeitgenössische Maler Lucian Freud malt. Dort, wo Blutgefäße und Kapillaren an die Hautoberfläche kommen, wirkt sie roter. Bei Menschen mit sehr heller Haut sind die blauen Venen manchmal unter der Oberfläche sichtbar.

Die Bandbreite an kalten und warmen Hautfarben und -tönen ist groß, und es ist wichtig, beim Malen warme wie kalte Farben wirklich zu nutzen. Zu den warmen Primärfarben zählen Kadmiumgelb, Kadmiumrot und Ultramarin, zu den kalten Primärfarben Zitronengelb, Krapprot und Kobaltblau. Erdfarben sind wichtig, doch muß man sie sparsam verwenden. Die Palette sollte Ockergelb, Siena natur, Umbra natur und Hellrot umfassen.

Ein bedachtsamer Umgang mit warmen und kalten Farben trägt dazu bei, die Form zu modellieren, denn kalte Farben haben die Eigenart, zurückzuweichen, während warme vorspringen. Man muß auch die gegenseitige Beeinflussung von Komplementärfarben berücksichtigen, um die richtige Lichtwirkung in der Haut und an der Oberfläche zu erzielen. Indem man dunklere Farben über hellere lasiert oder umgekehrt, wird die Leuchtkraft enorm erhöht. Wenn man dunkle Farbe über hellere vertreibt, so daß noch ein wenig von der unteren Farbschicht durchscheint, erzielt man einen lichten Eindruck in den schattigen Passagen. Die Maler der Renaissance arbeiteten oft mit einer kalten Untermalung aus Grün, Grau oder Violett, auf die sie dann mit warmen Komplementärfarben malten. Auf sehr alten italienischen Bildern, deren oberste Farbschicht abgeschabt ist, fällt bisweilen ein Grünstich auf.

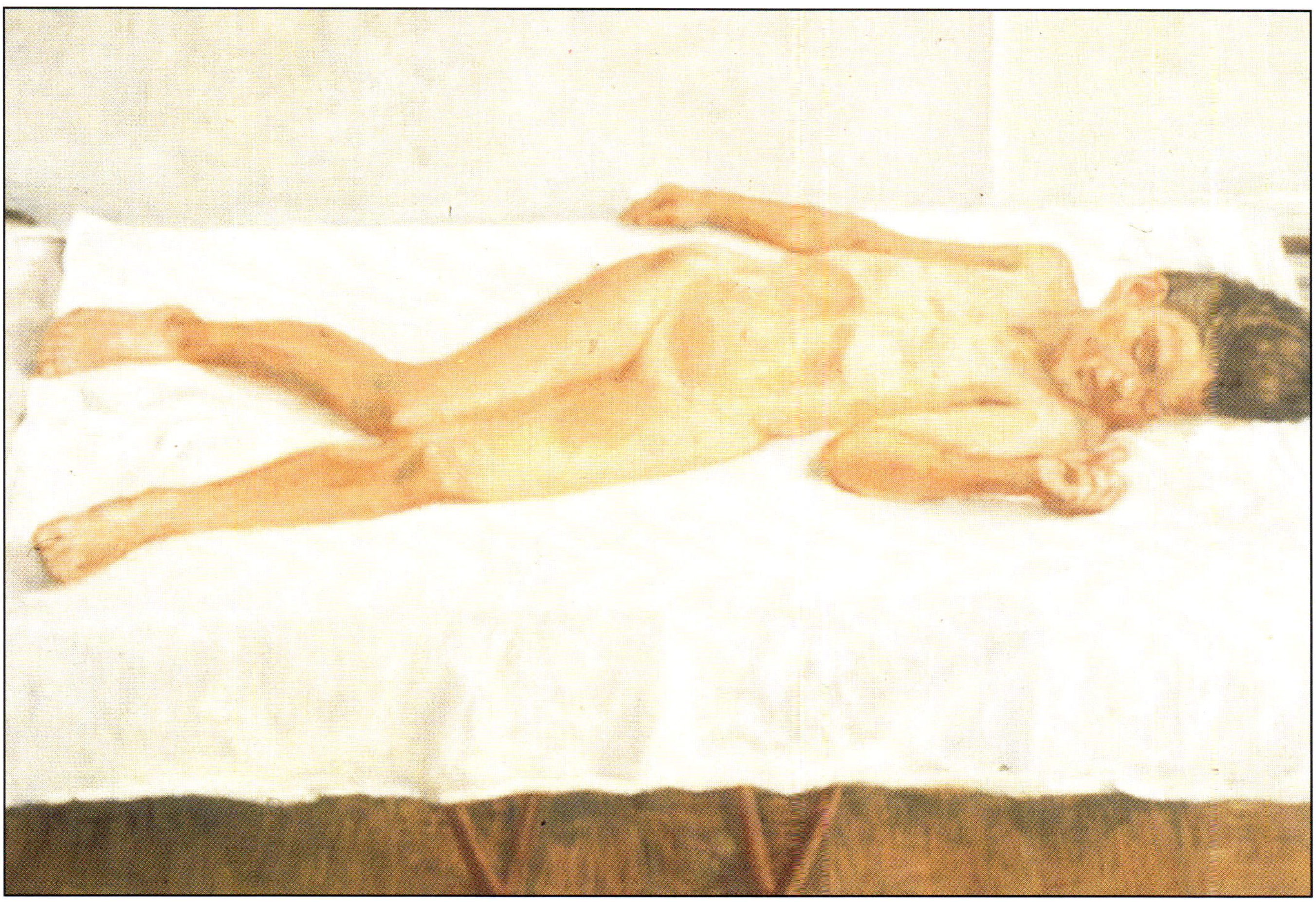

OBEN Dieses Ölbild eines schlafenden Mädchens hat Victor Willis mit sehr begrenzter Palette aus Hellrot, Ockergelb, Siena natur, Umbra natur sowie einem Hauch Kobaltblau und Ultramarin gemalt, dazu durchweg Schieferweiß. Die Ausführung zog sich über mehrere Wochen hin. Der Haupt-Hautton entstand aus einer Mischung aus Indischrot und Ockergelb mit Schieferweiß. Die dunkleren Partien wurden erzielt, indem vorsichtig ein zartes Blau mit Umbra natur darüber vertrieben wurde. Die Gleichmäßigkeit des Lichts stellte der Künstler sicher, indem er Wand und Bettuch ebenfalls nach dieser Methode malte. Beachten Sie, wie ein wärmeres Indischrot, gemischt mit Siena natur, an den exponierteren Partien der Figur die Knie hinunter und an den Armen zum Einsatz kommt.

HAUTTÖNE BEI GESICHT UND KÖRPER

Die sechs Bilder dieser Doppelseite zeigen, wie enorm verschiedenartig Hauttöne sein können, je nach Beleuchtung. Die Gesichtshaut ist oft ganz anders als die übrige Haut des Körpers. Bei all diesen Bildern spielt die Verwendung von Komplementärfarben eine entscheidende Rolle, um die Form oder Figur des Gesichts zu schaffen.

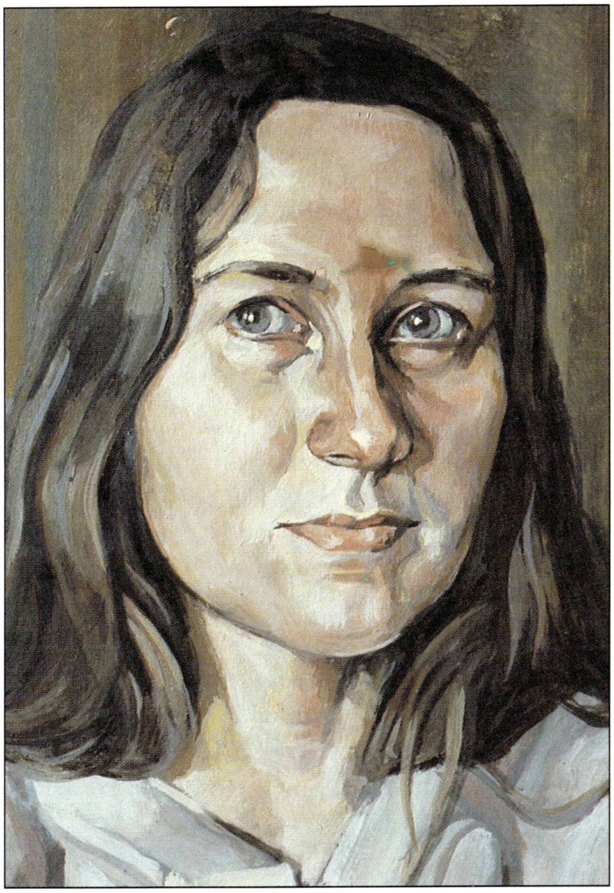

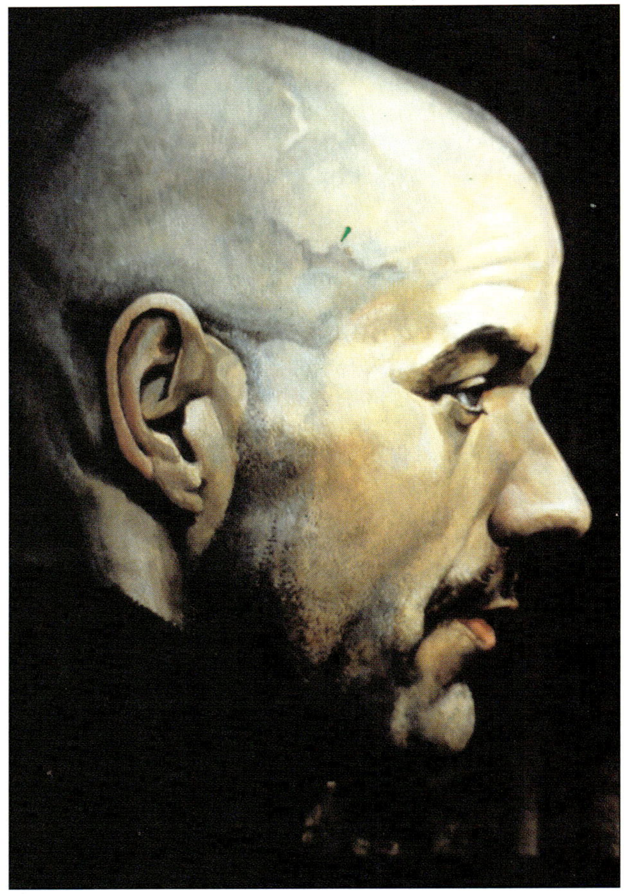

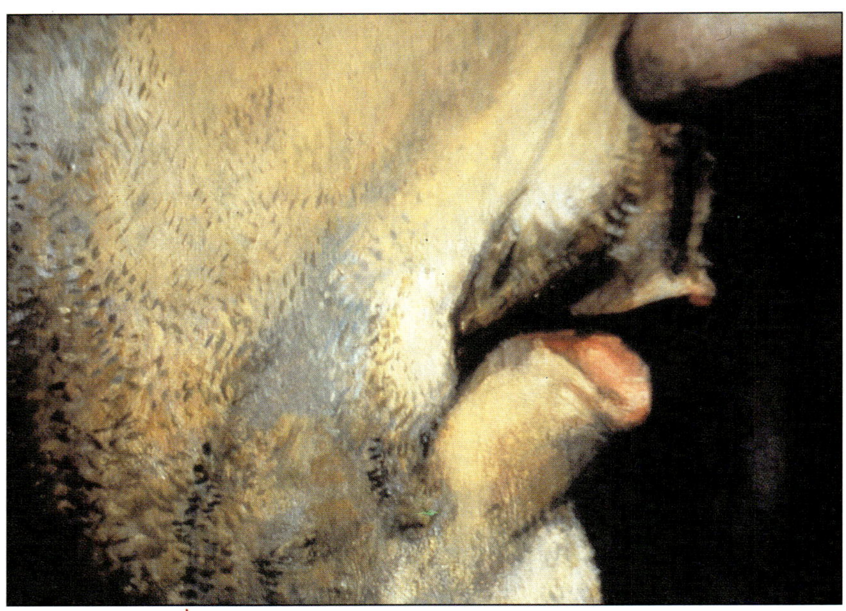

OBEN LINKS John Arnolds Ölportrait arbeitet mit einer Art Lasurtechnik. Der Künstler legte das Werk mit einer Untermalung in kräftigen Farben an, die er dann durch Lasuren in sanften Gelb-, Rosa-, Grau- und Blautönen dämpfte. Für die Lasur nahm er eine 50:50-Mischung aus Damarfirnis und Terpentin. Er arbeitete mit Leuchtendrot, Winsorgelb, Kadmiumgelb dunkel, Ockergelb und Ultramarin als warmen, Krapprosa, Zitronen-Chromgelb und Winsorblau als kalten Primärfarben.

OBEN RECHTS UND RECHTS Dieses dramatische Ölportrait von John Arnold verwendet dieselbe Palette. Es ist nicht lasiert, sondern sorgfältig mit einem leichten Impasto aufgebaut, unter sorgfältiger Beachtung von Flächen und Farbmodulationen. Es entstand größtenteils mit Borstenpinseln, die feinen Details mit kleinformatigen Zobelpinseln.

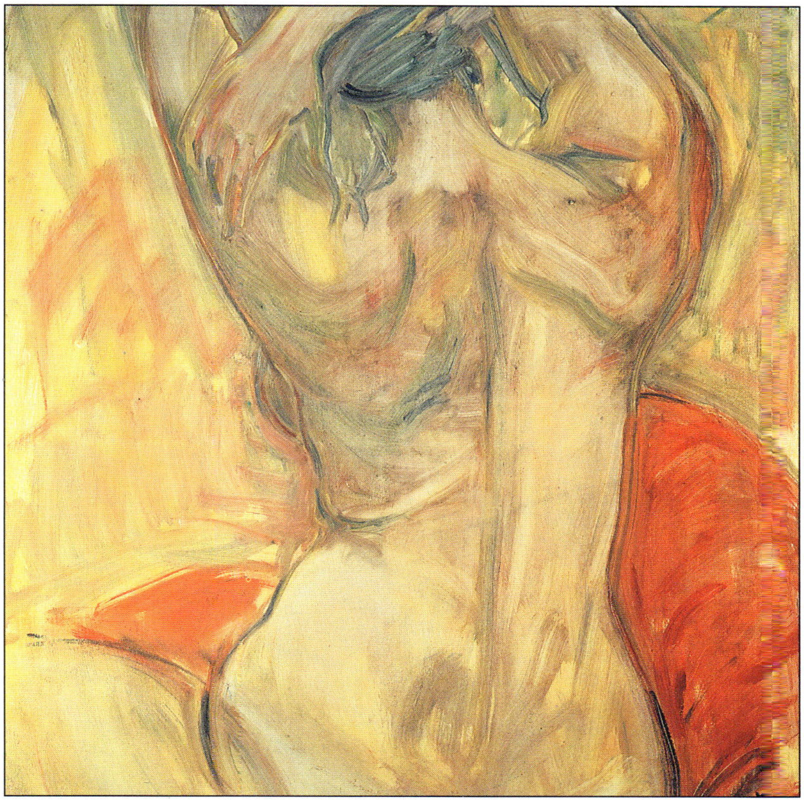

LINKS Dieser Rückenakt mit erhobenen Armen von Kay Gallwey zeigt einen vollkommen anderen Ansatz. Die Künstlerin malte ebensoviel mit Lappen und Fingern wie mit Pinseln, und wir können sehen, wie die Spuren ihrer Arbeit rund um den Körper fließen. Auf einem in warmen Farbtönen grundierten Untergrund hat sie unter Verwendung von reichlich Terpentin die Fleischtöne mit Siena natur und Umbra festgelegt, in die sie dann für die dunkleren Töne in kühlerem Rosa, Rot und dem komplementären Grün malte.

UNTEN LINKS UND RECHTS In ihren Aquarellen arbeitet Kay Gallwey mit ähnlichen Mitteln, und in beiden Ansichten des Mädchens mit dem schwarzen Hut moduliert sie mit groben Pinseln die wärmeren Gelbtöne zu kühlerem Rosa und definiert die Form mit Sepia immer wieder neu. Achten Sie darauf, wie sie ihre Gestalten immer wieder in interessante Dekors setzt. Die belebten Texturen und Muster und die kräftigen Farben bilden einen Kontrast zu den einfacheren Flächen des Körpers.

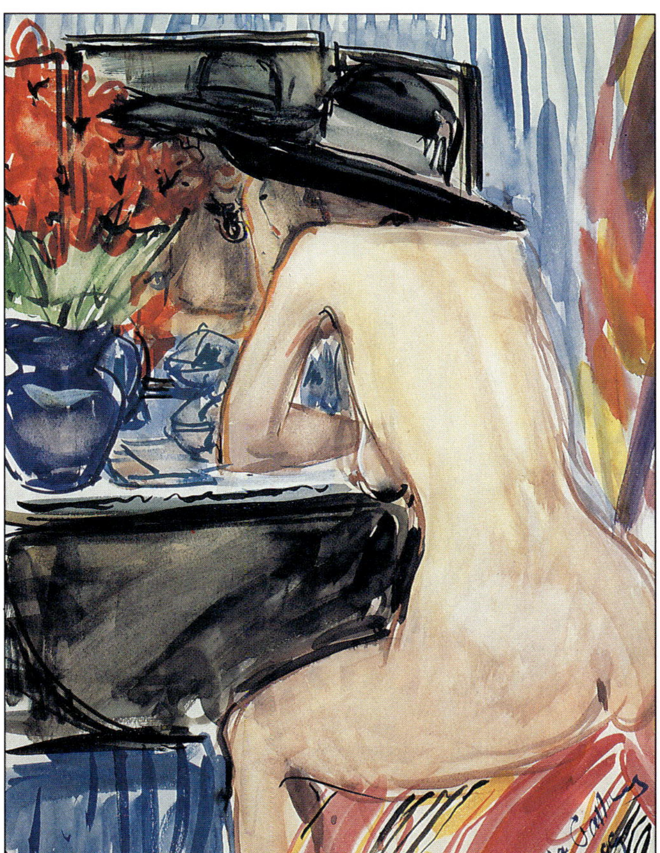

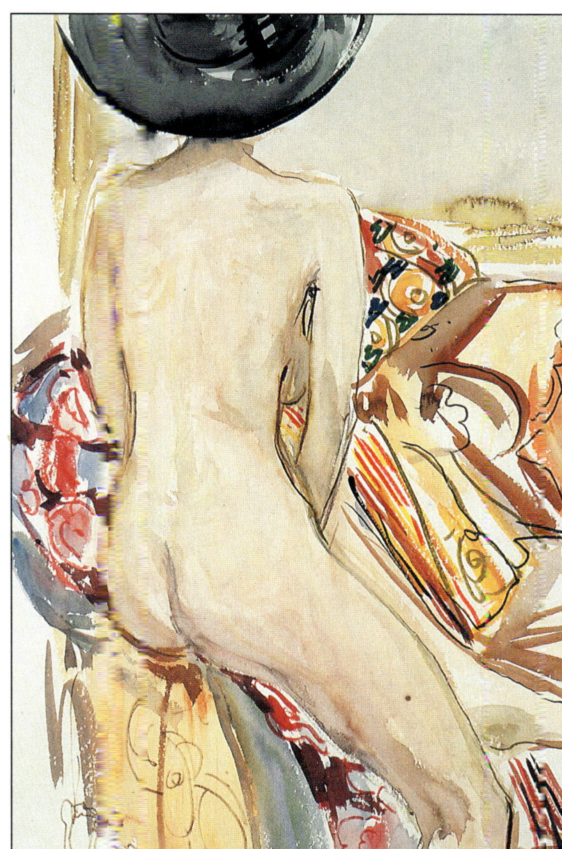

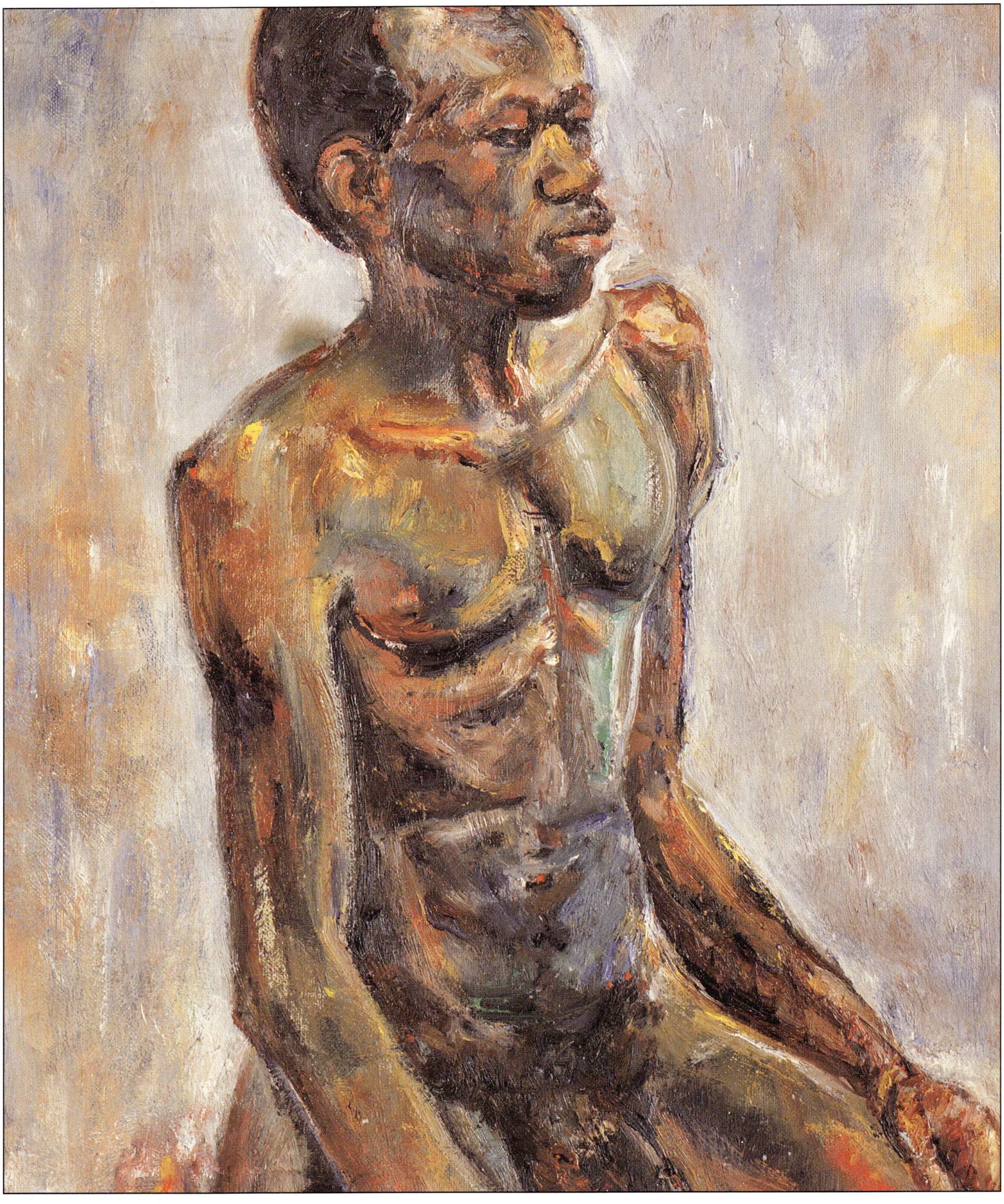

OBEN Bei diesem Ölbild begann die Künstlerin Irene Lightbody auf warm getönter Grundierung mit einer Untermalung in dunklen Farben – Siena natur, Krapprot und Ultramarin. Auf dunkler Haut kommt reflektiertes Licht wesentlich stärker zur Geltung, sowohl in kalten Blautönen als auch in warmem Gelb. Die Haut schillert auf diesem Bild in einer Vielfalt an Farben – es reicht nicht, einfach nur eine Mischung aus Vandyckbraun und Ockergelb zu nehmen. Die Künstlerin hat kräftige blaue und grüne Akzente gesetzt, die sich effektvoll mit dem Goldgelb und warmen Rottönen verbinden. Das Blau, das im Hintergrund über die warme Grundierung vertrieben ist, liefert einen guten Kontrast.

VERSCHIEDENE HAUTTYPEN

Die Bilder dieser Doppelseite zeigen drei grundverschiedene Hauttypen. Selbst in einem begrenzten Ausschnitt der Haut ein und derselben Person gibt es eine große Zahl feiner Abstufungen.

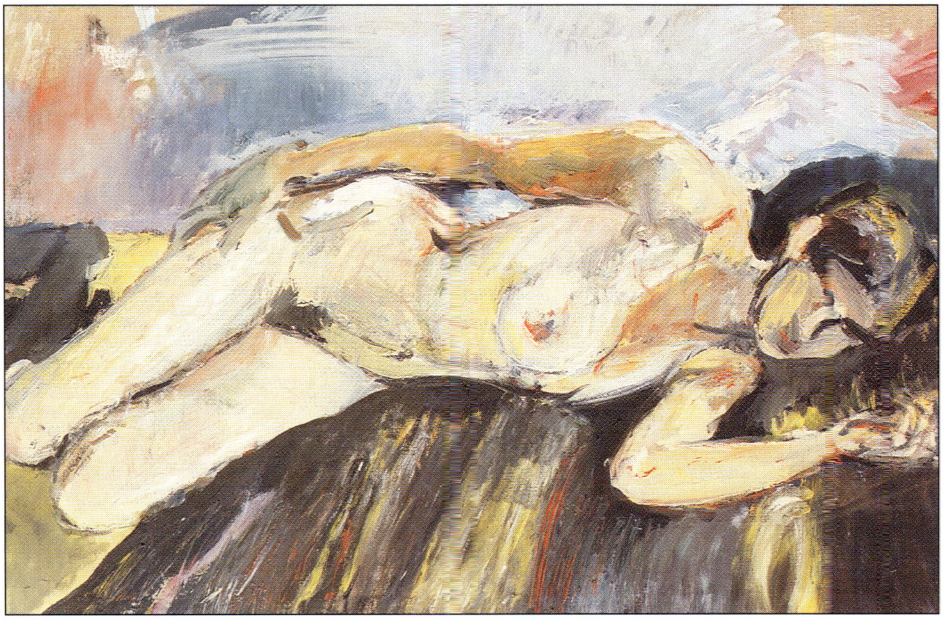

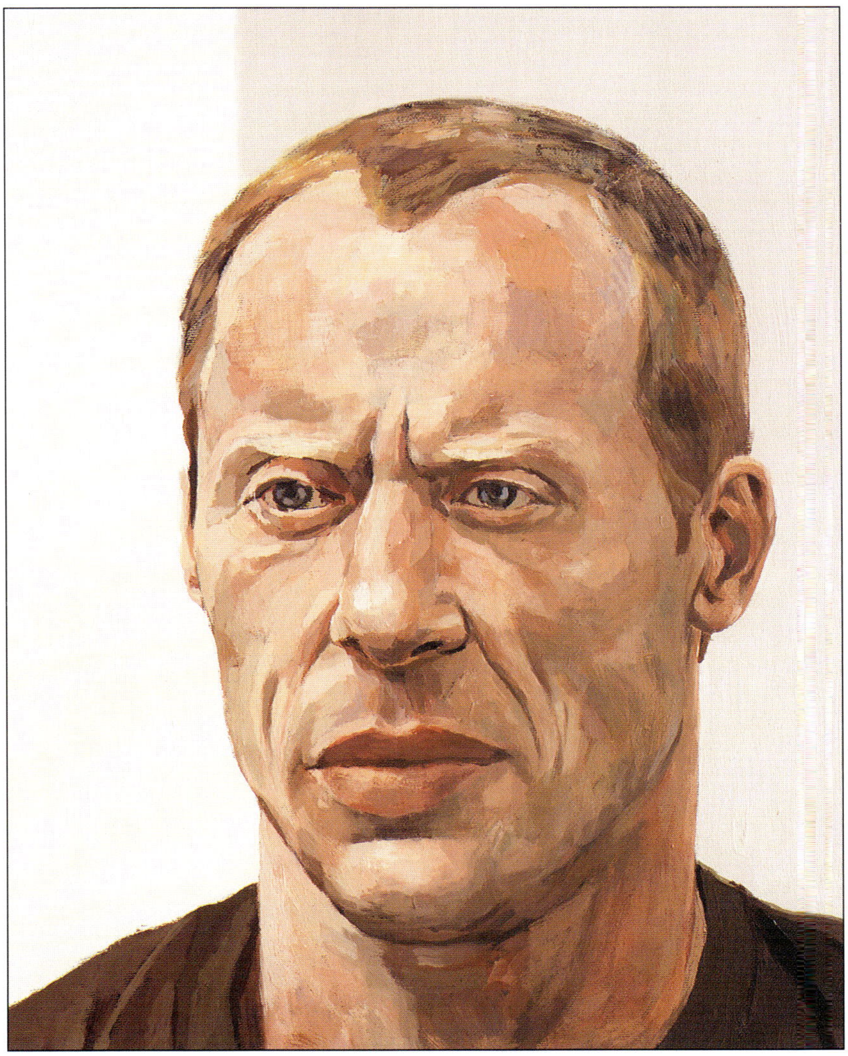

OBEN **Dieser liegende Akt, vom Autor in Öl gemalt, wurde in einer einzigen Sitzung vollendet und ist ganz in *Alla-prima*-Technik gemalt. Auf einer einfachen Basis warmer Farben, bestehend aus Kadmiumgelb, Kadmiumrot, Ockergelb und Weiß auf kräftiger Vorzeichnung aus Ultramarin und Umbra natur, arbeitete der Künstler dann mit dickerer Farbe und vollem Pinsel. Krapprot, Ultramarin und ein wenig Chromgrün sind mit breiten Strichen in die nasse Farbe gemalt, so daß dunklere, kühlere Töne entstehen. Die großen Flächen der dunklen Decke und die schwarzen Socken kontrastieren gut mit den Fleischtönen, und das dramatische, mit Blau und Grün abgetönte Orange des Oberarms steht im Kontrast zum Blau des Fußbodens. In den späten Arbeitsphasen wurde die Farbe zum Teil mit dem Palettenmesser aufgetragen.**

LINKS **Dieses Ölportrait von Judith Symons ist interessant, weil die Palette größtenteils aus Erdfarben bestand, dazu ein wenig Kadmiumgelb und Mineralviolett. Insgesamt waren es Chromoxid (ein stumpfes Grün), Vandyckbraun, Siena natur, Venezianischrot, Kadmium-Zitronengelb, Mineralviolett und Titanweiß. Die Künstlerin führt uns hier vor Augen, wie viele feine Farbabstufungen in einem so vergleichsweise kleinen Hautbereich auftreten können. Das Bild ist mit großer Sorgfalt und analytischem Blick gemalt, mit kleinen, flachen Zobelpinseln, in einer dünnen Impastotechnik, mit nur wenig Terpentin, die Pinselstriche bleiben jedoch sichtbar. Diese Technik hebt die Flächen klar hervor und vermittelt gut die Strukturen des Kopfes.**

11

DARSTELLUNG DES KÖRPERS – ZWEI ANSÄTZE

Es gibt zwei ganz verschiedene Ansätze zur figürlichen Darstellung. Beim ersten Ansatz konzentriert der Maler sich ganz auf das Bild der Figur. Die Beziehung der Figur zum umgebenden Raum wird nur angedeutet, und die Figur füllt ganz oder fast die Leinwand aus. Das war die Methode, nach der Amedeo Modigliani (1884–1920) meistens arbeitete, und wir wollen sie das »Modigliani-Syndrom« nennen. Die zweite Konvention könnte man dann als »Giacometti-Syndrom« bezeichnen. Das Werk des italienisch-schweizerischen Malers Alberto Giacometti zeichnet sich durch eine obsessive Beschäftigung mit der Position der Figur im Raum und deren Verhältnis zur Position des Malers und zu umgebenden Objekten aus.

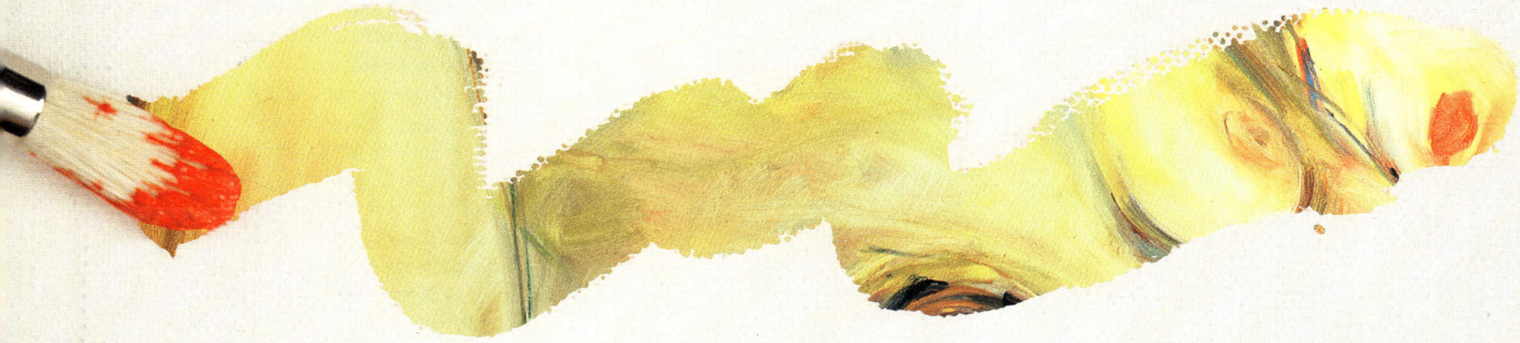

BILDFÜLLENDE FIGUR

Modiglianis Frühwerk stand sehr unter dem Einfluß des Kubismus, und daraus entwickelte sich in seinen späteren Arbeiten das typische Bild mit dem langen Hals und den grazilen länglich-ovalen Formen. Seine Akte füllen den ganzen Bildbereich und reichen oft über diesen hinaus, so daß der Ausschnitt oft nur für Kopf, Torso und Becken reicht. Die Figuren bleiben ganz im Vordergrund, und die Raumtiefe, die durch die stark vereinfachten Formen im Hintergrund angedeutet wird, ist minimal.

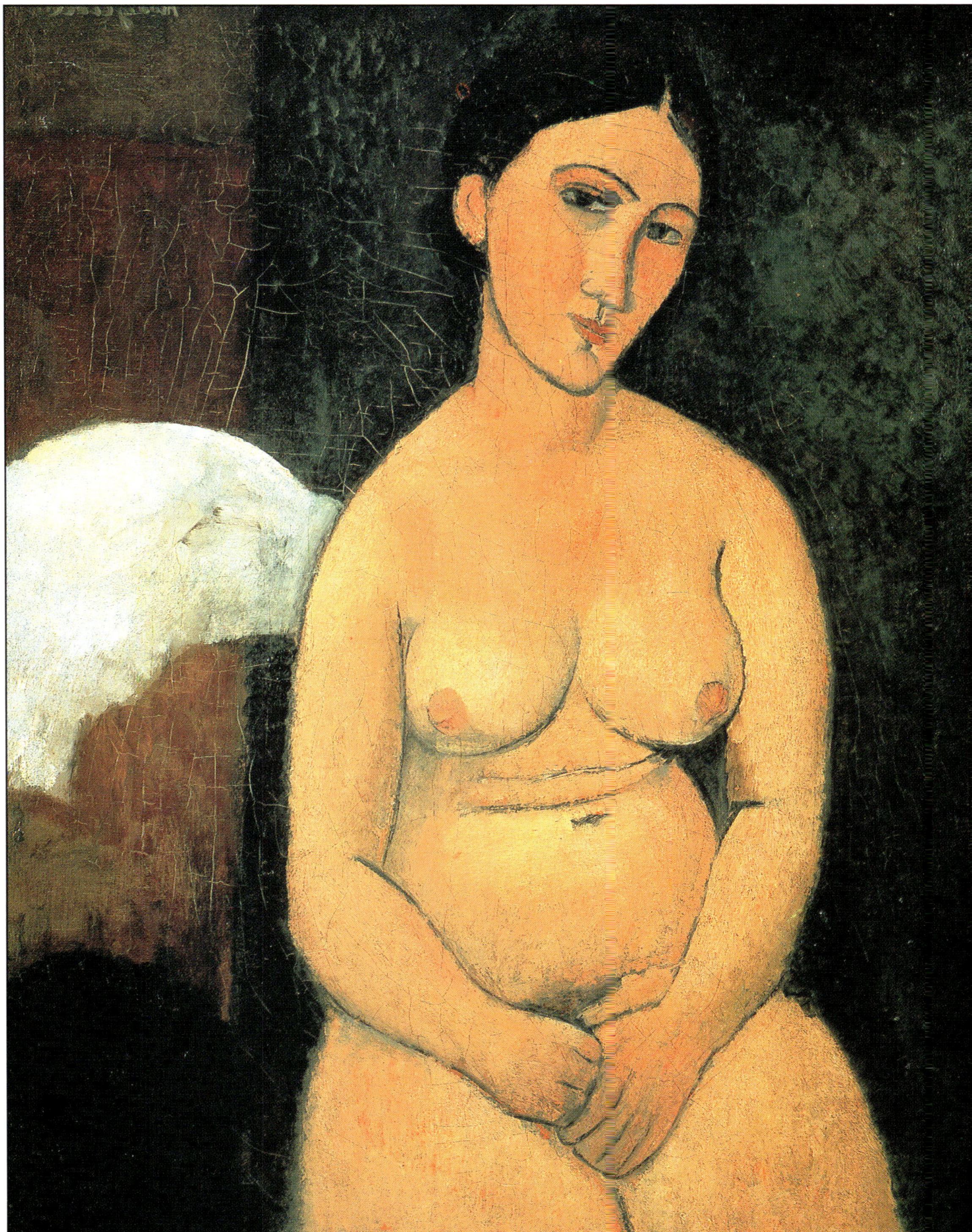

OBEN Dieser *Sitzende Akt* (1917) von Modigliani wird ganz von den massiven Formen beherrscht, als wäre der Künstler sehr nahe an das Modell herangegangen.

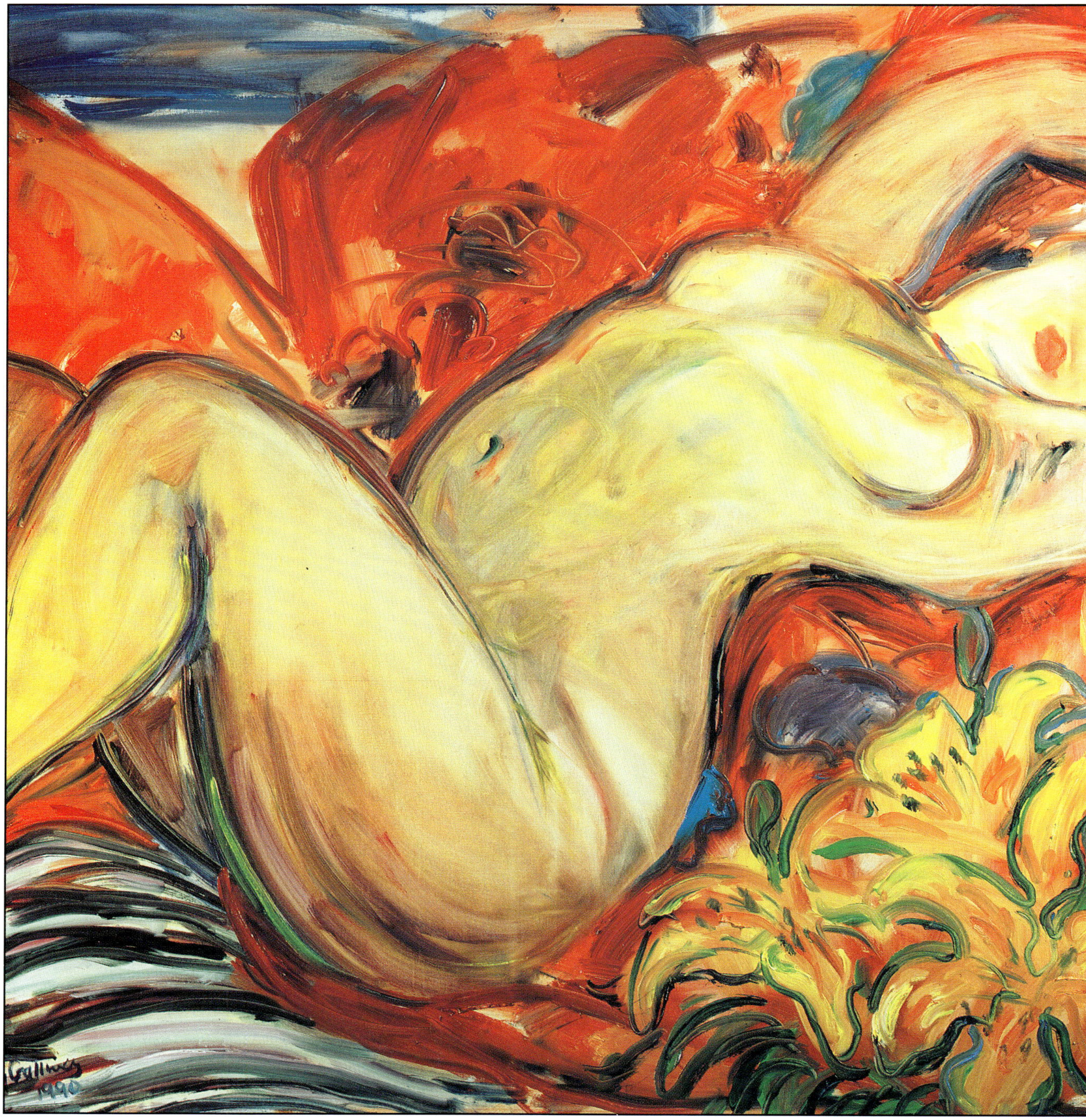

OBEN **Ein großformatiger liegender Akt voller Energie. Ölbild von Kay Gallwey.**

Dieses großformatige Ölbild von Kay Gallwey ist ein gutes Beispiel für den Modigliani-Ansatz. Die Gestalt räkelt sich nach hinten über die Couchlehne aus dem Bildbereich heraus. Raumtiefe spielt kaum eine Rolle. Die Arbeitsmethode der Künstlerin ist bemerkenswert. Sie arbeitet mit einer Standardpalette aus warmen und kalten Rot-, Blau- und Gelbtönen, dazu Chromgrün und Permanentgrün. Erdfarben kommen nur sehr selten zum Einsatz. Meist arbeitet sie auf einer weiß grundierten Leinwand mit einer 50:50-Mischung aus echtem Terpentin und raffiniertem Leinöl. Zum Großteil ist das Bild mit weichen Baumwollappen entstanden, die sie sich um die Finger wikkelt. So bewahrt sie sich eine große Unmittelbarkeit und überträgt ihre Energie auf das Bild.

Zuerst taucht sie den Lappen in das Malmittel, nimmt warmes Gelb und Rot auf und legt dann die Hauptflächen des Bildes mit dieser sehr flüssigen Farbe an. Diese läßt sich leicht wieder abwischen, so daß alles transparent wirkt und die Leinwand ihre Leuchtkraft behält.

Sie achtet darauf, daß sie keine warmen Farben an Stellen aufträgt, an denen kalte (in diesem Falle blaue) Partien erforderlich sind. Dann fügt sie weitere Farbe hinzu und modelliert die Figur ganz unmittelbar, so als ob sie tatsächlich den Körper berührte. Hellere Bereiche kommen zustande, indem sie Farbe wieder auswischt. Die kräftigeren Farben sind für den Sofaüberwurf reserviert. Achten Sie darauf, wie Schatten an den Rippen und unter den Brüsten mit grünen Tupfern wiedergegeben sind. Dies ist besonders wirkungsvoll vor dem Hintergrund des Tuches in komplementärem Rot. Kühleres Chromgrün und Krapprot bestimmen die Rückseite der Oberschenkel.

In der letzten Arbeitsphase kommen Pinsel zum Einsatz – besonders bei dem kräftigen Muster des Tuches im Vordergrund und den feineren Linien unter der Brust und rund um die Schenkel.

UNTEN Die Wirkung dieser Technik läßt sich hier gut beim Rückenakt eines Mädchens erkennen. Auch hier ist die Farbe wieder in breiten Strichen mit Fingern und Lappen aufgetragen. Diesmal kommt durch das Spiegelbild der Figur mehr Raumtiefe hinzu, doch trotzdem hat man den Eindruck, daß die Bildoberfläche in zweidimensionale ineinandergreifende Flächen aufgeteilt sei, wie bei einem Puzzlespiel. Achten Sie auch hier wieder auf verhaltene Grün- und Karminrottöne bei der Darstellung der Haut und den effektvollen Kontrast, den der warme gelbbraune Arm gegenüber dem Grauviolett des Spiegelbildes ergibt.

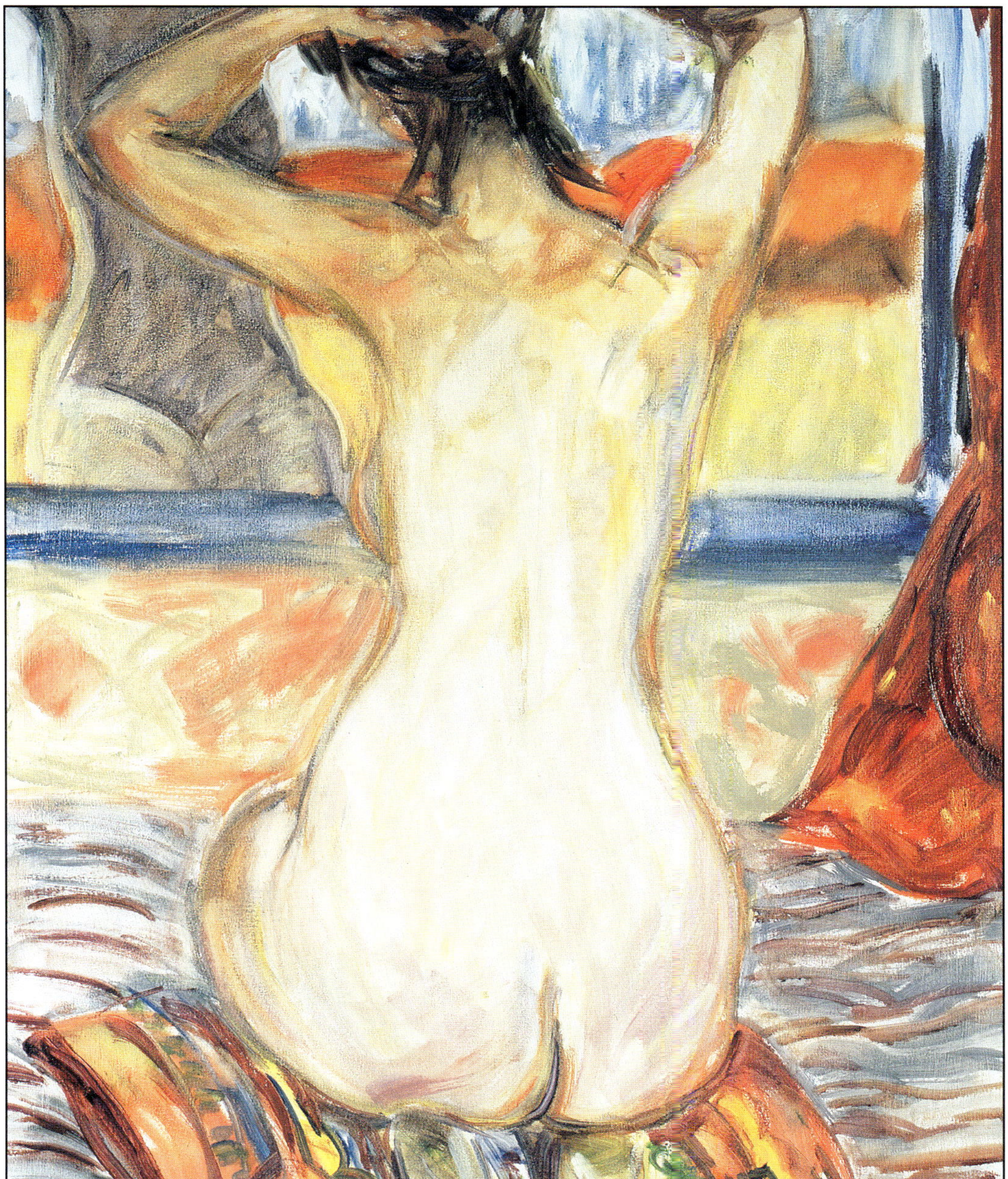

FIGUR UND RAUM

Für Alberto Giacometti war es von entscheidender Bedeutung, daß die Figur wirklich in Licht und Raum existierte. Einen Großteil seiner künstlerischen Energie verwendete er darauf, seine Bilder zum Leben zu erwecken. Er sprach davon, daß sie »wie das Leben« sein sollten, nicht eine Kopie oder ein Abbild; er wollte erreichen, daß ein Bild oder eine Plastik für einen Sekundenbruchteil wirklich lebte. Diese Suche führte ihn zu den langen, schmalen Formen seiner Plastiken – scheinbar unvollständigen Formen. Für seine Begriffe verlor eine Figur, wenn sie »fertig« war, den Lebensfunken.

Wenn er auf der zweidimensionalen Leinwand arbeitete, tat er sein Möglichstes, um ein Gefühl von echter Räumlichkeit zu erreichen, belebt von einer echten Gestalt. Seine Bilder sind eher ein Dokument dieser Suche als ein abgeschlossenes Werk.

Das Portrait Annettes (1954) ist ein typisches Werk Giacomettis. Eigentlich geht es ihm eher darum, die Figur in der Größe festzuhalten, in der sie »erscheint«, weder größer noch kleiner, und dafür muß sie in einen Raum gesetzt werden, der genau den der Realität entsprechenden Abstand vom Maler wiedergibt. Dieses Problem von Größe und Abstand brachte ihn schier zur Verzweiflung. »Ein Arm ist so groß wie die Milchstraße, und dieser Satz hat für meine Ohren nichts Mystisches«, sagte er. »Der Abstand zwischen einem Nasenflügel und

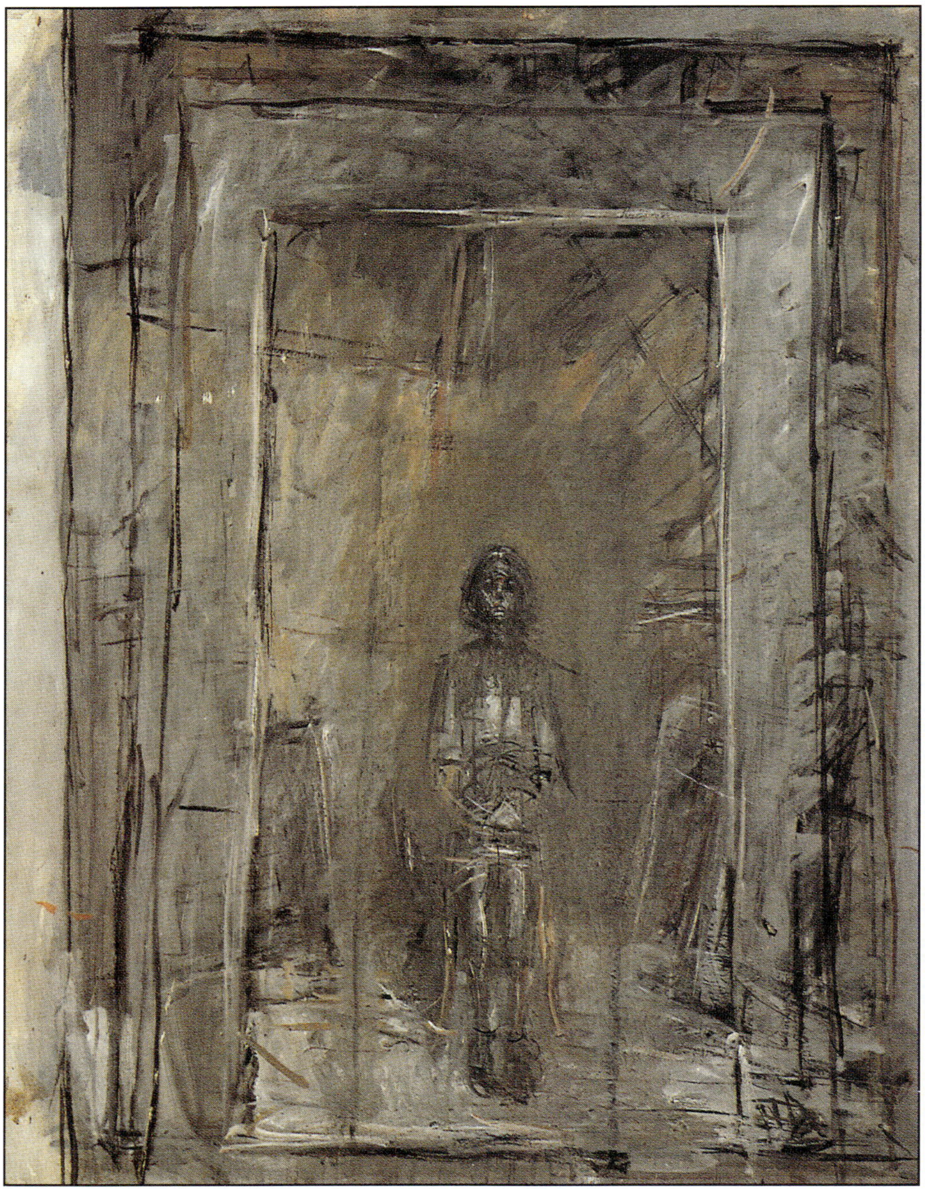

OBEN In Giacomettis *Annette Assise* (1954) ist die Figur im Raum zurückversetzt durch die illusionistisch gemalten Rahmen, die wie eine Folge von Fensterrahmen wirken. Seine Arbeitsmethode läßt sich deutlich von der Leinwand ablesen – Markierungen sind eingefügt und wieder übermalt, und überall sind die Beziehungen zwischen Figur und Raum tatsächlich durch Linien in Schwarz, Grau, Weiß und Ocker gekennzeichnet. Im Mittelpunkt des Raumes liegt das Kernstück der komprimierten Form – der Kopf.

dem anderen ist so weit wie die Sahara, grenzenlos, nichts, worauf der Blick ruhen könnte, alles entgleitet einem.«

Die Figur auf diesem Bild, vom Autor in Öl gemalt, sitzt in einem lichtdurchfluteten Zimmer. Verschiedenfarbige Vorhänge wandeln das Sonnenlicht, das durchs Fenster fällt. Oben in der Mitte fällt durch das unverhüllte Fenster kühleres Tageslicht ein. Die Figur ist entlang der Diagonalen plaziert. Die vorherrschenden Farben im Dreieck oberhalb dieser Linie sind kühle Coelinblau-, Zitronengelb-, Rosa- und Lilatöne. Das Dreieck unterhalb der Diagonalen hingegen ist geprägt von warmen, samtigen Orangetönen, der Oberschenkel auf dem warmen Stuhl und dem Boden von einem sehr kühlen, hellen Zitronengelb mit Coelinblau. Ob nun bewußt oder nicht, alle diese Beziehungen haben ihren Teil beizusteuern, damit die Illusion eines Raumes im Sonnenlicht entsteht.

Technisch gesehen war es bei der Vorzeichnung wichtig, sämtliche Schnittpunkte von Raum und Figur zu kennen. Anders gesagt, wo genau war der Punkt, an dem Teppich und Knie sich trafen? Wo würden die Linien von Fenstern, Fußboden und Wänden, wenn man sie verlängerte, durch die Figur führen? Auch nach dieser Methode lassen sich Beziehungen etablieren.

Die Palette war recht umfangreich: Ultramarin, Kobaltblau, Coelinblau, Chromgrün, Umbra natur, Kadmium-Zitronengelb, Ockergelb, Kadmiumgelb, Kadmiumrot hell und Krapprot. Auf eine dünne Untermalung in Primärfarben folgt naß in naß zunehmend dicker werdende Farbe, bis vieles von der letzten Farbschicht über die Oberfläche vertrieben und gekratzt wurde, so daß frühere Farbschichten durchschimmern konnten.

UNTEN **Bei diesem Ölbild eines sitzenden Aktes kommt die Größe des Ateliers gut zur Geltung.**

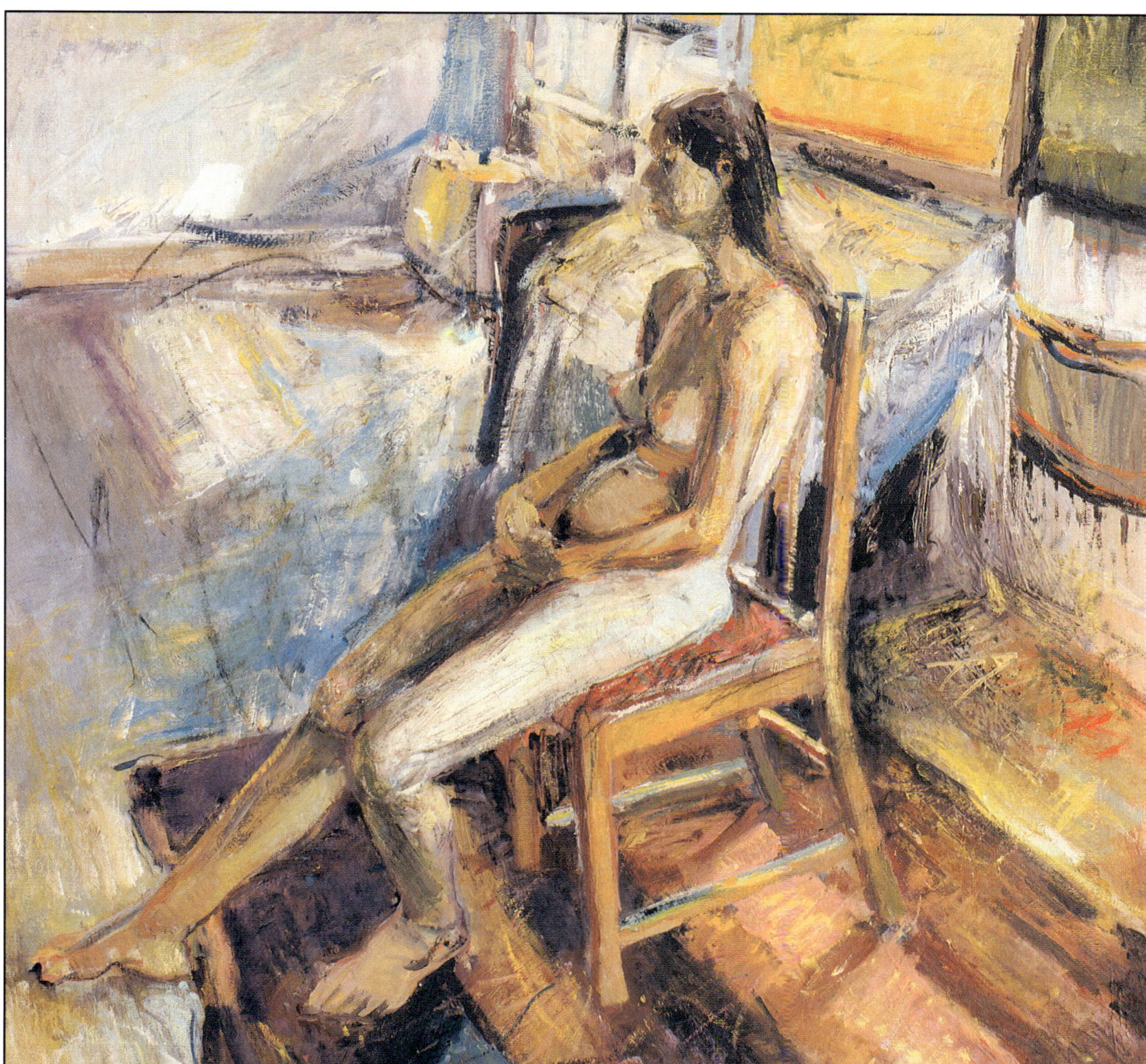

12

TON-IN-TON-MALEREI

Schon mehrfach war in diesem Buch von »begrenzter Palette« die Rede. Es ist wichtig, daß man weiß, wieviel sich mit geringen Mitteln erreichen läßt. Eine Palette kann sich auf drei oder vier Farben beschränken – Titanweiß, Ockergelb, Umbra natur und Ultramarin wären zum Beispiel ideal für Ton-in-Ton-Studien – oder etwa auf Erdfarben, die nur mit ein oder zwei Primärfarben aufgehellt werden, oder ganz auf die drei Primärfarben oder sonst auf jede beliebige Kombination, bei der man sich bewußt vorgenommen hat, die Zahl der beteiligten Farben streng zu begrenzen.

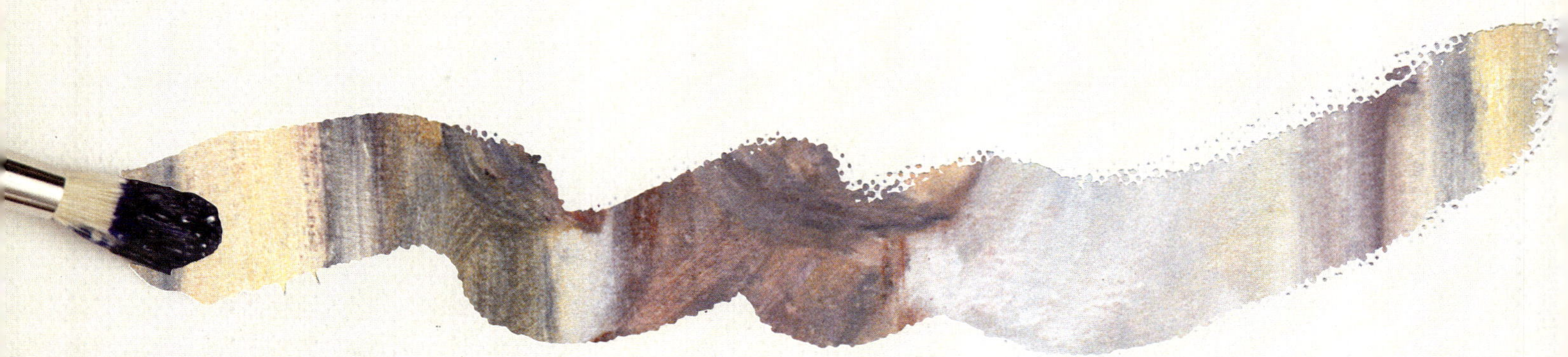

STUDIEN MIT BEGRENZTER PALETTE

Sparsamkeit ist oft ein Grund für eine begrenzte Palette, doch wie die Bilder auf dieser Seite beweisen, kann es auch ein gutes Mittel zur Disziplinierung sein. Es bringt der Künstler dazu, sich auf die richtigen Tonabstufungen von hell zu dunkel zu konzentrieren, ohne daß er es sich durch ein volles Farbspektrum leichtmachen kann.

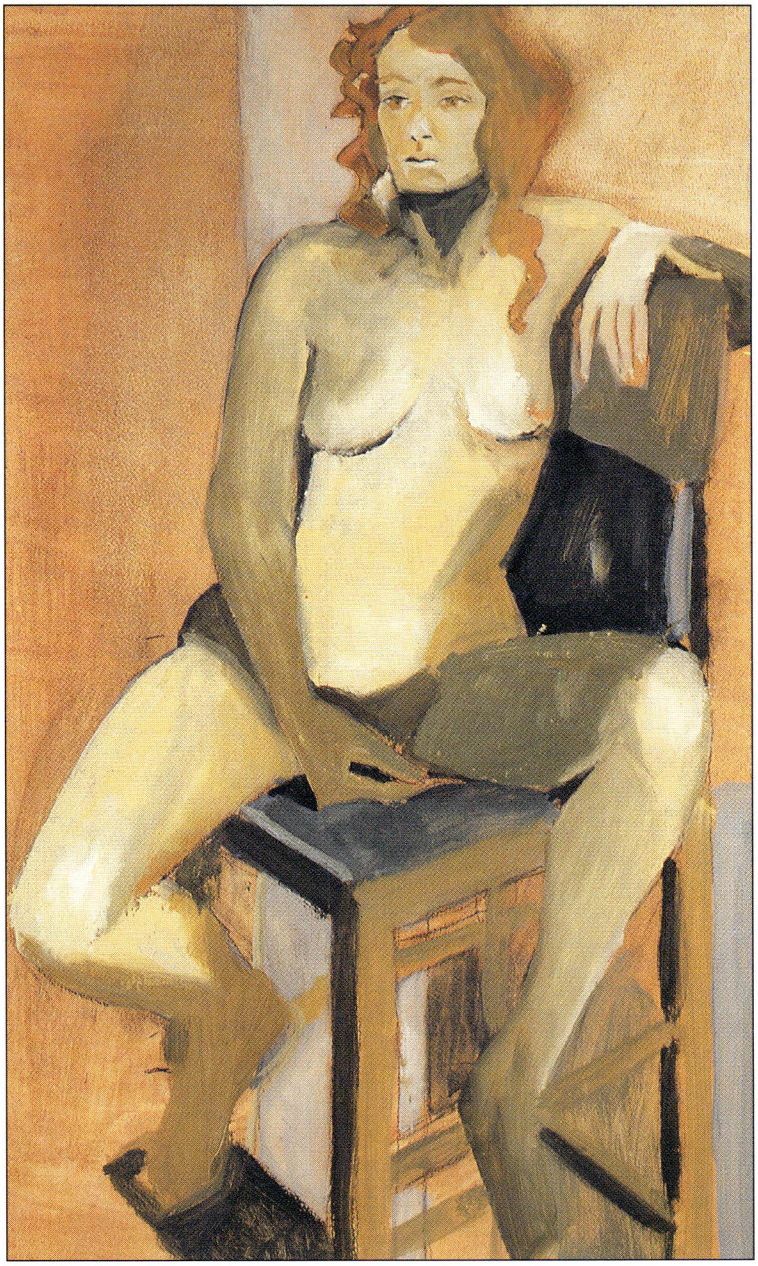

OBEN **Dieser sitzende Akt in Öl ist ein gutes Beispiel für Ton-in-Ton-Malerei mit begrenzter Palette. Ockergelb mit Weiß auf hellem Grund vermittelt das hellste und wärmste Licht, reines Ockergelb die nächste Tonstufe – Haar, Teile der Hüfte und der rechte Fuß des Modells. Umbra natur sorgt für die nächst tiefere Stufe, mit einigen Tupfern Ultramarin, insbesondere am rechten Arm und an der Innenseite des linken Schenkels. Für die dunkelsten Bereiche wurde der Anteil an Ultramarin erhöht. Bei diesem Ansatz hat der Künstler sich auch für vereinfachte Formen und Flächen entschieden, und er hat Entscheidungen zu Farbton und -temperatur getroffen, eine Abstufung vom hellsten, wärmsten Ocker hinunter zu kühleren, tieferen Tönen.**

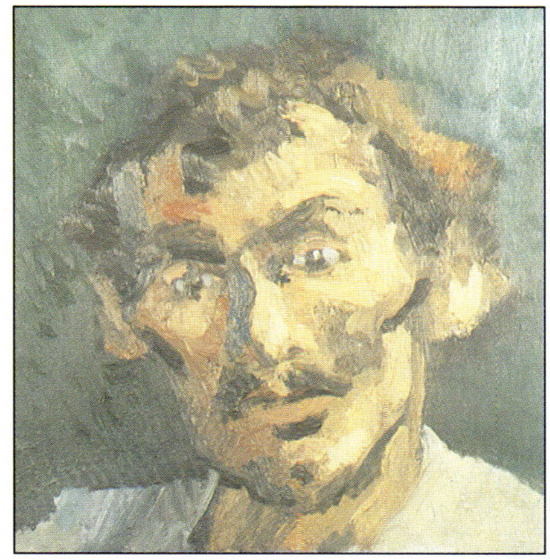

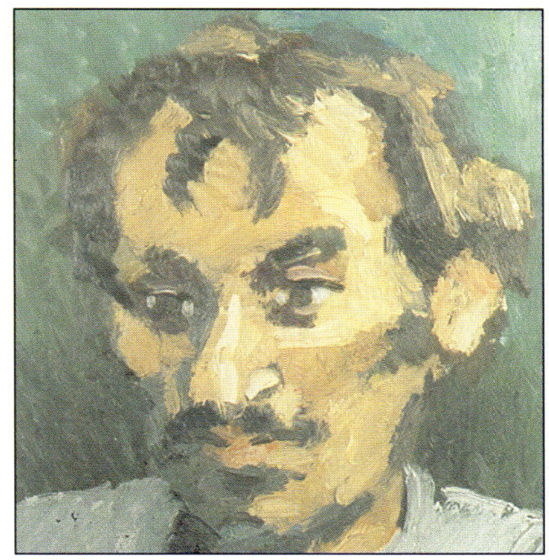

OBEN **Mike Knowles malte diese beiden Portraitskizzen eines Kopfes in Öl mit einer begrenzten Palette aus Umbra natur, Siena natur, Indischrot, Kobaltblau, Preußischblau und Schwarz. Die Bilder entstanden in mehreren Sitzungen im Wochenabstand, und dazwischen wurde immer wieder Farbe abgeschabt. Die Fertigstellung erfolgte dann jeweils in einer einzelnen Sitzung in *Alla-prima*-Technik. Man kann mit begrenzter Palette arbeiten und trotzdem einige Akzente mit anderen Farben setzen, wie hier mit ein wenig Chromgrün, Kadmiumrot, -gelb und -blau. Das Blaugrün der Wand kontrastiert mit den Hauttönen; die Haut selbst ist mit diversen Kombinationen aus Hellrot, Siena natur und Weiß gemalt. In dem Bild mit geneigtem Kopf sorgen ein wenig Kadmiumrot auf der Stirn und Kobaltblau seitlich an Nase und Stirn für die Rundung der Form, die Einheitlichkeit der Malerei, die durch gründliche Pinselarbeit über die ganze Fläche erreicht wird, ist phänomenal. Das zweite Bild hat an der Seite der Stirn, an den Wangenknochen und seitlich entlang der Nase große Flächen aus kräftig gemalter Siena natur, und für das übrige Gesicht kam ein tieferer Sienaton zur Anwendung. Die tieferen Töne unter den Augen und um das Kinn entstanden aus Schwarz und Kobaltblau mit einigen Strichen Siena. Ohren und Lippen haben wärmere Akzente.**

SITZENDER FRAUENAKT

JOY STEWART

Die begrenzte Palette dieser Bildfolge besteht aus Ockergelb, Kadmium-Hellrot, Krapprot, Ultramarin und Titanweiß, dazu gelegentlich etwas kühleres Zitronengelb.

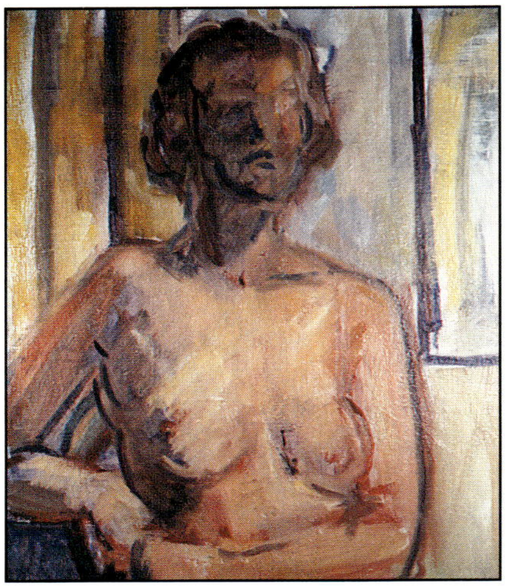

1

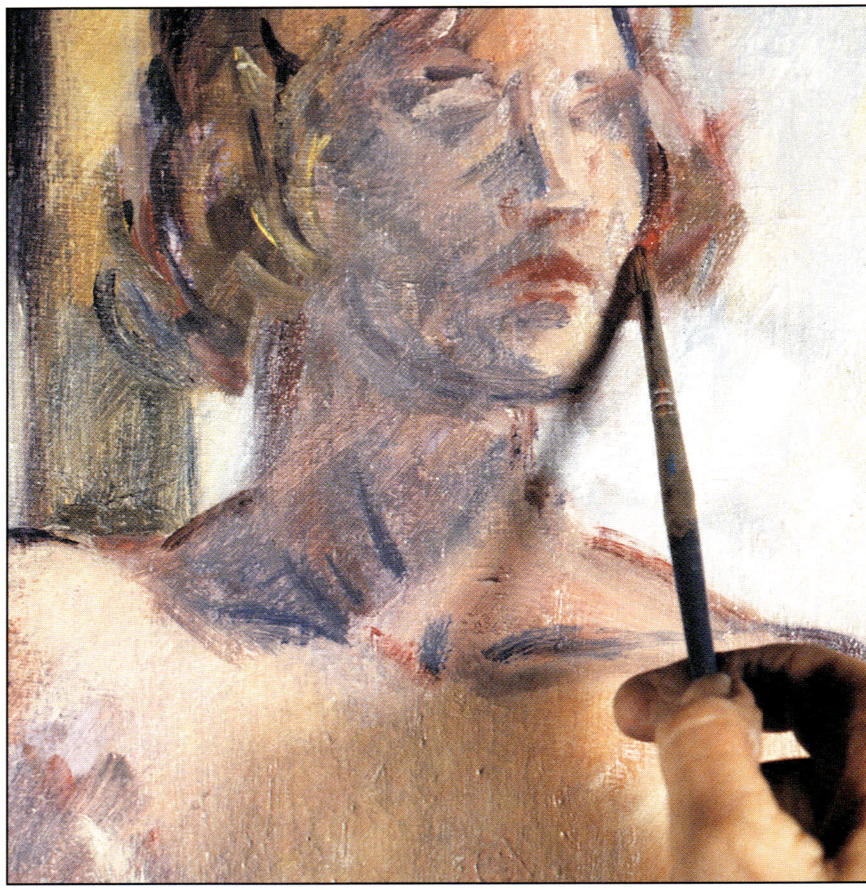

2

1 Zunächst werden die Formen der Figur grob mit dünnem Krapprot aufgetragen, worin dann mit einer Mischung aus Kadmiumrot, Ockergelb und Weiß gearbeitet wird.

2 Darauf erfolgt die Zeichnung mit reinem Ultramarin und Krapprot.

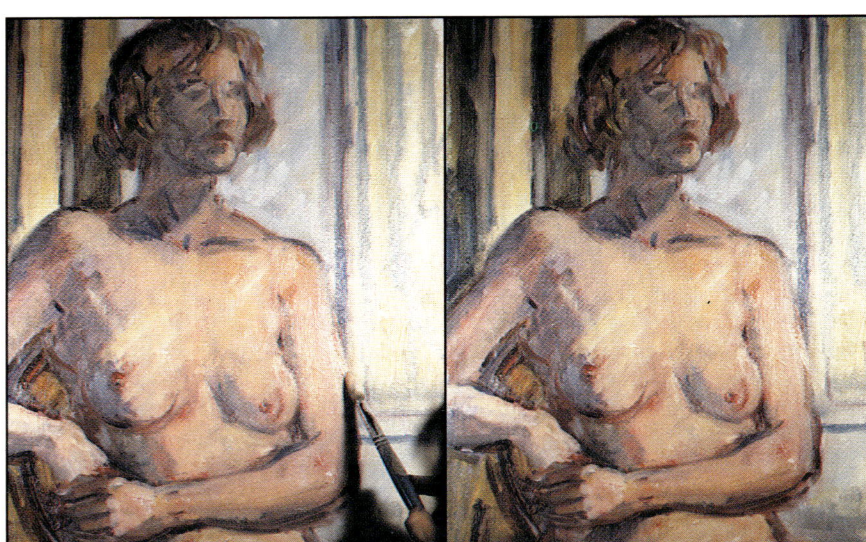

3

3 Die Form wird ausgearbeitet, zunächst die kräftige helle Fläche des Torsos mit weiterem Ocker und Rot, dazu Akzente aus hellerem Ocker auf der Brust. Die dunkleren Flächen werden hervorgehoben, indem ein leichtes Ultramarin darübergetrieben wird, was besonders um die Seitenpartien des Gesichts sehr effektvoll ist. Auf die Brüste ist reflektiertes Licht gefallen und mit Ultramarin und Weiß hervorgehoben. Eine eindrucksvolle Form ist hier mit äußerst sparsamen Mitteln entstanden. Die Lichtwirkung ist gut getroffen. Die Zeichnung um die Arme ist ausgesprochen flüssig, und die klare, zielgerichtete Pinselführung des Torsos macht daraus eine überzeugende Studie.

4 Ein Bild, das sich sehen lassen kann, entstanden mit begrenzter Palette.

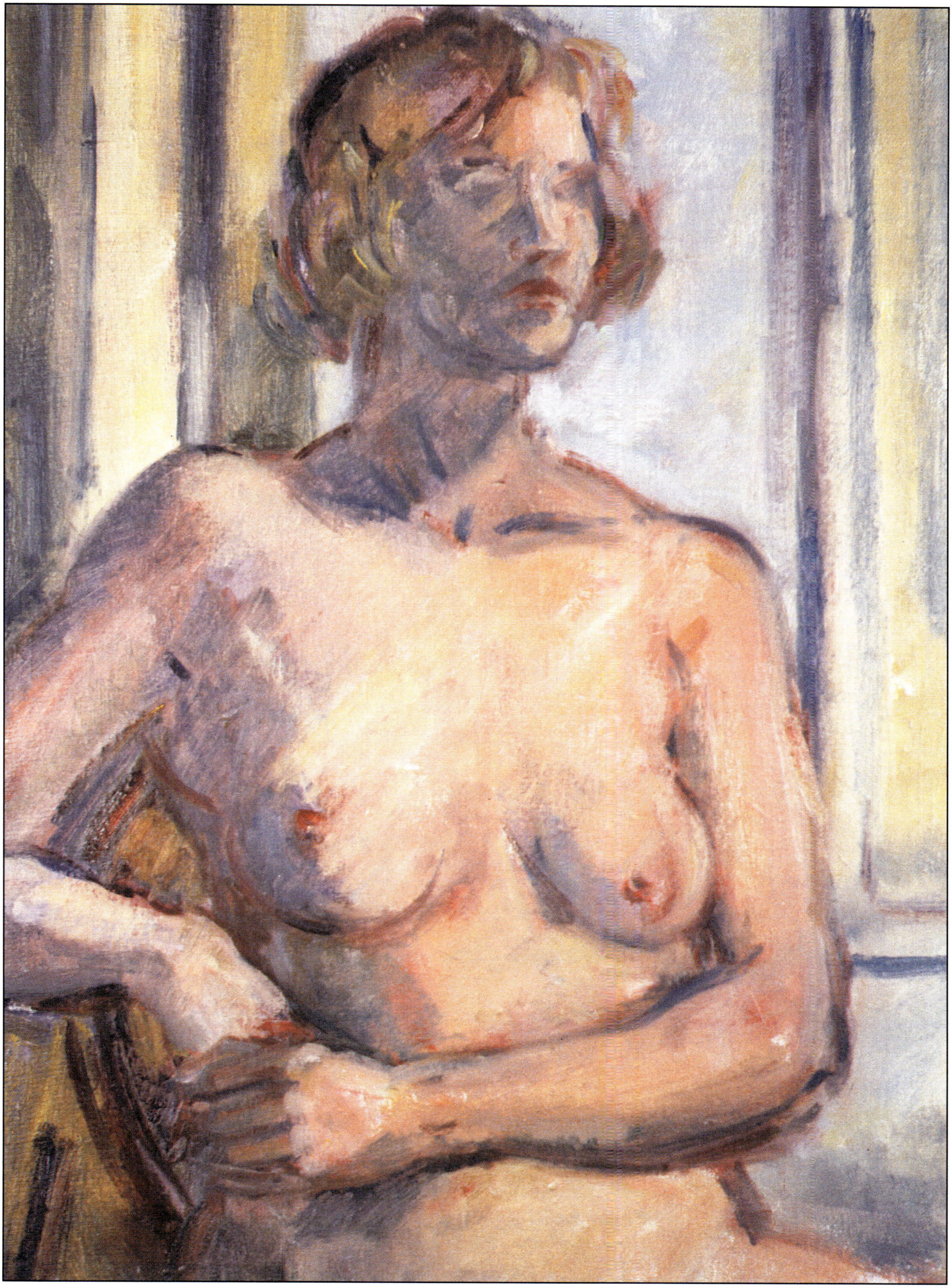

4

13

LICHT UND FARBE

Licht kann man nicht darstellen, es muß durch etwas anderes wiedergegeben werden, durch die Farbe. Ich war sehr stolz auf mich, als mir das aufging.« Dieser ebenso einfache wie grundlegende Satz stammt von einer Schlüsselfigur der Malerei zu Ende des vorigen und Anfang unseres Jahrhunderts, von Paul Cézanne (1839–1906). In großem Stil beschäftigen Künstler sich mit der wissenschaftlichen Farbenlehre zwar erst seit dem 19. Jahrhundert, doch im Grunde ist ihnen schon immer klargewesen, daß der Eindruck von Licht durch den Kontrast der Farben entsteht. In Pompeji finden wir Wandbilder mit goldenem Licht und lavendelblauen Schatten; grüne Schatten bilden das Gegengewicht zum Rosarot der Gesichter in den altitalienischen Bildern; Gelb und Violett sind die Hauptfarben im bunten Reigen der mittelalterlichen Kirchenfenster.

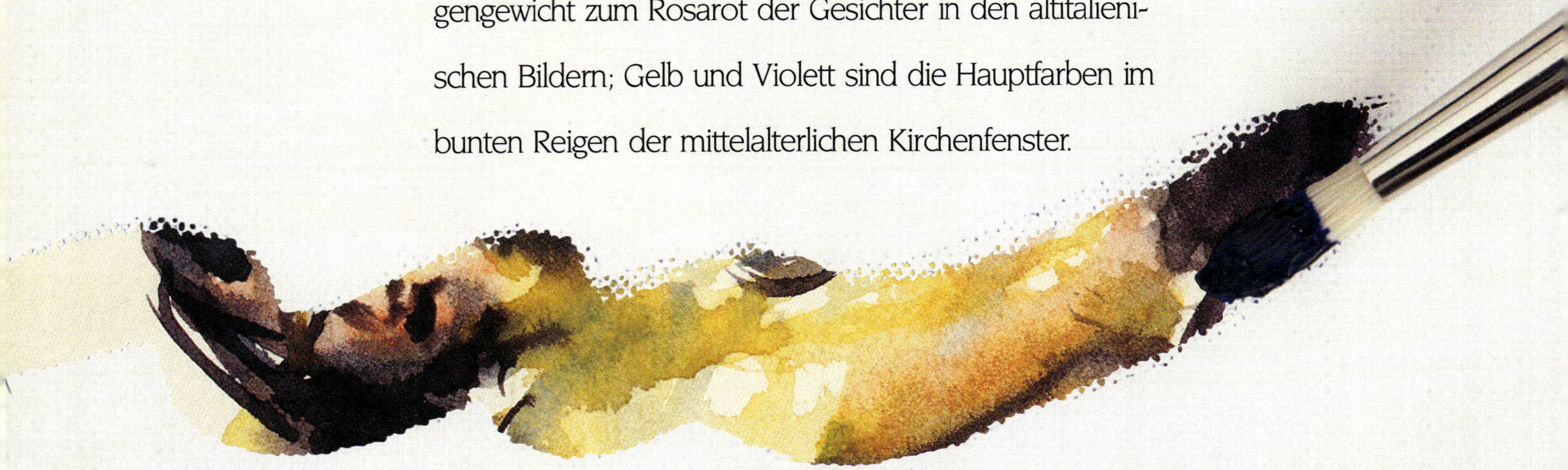

Sir Isaac Newtons Experimente mit dem Prisma und die Zerlegung des weißen Lichts in seine Bestandteile (das Spektrum) erhöhten den ohnehin vorhandenen Sinn für Farben und deren Möglichkeiten noch. Zu Anfang des 19. Jahrhunderts sagte Eugène Delacroix, er habe seinen Sinn für Farben vom Betrachten des Regenbogens gelernt, und zudem habe er sich im Louvre Rubens' Nereiden in dessen *Ankunft Maria de Medicis in Marseille* angesehen. In seinem *Massaker von Chios* führt er bei manchen Hautpartien rosafarbene, orangegelbe und blaßblaue Schraffuren ein. Seine Erlebnisse in Nordafrika, 1832, und das Licht und die Farben, die er dort kennenlernte, beeinflußten seine späteren Arbeiten entscheidend, und ebenso erging es Henri Matisse zu Anfang unseres Jahrhunderts.

Im selben Jahr (1832) veröffentlichte der französische Chemiker Eugène Chevreul seine Abhandlung über Farbenlehre, in der er die Behauptung aufstellte, daß »jede Farbe, für sich gesehen, von einem Lichtkranz ihrer komplementären Farbe umgeben ist.« Chevreul, der neben zahlreichen anderen Leistungen die Margarine erfand und 103 Jahre alt wurde, war 1824 zum Direktor der Färberei der Pariser Gobelin-Teppichmanufaktur berufen worden, und 1839 kam das einflußreichste seiner Werke heraus, die Schrift über farbige Simultankontraste (*De la loi du contraste simultané des couleurs*).

Nach Delacroix war es eine Selbstverständlichkeit, daß bei Künstlern zu ihrem natürlichen Farbensinn der Einfluß der wissenschaftlichen Farbtheorie hinzukam. Die Bilder der Impressionisten, Nachimpressionisten und der Fauves beruhen ganz entscheidend auf der Komplementärwirkung der Farben.

FARBKREIS

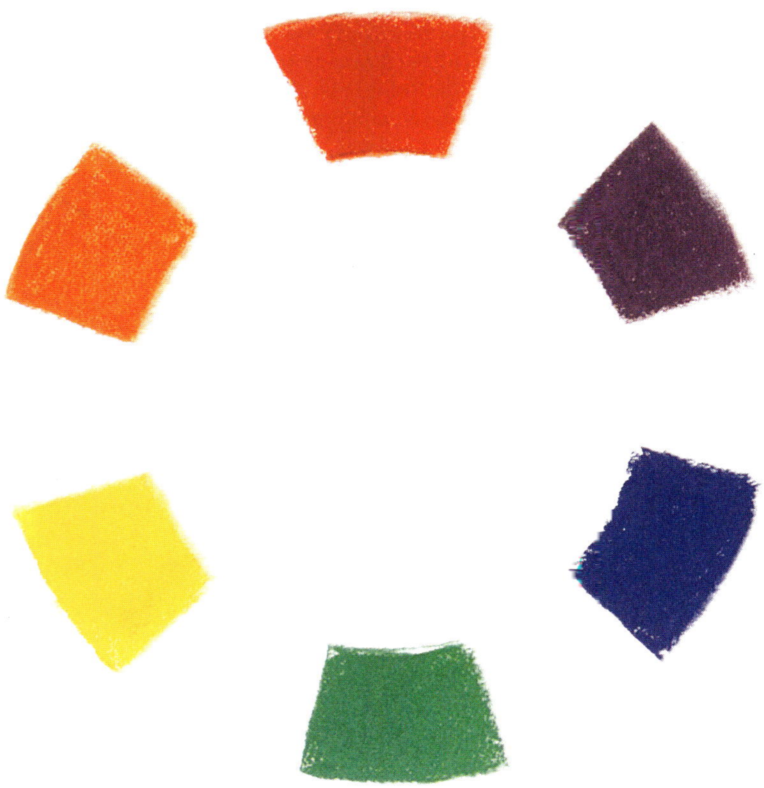

OBEN Am obersten Punkt des Kreises steht ein Primärrot. Sofort stellt sich die Frage ein, was denn ein Primärrot oder überhaupt eine Primärfarbe eigentlich sei. Es hat die verschiedensten Versuche gegeben, die Grundfarben zu bestimmen, und hier soll es genügen, daß Primärrot in der Mitte zwischen Orange auf der einen und Violett auf der anderen Seite liegen muß. Die drei Grundfarben sind Rot, Gelb und Blau. Sie heißen Grund- oder Primärfarben weil man sie nicht dadurch erhalten kann, daß man andere Farben miteinander mischt. Primärfarben können warm oder kalt sein. Rot ist nicht automatisch eine warme Farbe – es kann abkühlen, wenn es (z. B. als Krapprot) zum Violetten hin tendiert, und es wird wärmer, wenn es (z. B. als helles Kadmiumrot) zum Orangefarbenen neigt. Zitronengelb wäre ein kühles Gelb, Kadmiumgelb hingegen warm. Coelinblau ist kühl, denn es tendiert zum Grünen, Ultramarin, das zum Violetten neigt, ist warm. Die Farben, die zwischen den Primärfarben liegen, heißen Sekundärfarben, und jede davon entsteht aus der Mischung zweier primärer Farben. Als Sekundärfarben gelten Grün, Violett und Orange. Doch wirklich interessant wird es erst mit den Komplementärfarben.

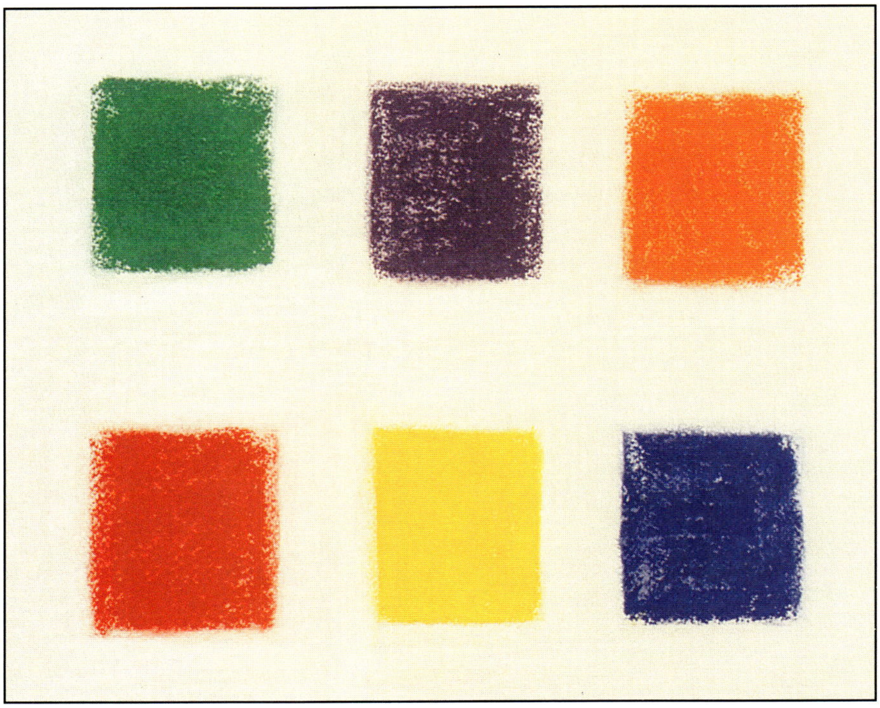

OBEN Die Komplementärfarbe zu einer Primärfarbe entsteht jeweils durch Mischen der beiden anderen Primärfarben. Bei diesen beiden Farbreihen ist also die Komplementärfarbe der Primärfarbe Rot das Grün (die Mischung aus den Primärfarben Blau und Gelb), die Komplementärfarbe zum primären Gelb ist das Violett (Rot und Blau), zum primären Blau das Orange (Rot und Gelb). Im Farbkreis liegen diese Farben einander jeweils diagonal gegenüber.

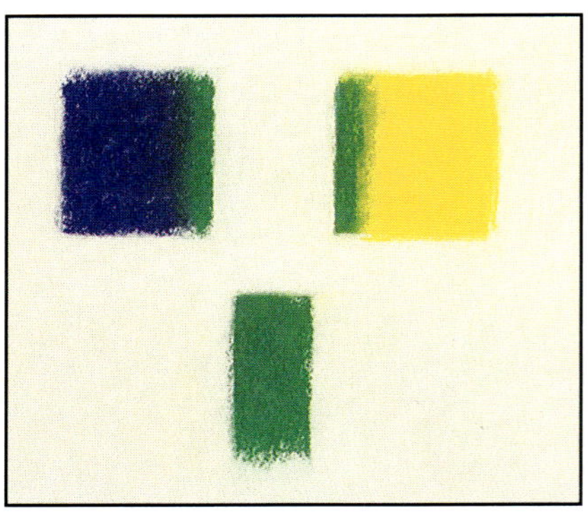

OBEN Die Zeichnung verdeutlicht, warum bestimmte Farben, miteinander verbunden, andere Farben ergeben. Farbstoffe und Pigmente erscheinen uns in der wahrgenommenen Farbe, weil sie das Licht sämtlicher Wellenlängen schlucken außer jener einen, die reflektiert wird. Die reflektierte Wellenlänge erscheint dem Auge dann als die Farbe des betreffenden Pigments. Dies ist allerdings vereinfacht. Unser Beispiel zeigt, daß Blau und Gelb beide ein wenig Grün enthalten, das nicht wahrgenommen wird, weil es nicht die vorherrschende Farbe oder Wellenlänge ist. Wenn sie jedoch gemischt werden, absorbiert das Blau das Gelb, das Gelb absorbiert das Blau, und ihr gemeinsamer Bestandteil, das Grün, wird nun doppelt hervorgehoben.

Wenn wir nun noch einmal über Licht nachdenken, dann geht uns ebenso wie Cézanne auf, daß wir das Leuchten des Lichtes mit unseren vergleichsweise stumpfen Pigmenten nicht nachahmen können. Selbst die kräftigsten Farben reichen dazu nicht aus, und wenn wir Weiß hinzufügen, um die Leuchtkraft zu erhöhen, werden sie meist nur bleich. Nur durch die Wechselwirkungen und Kontraste zwischen Farben können wir wenigstens ansatzweise die Wirkung des Lichts vermitteln. Erst dann können wir hoffen, unsere Figuren in überzeugenden Licht- und Raumverhältnissen darzustellen und ihrer Haut ein gewisses Leuchten zu geben.

Dazu müssen wir etwas über Primär- und Sekundärfarben wissen, die der Einfachheit halber meist als Farbkreis dargestellt werden.

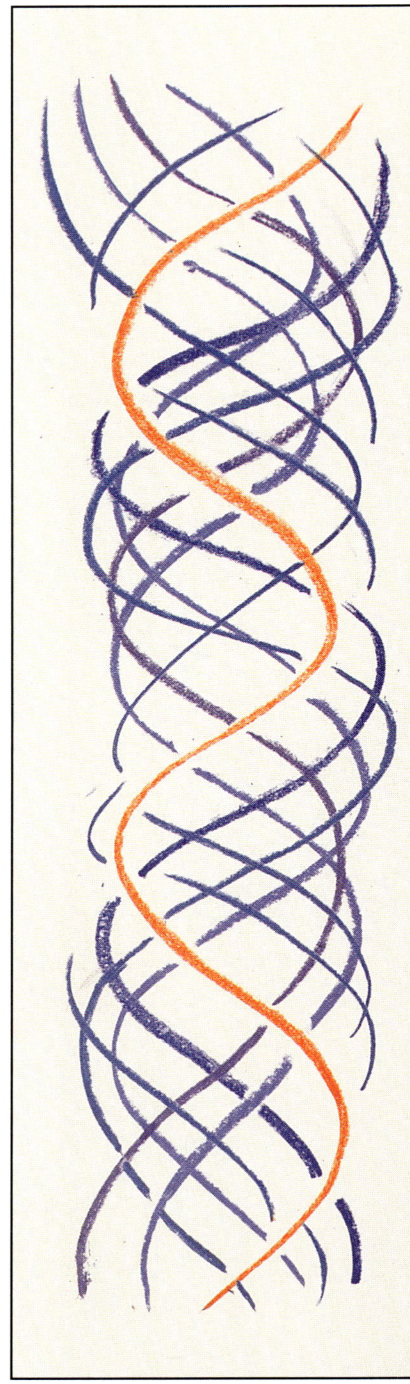

OBEN Komplementärfarben beleben sich gegenseitig, wenn sie nahe beieinanderstehen. Eins der Experimente, die Chevreul anstellte, als er nirgends das richtige Leuchtendblau für die Gobelinmanufaktur fand, ist in diesem »gezwirnten Faden« dargestellt. Er nahm mehrere blaue Garnfäden in leicht unterschiedlichen Schattierungen und fügte einen weiteren in Orangerot hinzu, der Komplementärfarbe. Es entstand ein Garn mit orangeroten Flecken, und durch die Komplementärfarbe erscheint das Blau dem Auge intensiver, als es in Wirklichkeit ist.

DER IMPRESSIONISTISCHE ANSATZ

Es lohnt sich, diese Erkenntnisse bei der eigenen Arbeit zu bedenken. Indem man ganz bewußt versucht, ein Bild in der Art der Impressionisten oder der Fauves zu malen, kann man sich einige ihrer Techniken aneignen und damit die eigenen Bilder beleben. Es ist zum Beispiel ein gutes Gegenmittel gegen übermäßige Verwendung von Erdfarben bei den Hauttönen oder gegen den Impuls, zu Braun und Schwarz zu greifen, wenn etwas dunkler erscheinen soll. Statt dessen werden Sie hier lernen, Schatten zu malen, die Licht enthalten und eine Figur von ihrer Umgebung absetzen.

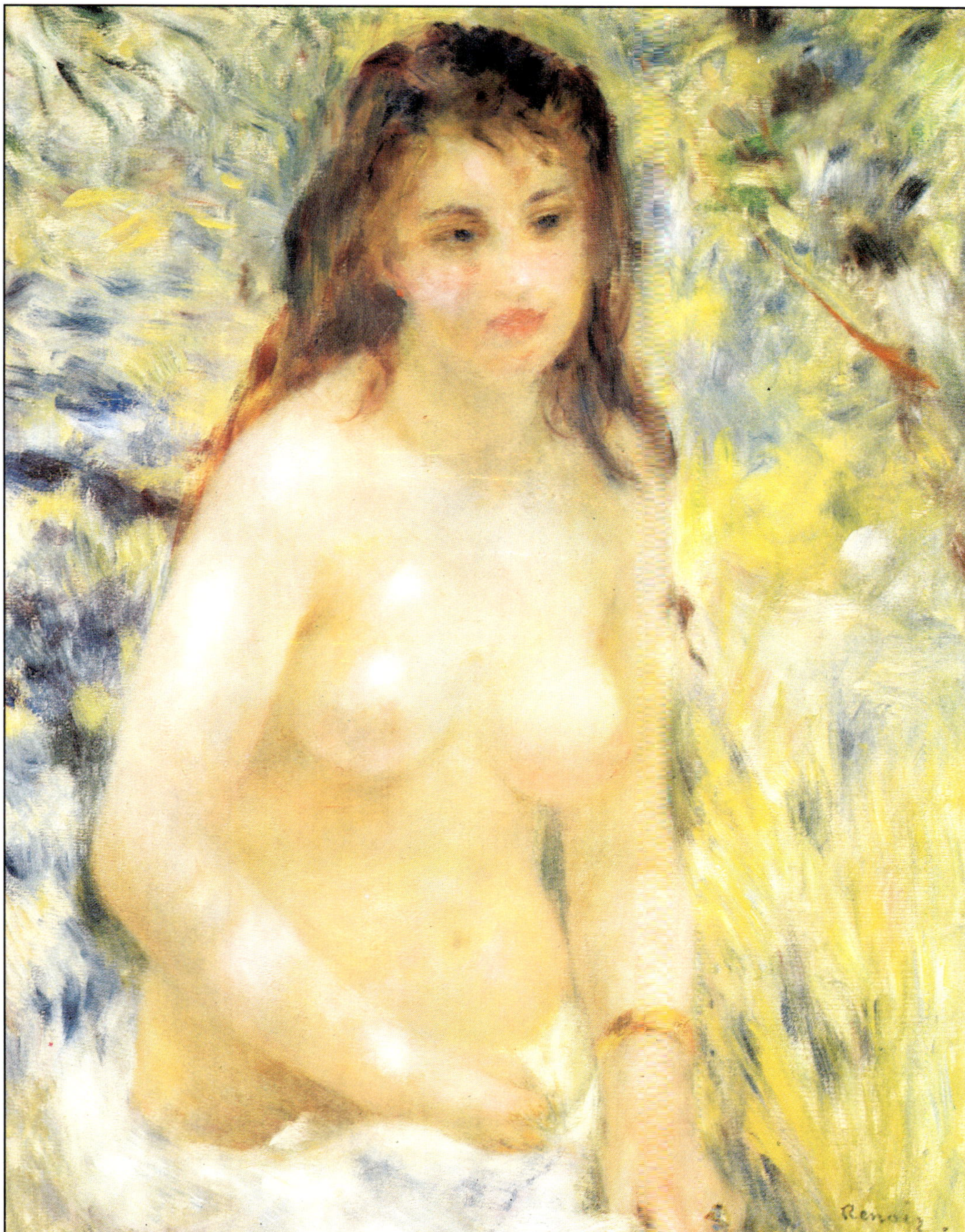

OBEN In Renoirs *Akt in der Sonne* ist die Gestalt in flirrendes Licht getaucht. Sie ist von Laubwerk umgeben, und wir sehen förmlich, wie das Licht von oben durch Blätter und Äste fällt. Das Gesicht ist deutlich wärmer als der übrige Körper, der wie Porzellan wirkt. Diesen Lichteffekt erzielt der Maler ausschließlich mit den Kontrasten zwischen warmen und kalten Komplementärfarben. Auf der Haut stehen Gelb- und Rosatöne gegen einen Hauch Blau und Grün, und die Feinheit der Figur kontrastiert gut mit der in breiten Strichen gemalten Umgebung.

MÄDCHEN, AUF KISSEN GESTÜTZT

KAY GALLWEY

Dieses Ölbild bezieht seine Wirkung aus den zarten Kontrasten zwischen Gelb- und blassen Lilatönen, Rosa, gedämpftem Grün, wärmerem Gelb und kühlerem Blau.

Die Palette bestand aus Ultramarin, Coelinblau, Chromgrün, Chromoxid, Kadmium-Zitronengelb, Kadmiumgelb mittel, Kadmiumrot und Krapprot, allesamt mit Terpentin verdünnt.

Gearbeitet wurde mit einem Pinsel Nr. 5, einem breiten Nr. 8, einem runden Borstenpinsel Nr. 8 und einem großen runden Schweinsborstenpinsel mit langem Stiel.

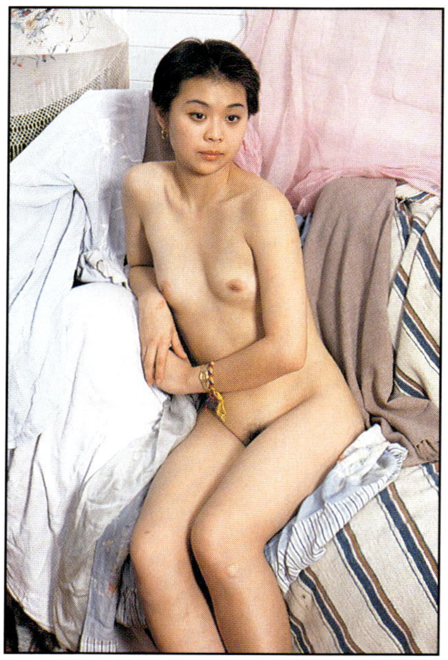

1

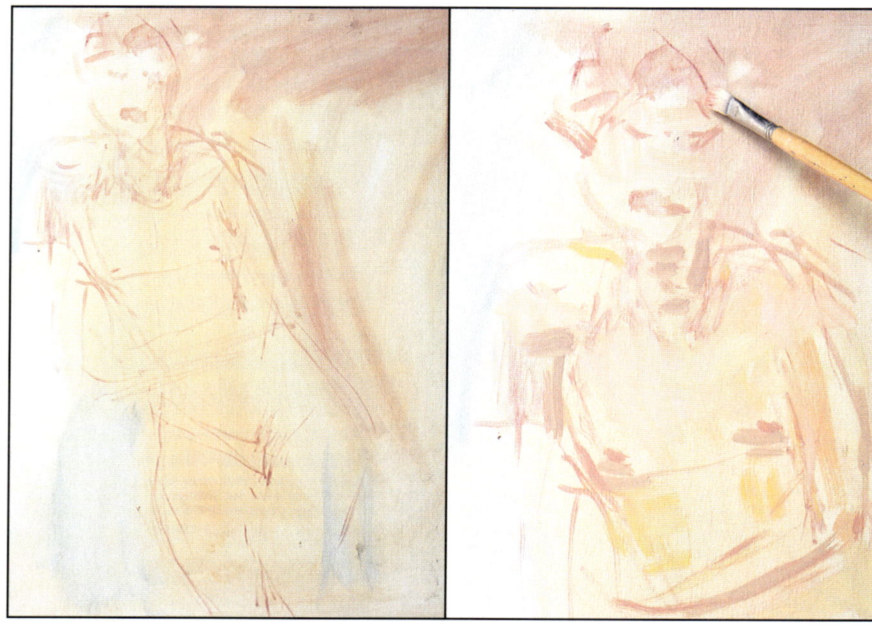

2

1 Das Modell sitzt vor eine Reihe von Kissen.

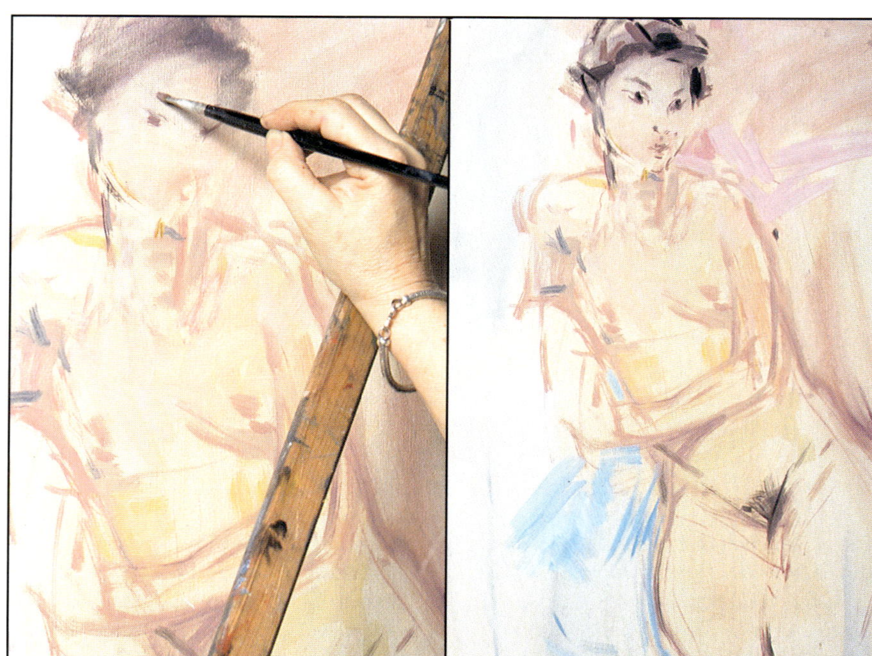

3

2 Dies ist die Vorzeichnung auf der in warmem Cremeton grundierten Leinwand. Die Künstlerin zeichnet mit einem feinen Pinsel in Krapprot. Mit dem Lappen trägt sie dann Krapprot auf der Fläche hinter der Figur auf, danach einige Flecken Coelinblau rundum, und dann beginnt sie mit Kadmiumgelb in die Figur zu malen.

3 Sie stützt die Hand mit einem Malstock ab, der an einem Ende auf der Leinwand aufliegt, und beginnt mit dem großen Haarpinsel den Kopf mit Violett (Krapprot mit Ultramarin) festzulegen. Für die Tücher nimmt sie weitaus stärkere Akzente, und an der Schulter der Figur kommt ein auffälliges Purpurrosa hinzu.

4 Sorgsam achtet die Künstlerin auf die Achsen des Körpers. Es muß deutlich zu spüren sein, daß das Gewicht des Modells auf dem rechten Arm ruht und daß sich ein Druck nach oben auf die Schulter aufbaut. Die Künstlerin hält diese ›Gelenkstelle‹ mit einer klaren Linie fest. Auch die Tücher werden weiter ausgearbeitet, denn sie sollen eine entscheidende Rolle spielen, der Figur ihre rhythmischen und fließenden Konturen zu geben. Der Körper wird mit weiteren hellen, warmen Gelbtönen charakterisiert, mit einem kühleren Flecken oberhalb der Brust.

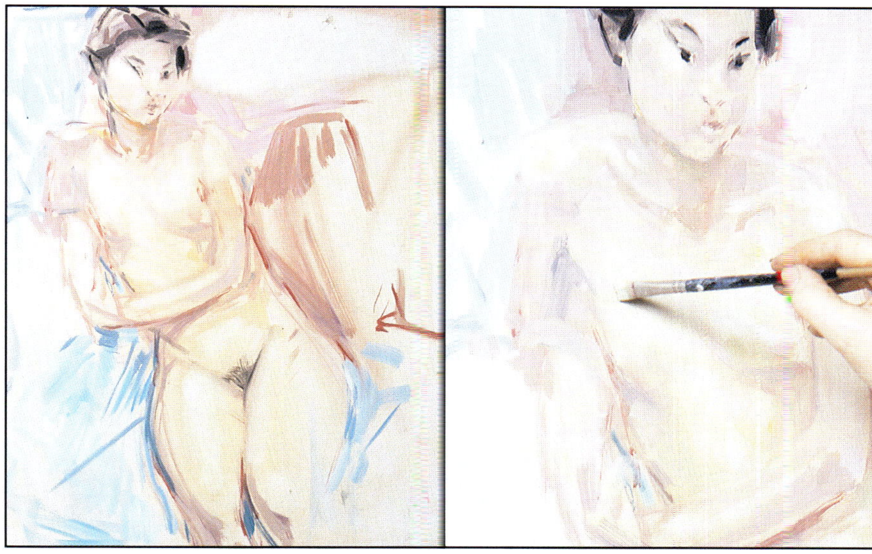
4

5 Nun bekommt das Gesicht mehr Farbe, und an der Stirn, rund um den Hals und unterhalb des Ellenbogens fügt die Künstlerin einen Hauch komplementäres Grün hinzu. Der Grünton entsteht durch eine Mischung aus Chromoxid und Weiß.

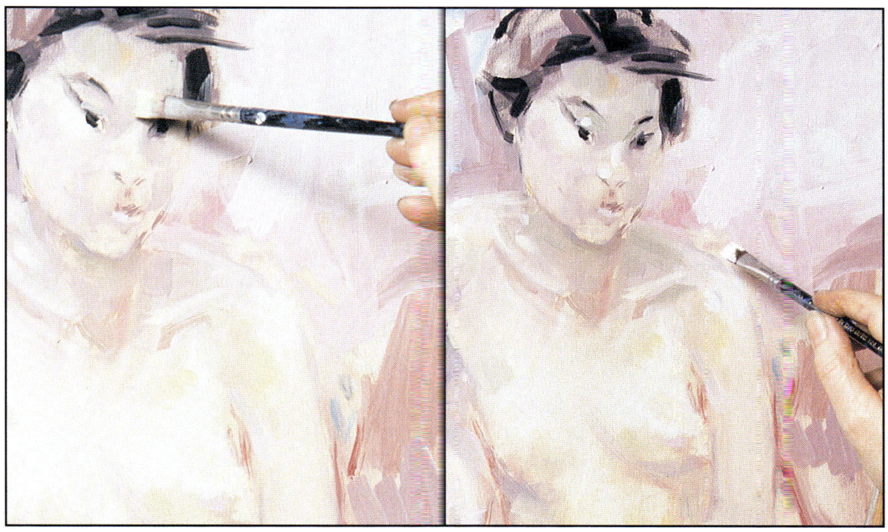
5

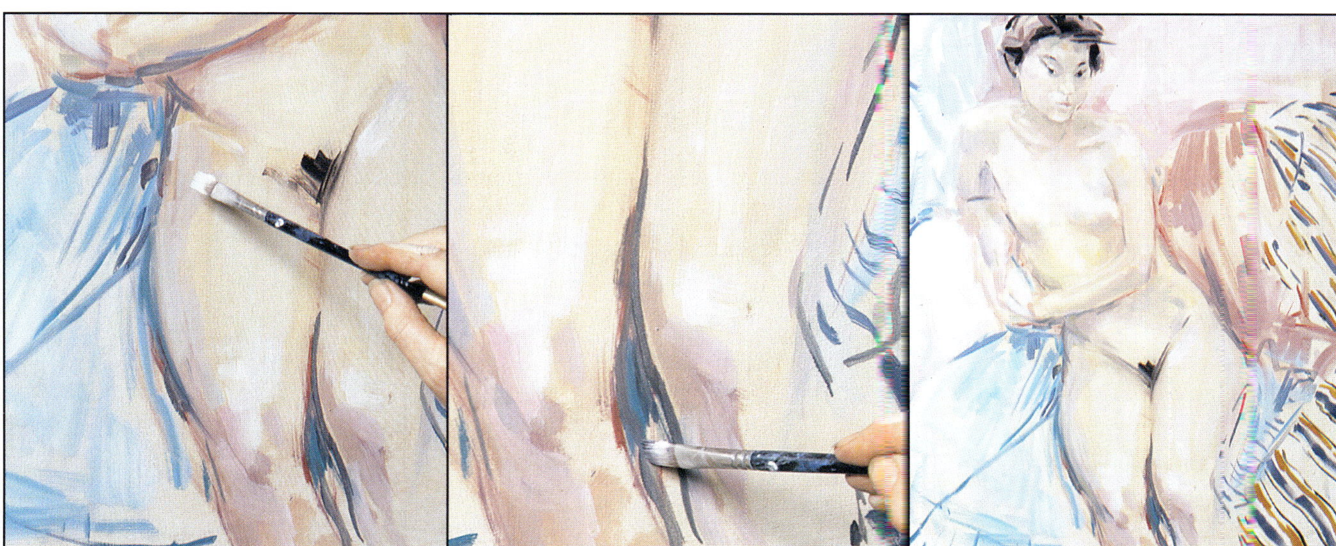
6

6 Als nächstes wird die Form der Figur weiter ausgearbeitet, indem die Künstlerin in die Schatten malt. Sie hat die Farbe mit Lappen teilweise wieder abgewischt, und in der Detailaufnahme ist die cremefarbene Grundierung deutlich zu sehen, die in diesem Falle zugleich auch als Farbe des fertigen Bildes fungiert. Solche getönten Grundierungen können ein Bild häufig hervorragend zusammenzuhalten.

7

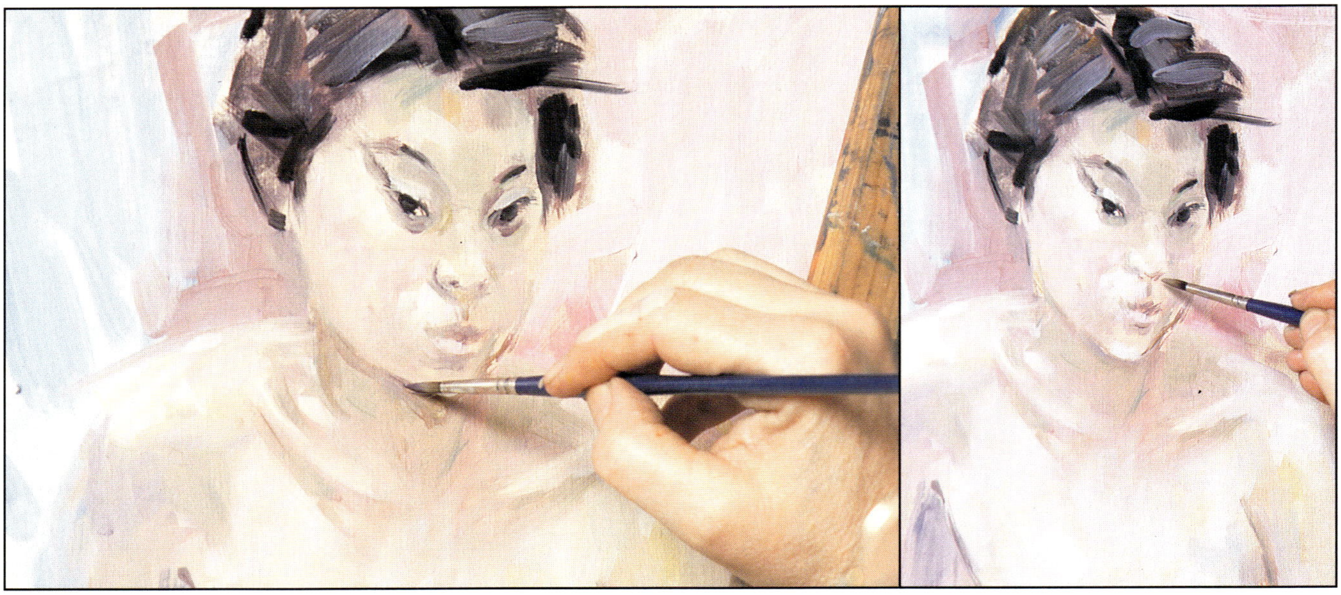

7 Mit sehr feinen Strichen aus stumpfem Grün und Violett wird das Gesicht gemalt. Achten Sie besonders auf das um allerfeinste Nuancen stärkere Grün unterhalb des Haaransatzes. Es ist gerade stark genug für eine wunderschön effektvolle Beziehung zum Rosa der Wangen.

8

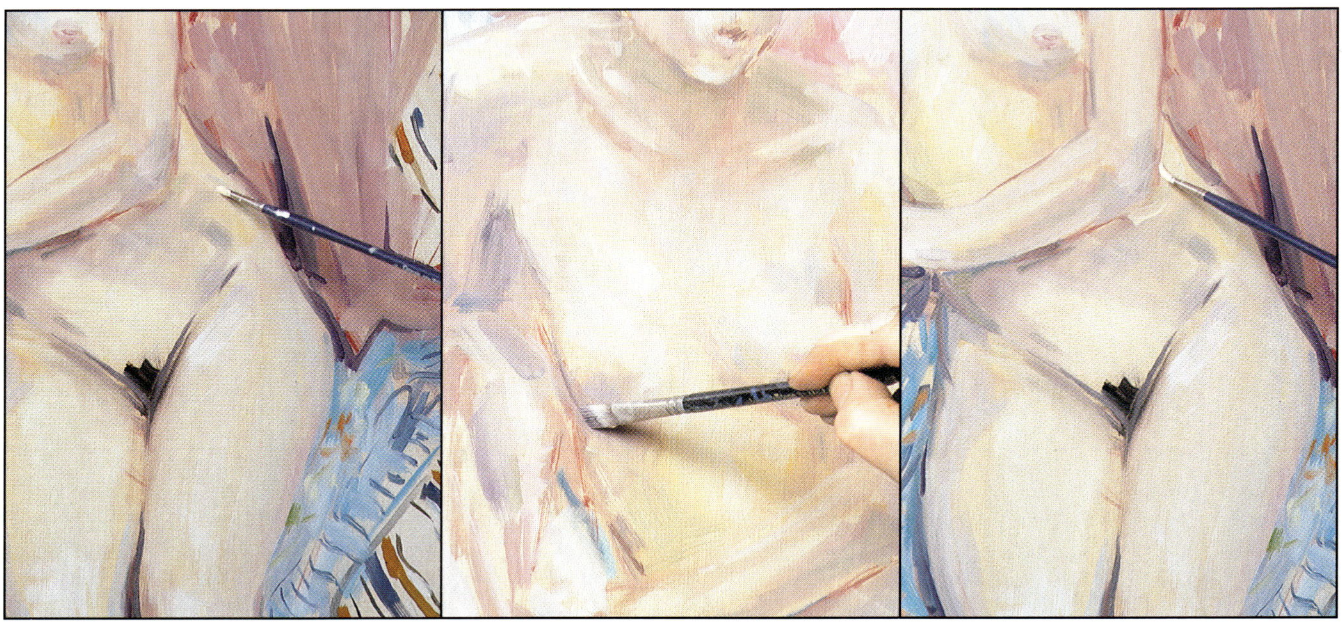

8 Der Körper wird noch einmal überarbeitet, damit die Haut leuchtender wirkt. Fein modulierte Pinselstriche aus Rosa und Lilagrau umspielen das ansonsten blaßgelbe Fleisch.

9

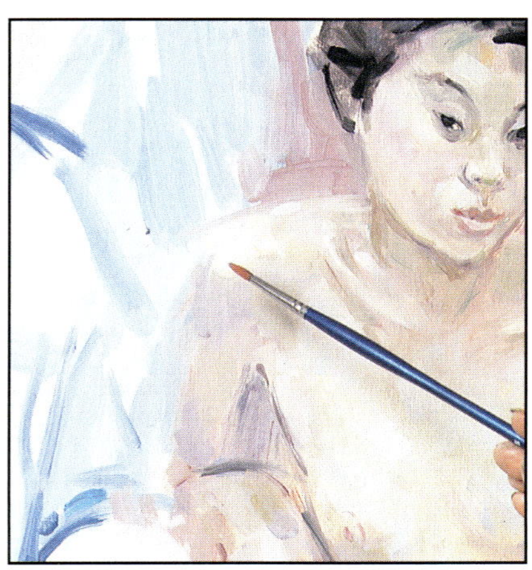

9 Die Schulter wird kräftig hervorgehoben, um zu verdeutlichen, daß ein starker Druck auf ihr ruht.

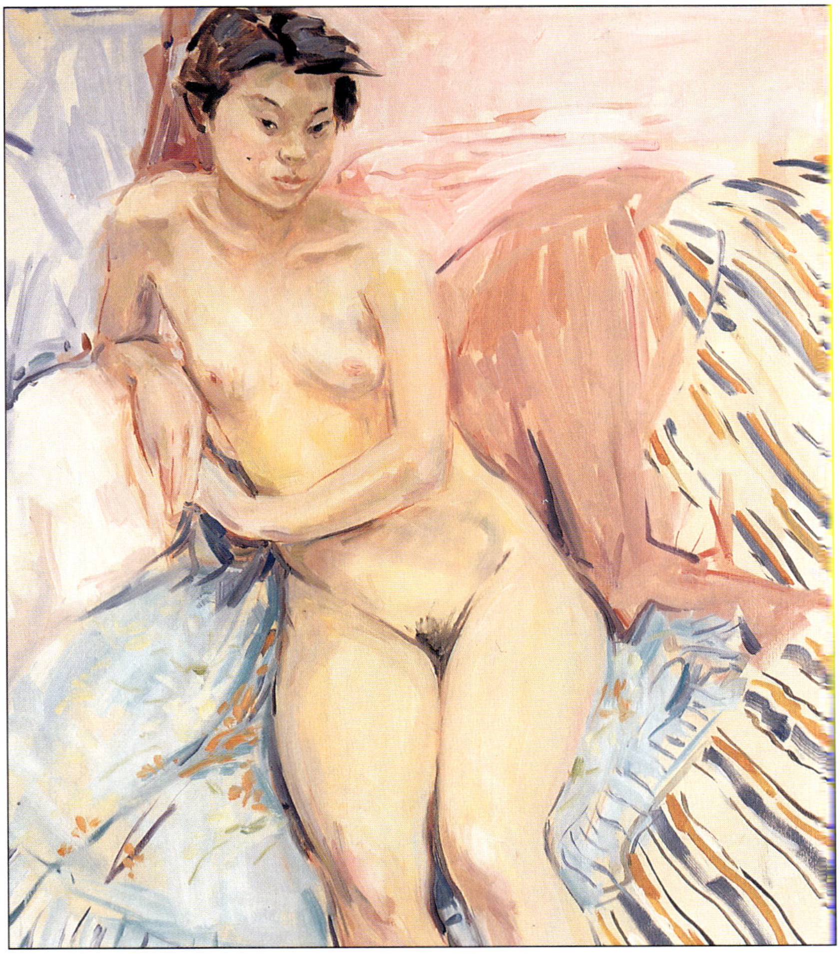

10 Die Masse des rosafarbenen Tuchs hinter der Figur wird kräftiger und trennt diese von der unruhig gestreiften Decke zur Rechten ab. Das türkisfarbene Tuch wird mit einigen Strichen aus reinem Orange belebt. Hand und Arm bekommen ihre letzte Zeichnung. Die Lichtwirkung ist mit großem Geschick durch sorgsam ausbalancierte Komplementärfarben geschaffen, mit Wechselwirkungen zwischen Zartgrün und Rosa, Lila und Gelb, den wärmeren Gelbtönen und Blau.

ÖLSTUDIE IN KRÄFTIGEN, PASTÖSEN FARBEN

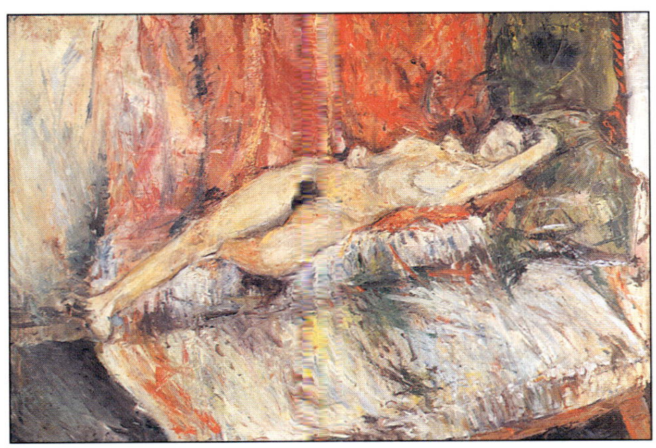

OBEN **Dieses Bild hat etwas von einem Wandteppich, mit Farbsträngen, die ineinandergeflochten sind, um die Wirkung des Lichts zu vermitteln.**

Bei diesem großformatigen liegenden Akt, einer Leinwand von 1,5 x 1,2 m, hat der Autor mit weitaus kräftigeren Farben gemalt. Die ersten Farbschichten wurden flach unter Verwendung von reichlich Terpentin aufgetragen, die folgenden unverdünnt. Die Farben sind nur selten auf der Palette gemischt, sondern mit Pinsel und Fingern in vielen verschiedenfarbenen Strichen und Wirbeln aufgetragen. Die Palette ist relativ einfach: Titanweiß, zwei Blautöne (Ultramarin und Coelinblau), zweimal Gelb (Kadmium-Zitronengelb und Kadmiumgelb mittel), zweimal Rot (Kadmiumrot und Krapprot) sowie Chromgrün. Schwarz ist aus Krapprot, Ultramarin und Chromgrün gemischt. Die Fleischtöne sind einfacher gehalten als die sehr stark texturierte Oberfläche der Stoffe. Über eine helle Mischung aus Kadmiumgelb und Rot sind diverse weitere Farben vertrieben – wärmere Rottöne auf dem abgewinkelten Unterschenkel, ein wärmeres Gelb auf dem Bauch und ein paar kühlere Striche Lila und Violett auf Wade, Brüsten und Gesicht.

DER FAUVISTISCHE ANSATZ

So wie der Impressionismus von einem Journalisten nach dem Titel eines Bildes von Claude Monet benannt wurde, verdanken auch die Fauves (was auf Deutsch soviel wie »wilde Tiere« bedeutet) ihren Namen einem Kritiker, Louis Vauxcelles, der ihn anläßlich ihrer heute berühmten Ausstellung des Jahres 1905 prägte. Die Fauves waren eine lockere Verbindung von Künstlern ohne eigene Theorien oder Manifeste und sind als Gruppe nur einige Jahre zu Anfang unseres Jahrhunderts faßbar; ihr Einfluß auf die nachfolgende Generation war jedoch beträchtlich.

Die Fauvisten befreiten die Farbe, so daß sie als eigenständige Sprache erscheinen konnte, die eher etwas mit der Musik gemein hatte. Man könnte den Umgang mit Farben grundsätzlich mit dem Anschlagen von Akkorden und Diskorden vergleichen. Matisse sollte später sagen: »Die einfachen Farben können die innersten Gefühle um so stärker ansprechen, gerade weil sie so einfach sind. Ein Blau zum Beispiel, vom Schimmern seiner Komplementärfarben umgeben, wirkt auf das Gefühl wie ein kräftiger Gongschlag. Ebenso Rot und Gelb; und ein Künstler muß in der Lage sein, die Farben, wenn es darauf ankommt, zum Klingen zu bringen.«

FRAUENAKT VOR ROTEM WANDSCHIRM

KAY GALLWEY

Das Modell sitzt vor einem Schirm, dessen Farben betont kräftig gewählt sind, damit die Künstlerin sich ganz darauf konzentrieren kann. In der Anzahl wurden die Farben beschränkt, und die Palette besteht aus Ultramarin, Coelinblau, Kadmium-Zitronengelb, Kadmiumgelb dunkel, Kadmiumrot, Krapprot und Elfenbeinschwarz. Gemalt wird auf grundierter Leinwand, die auf einem Brett befestigt ist.

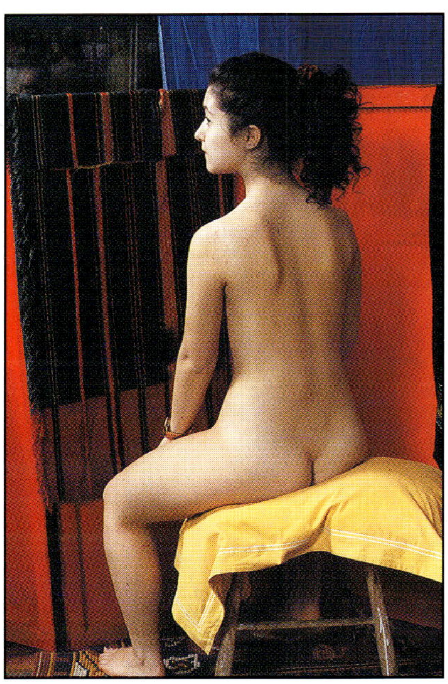

1

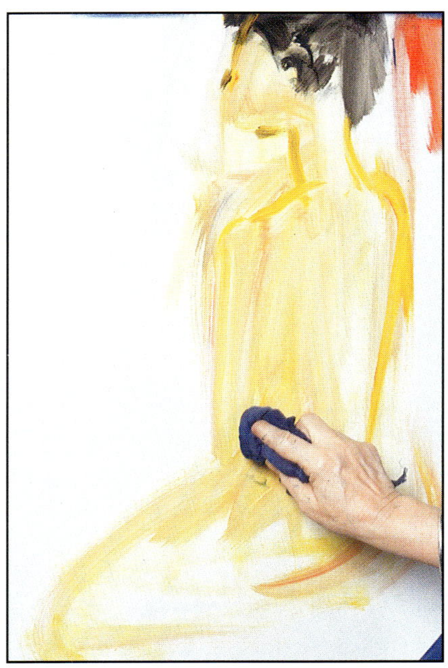

2

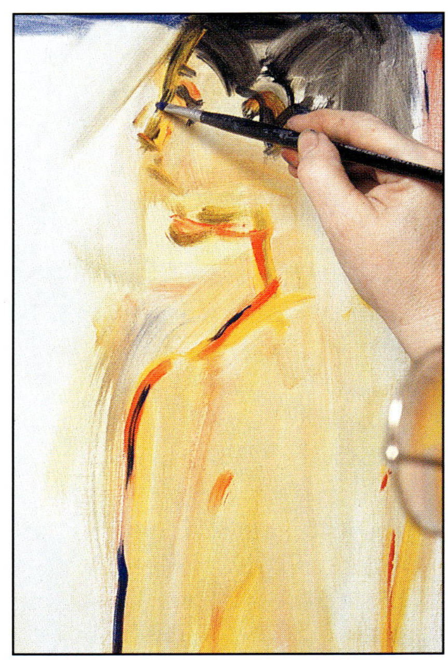

3

1 Hier sehen wir das Modell, umgeben von starken Primärfarben.

2 Als erstes werden drei große Farbflächen angelegt – der Streifen Ultramarin entlang der oberen Kante, der Ansatz des roten Schirms und eine kadmiumgelbe Fläche für den Körper. Die Künstlerin verstreicht die Farbe mit einem in Terpentin getauchten Lappen.

3 Mit Elfenbeinschwarz fügt sie das Haar hinzu und beginnt dann Gesicht, Hals und Arme in das noch feuchte Gelb zu zeichnen, so daß die Farben sich vermischen.

4

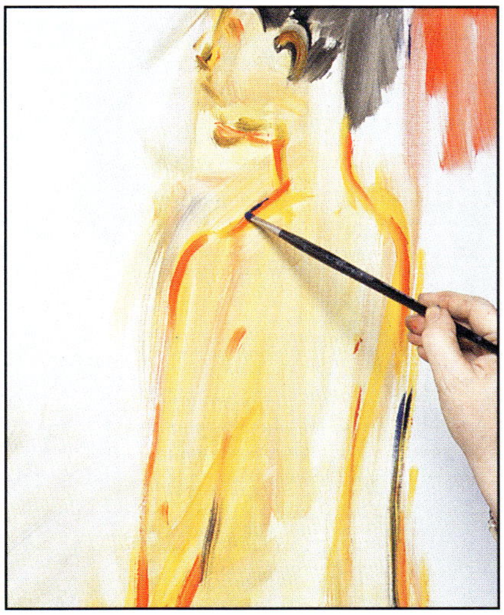

4 Mit Schwarz und mit Kadmiumgelb dunkel wird der Körper weiter ausgearbeitet.

5

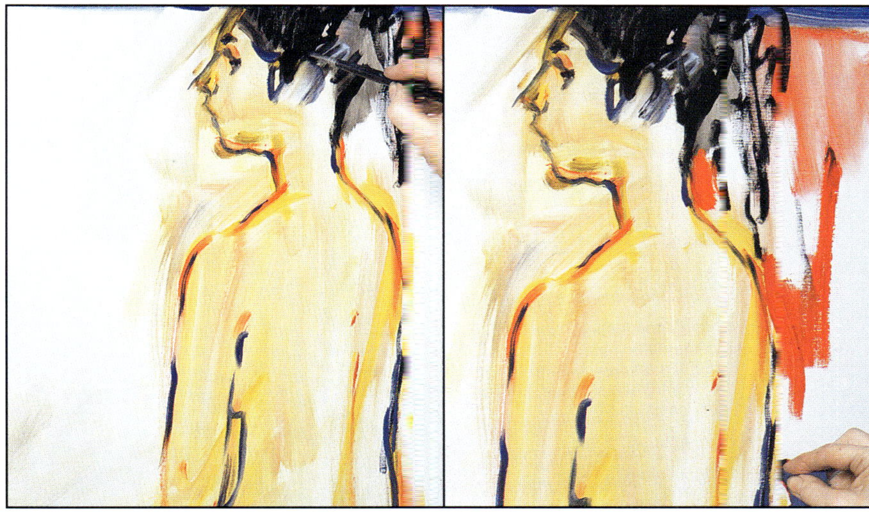

5 Hier wird das Haar mit kräftigen schwarzen Strichen ausgefüllt, und einige Züge der Figur sind in Ultramarin gezeichnet. Weitaus kräftigere, reinere Farben kommen nun zum Einsatz – rund um den Kopf ein eindrucksvolles Rot.

6

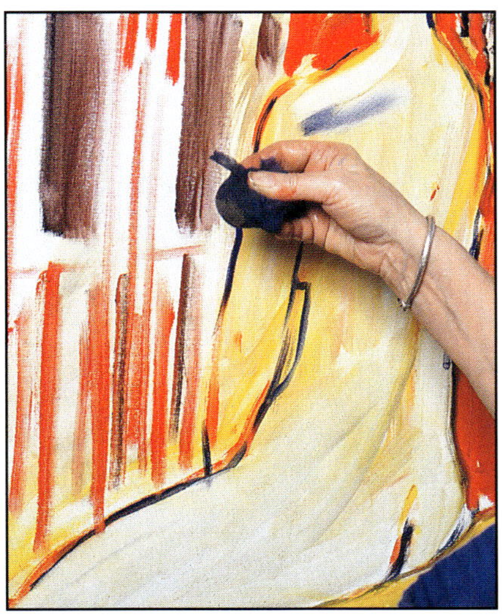

6 Dasselbe Rot kommt auch in dem Tuch links von der Figur vor, das sein Streifenmuster mit dem in Terpentin und eine Mischung aus Krapprot und Ultramarin getauchten Lappen erhält.

7

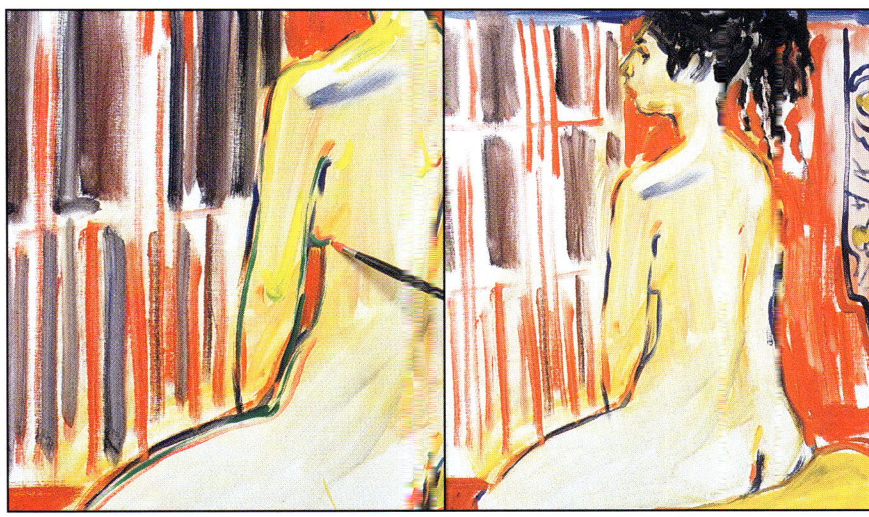

7 Nun kommt eine geradezu selbstleuchtende Farbe hinzu, die dem Bild erst den richtigen Schwung gibt. Mit dem runden Borstenpinsel Nr. 5 zeichnet die Künstlerin ein ganzes Bündel Konturlinien in Leuchtendrot und -grün rund um die Form.

8

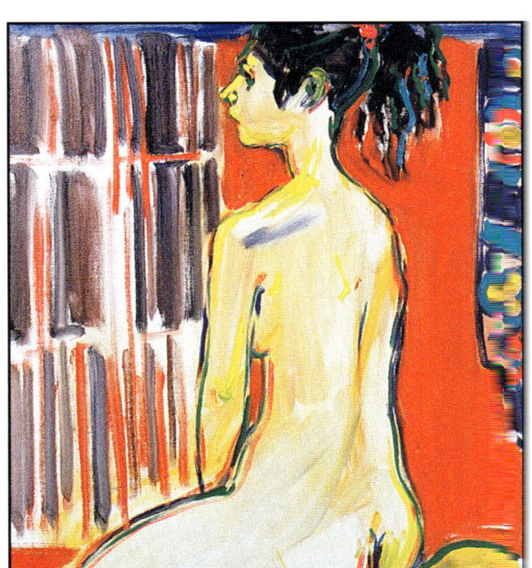

8 Ein wenig von dieser Farbe kommt auch beim Gesicht zum Einsatz, und das Haar bekommt starke Akzente in Leuchtendblau. Bei diesem Arbeitsschritt wird auch das bunte Tuch rechts am Bildrand ausgemalt.

9

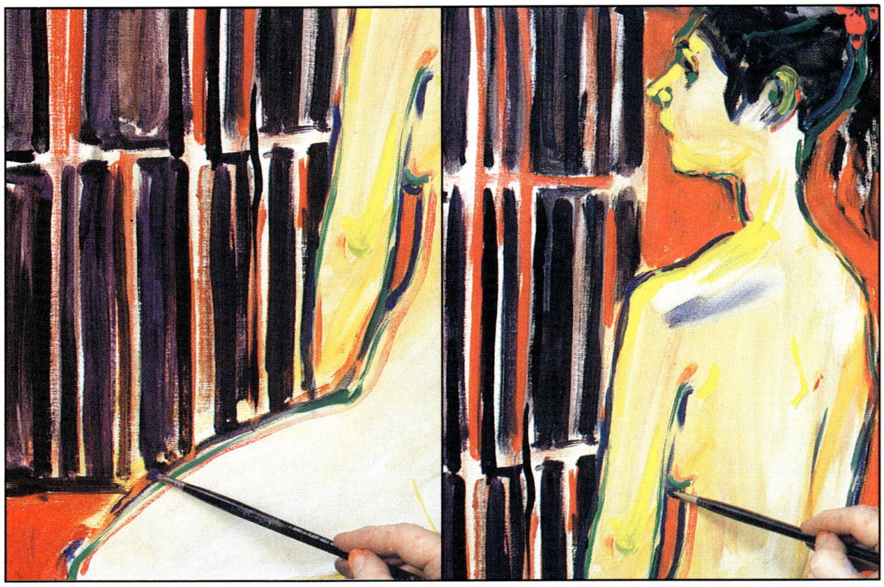

9 Das linke Tuch färbt die Künstlerin dunkler und arbeitet mit einer Linie aus Dunkelviolett die Kontur noch weiter heraus. Weitere Schichten Zitronengelb, Kadmiumgelb dunkel und helles Coelinblau heben den Fleischton von Kopf, Hals und Körper hervor.

10

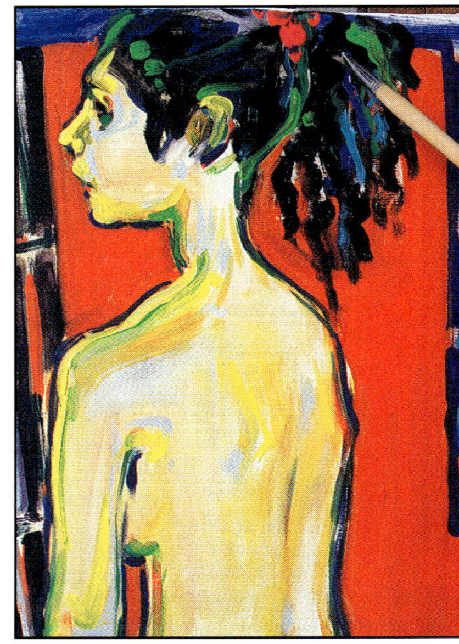

10 Am Ende kommen am Kopf noch einige Akzente aus reinem Hellgrün und Ultramarin hinzu, und so entsteht ein Bild voller Elan.

11

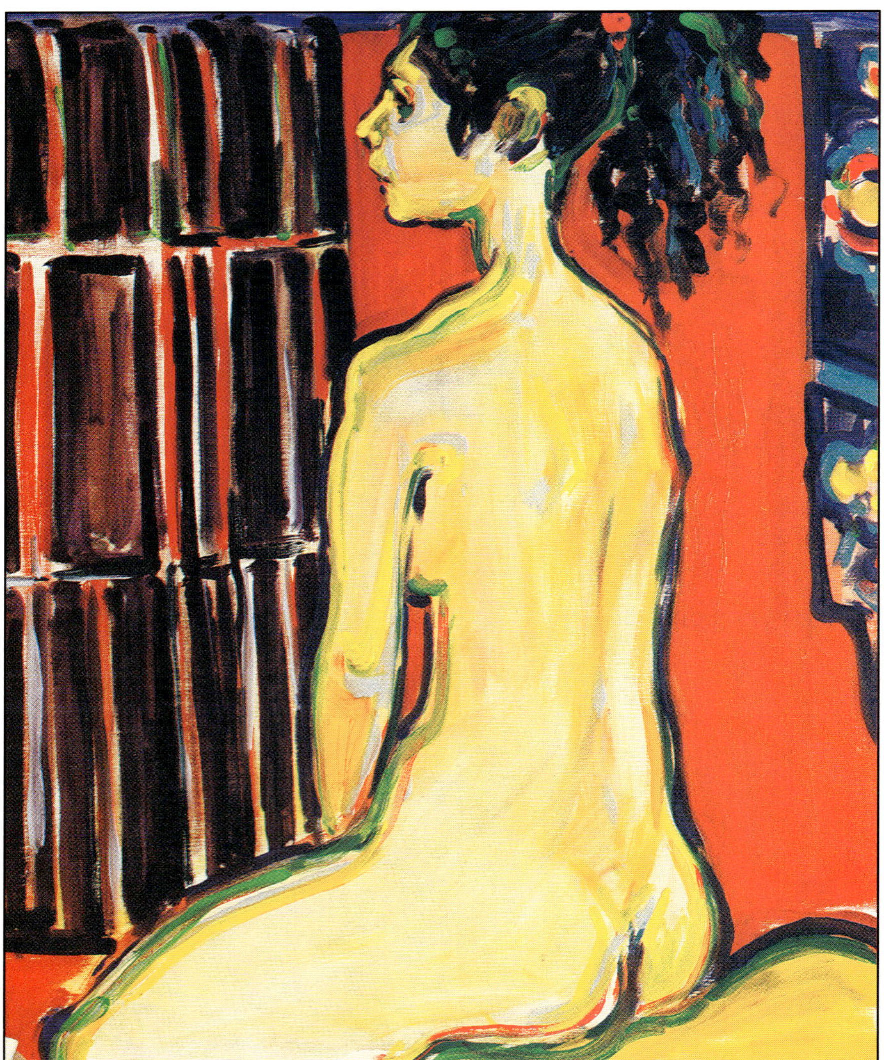

11 Eine so energiesprühende Studie gelingt nur mit mutigen, kräftigen Farben und bei einem Künstler, der schnell genug arbeitet.

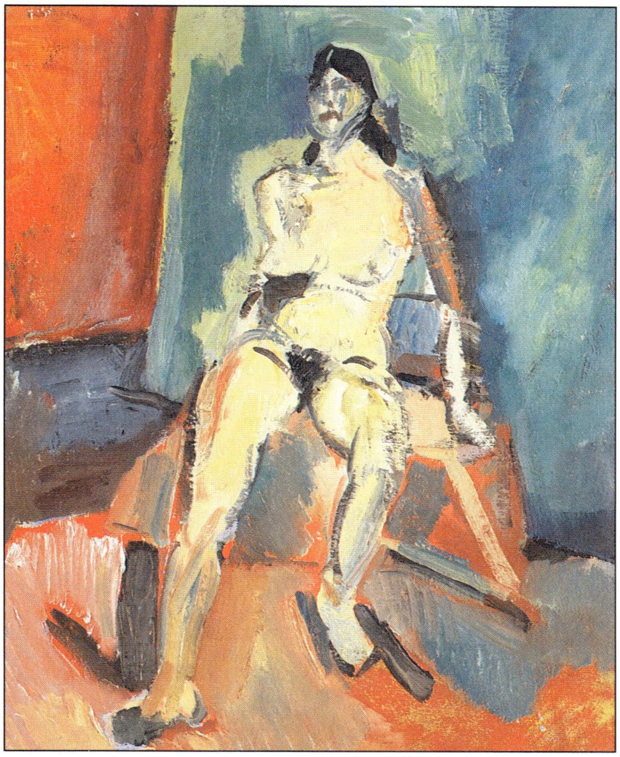

STUDIEN IM FAUVISTISCHEN STIL

Diese beiden Ölstudien sind weitere Beispiele für den fauvistischen Ansatz. In beiden Fällen entsteht ein ausdrucksvolles Bild in kräftigen Farben.

LINKS **Dieses Bild, Öl auf Leinwand, ist ganz mit Primärfarben gemalt. Die Palette bestand aus Manganblau (einem kräftigeren und grüneren Blau als Coelin), Zitronengelb, Kadmiumgelb, Kadmiumrot und Krapprot. Die grüne Wand hinter der Figur ist mit verschiedenen Gelb-Blau-Mischungen gemalt, und die für den Boden verwendeten Mischungen aus Kadmiumrot und Mangan ergeben einen violettbraunen Ton. Bei der Figur kam noch Weiß hinzu. Die Grundfarbe ist Kadmiumgelb mit Weiß, in die im oberen Brustbereich und auf dem rechten Oberschenkel mit breiten Strichen wärmere Gelbtöne eingearbeitet sind. Akzente sind mit Tiefviolett gesetzt, um die Form klarer herauszuarbeiten.**

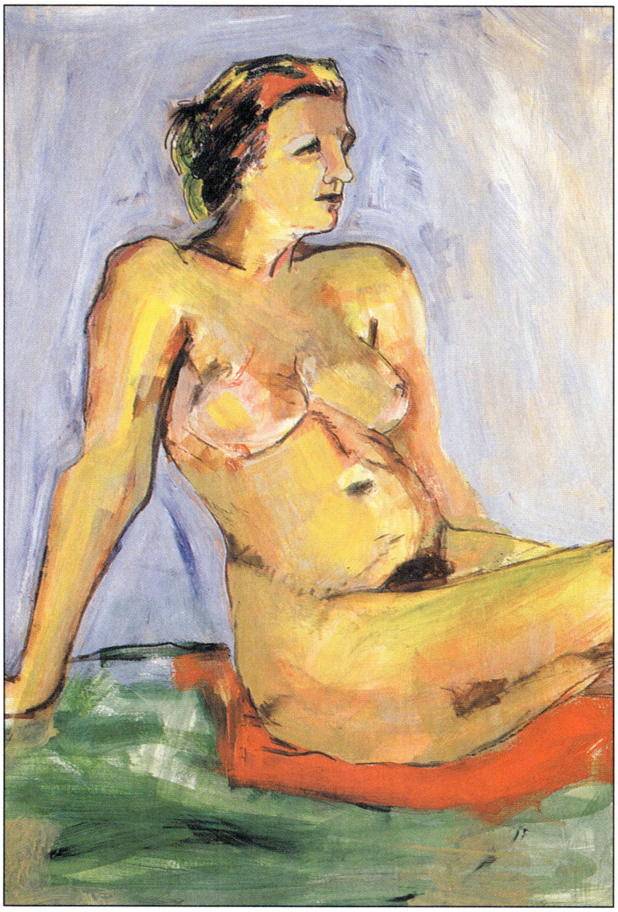

LINKS **Hier hat die Künstlerin Marie Wylar auf einer warmfarbigen Grundierung einen gelungenen Kontrast zwischen der monumentalen Figur und der dahinterliegenden blauen Wand geschaffen. Die Grundierung schimmert durch das Blau noch hindurch, als Grundfarbe für die Form ist ebenfalls ein warmer Ton gewählt, und kältere Farben kamen in den oberen Lagen hinzu. Die Palette bestand aus Ultramarin, Chromgrün, Kadmium-Zitronengelb, Kadmiumgelb, Kadmiumrot, Krapprot und Titanweiß. Die Form der Figur ist mit einem großen, breiten, in stark verdünntes Krapprot getauchten Pinsel beschrieben, die darüberliegenden Striche sind grün abgetöntes Kadmium-Zitronengelb. An einigen Stellen – an linker Schulter, Bauch und Hüfte der Figur – ist die warme kadmiumgelbe Grundierung offengelassen, es hilft, eine Vorstellung vom Volumen des Körpers und vom Licht zu geben, das von rechts einfällt.**

RASCHE AQUARELLSTUDIEN

Vom Ansatz her kann man diese vier Studien ebenfalls fauvistisch nennen, mit ihrem Sinn für kräftige Farbfelder und den mit klarer Linie umrissenen Figuren.

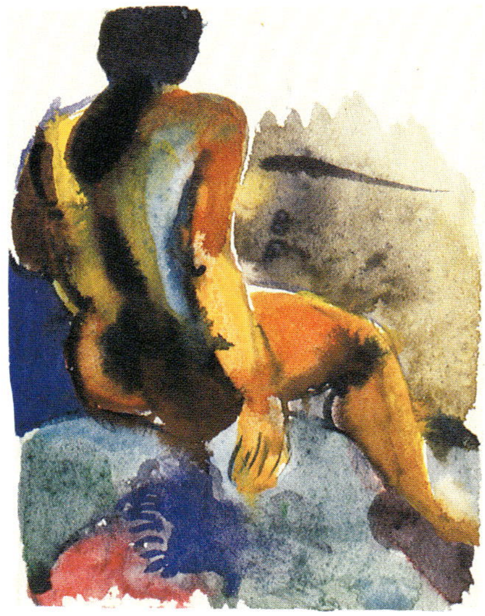

LINKS UND UNTEN **Diese drei kleinen, in einer einzigen Sitzung rasch hingeworfenen Aquarelle haben etwas Kalligraphisches. Figur und umgebender Raum sind mit starken Blöcken aus reiner Farbe dargestellt, die leicht ineinander verlaufen sind. Teilweise wurde mit Lasur gearbeitet, doch die eigentlichen Umrisse der Figur kommen durch dunkle, schwungvolle Linien aus dunklem Violett (Krapprot mit Ultramarin) oder beinahe Schwarz (Kadmiumrot mit Ultramarin) zustande.**

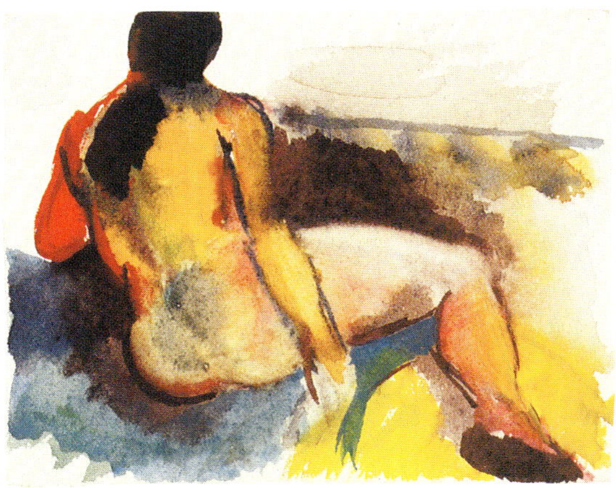

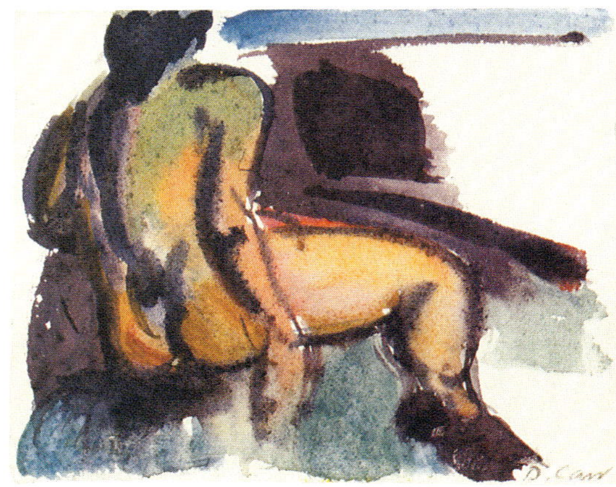

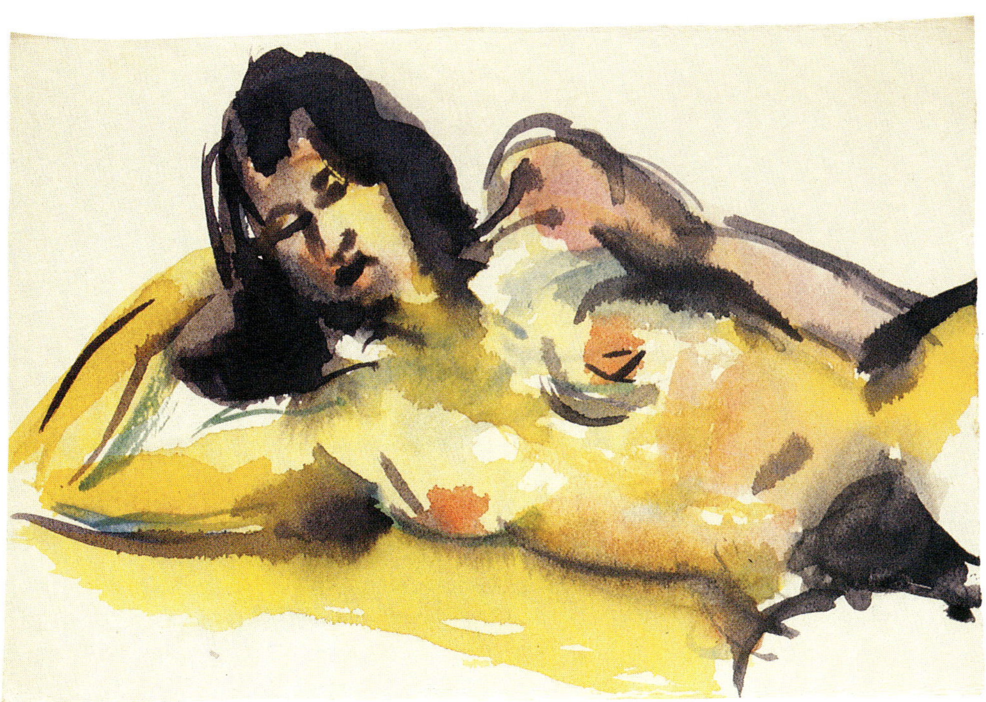

LINKS **Auch bei diesem kleinformatigen liegenden Akt des Autors erhalten flüchtig hingeworfene Lavierungen und eine Lasur aus klaren warmen und kalten Farben ihre Definition durch Zeichnen in der Figur.**

14

ÖLLASURTECHNIK

Das Arbeiten mit Öllasur – dünnen, transparenten Farbschichten – ist unter allen Ölmaltechniken die traditionellste. Anders als die *Alla-prima-* und die Naß-in-Naß-Technik, wo die Bilder binnen Stunden oder zumindest weniger Tage vollendet sind, braucht die Lasurmalerei einen längeren Atem und ein gewisses Maß an Vorplanung. Diese hochangesehene Technik wird seit den Zeiten van Eycks (1390?–1441) verwendet und ist mit ihren verschiedenen Varianten die Grundform der Malerei bis zum Ende des 19. Jahrhunderts gewesen. Auch heute noch arbeiten Maler nach dieser Technik, doch ist es nicht mehr die Regel.

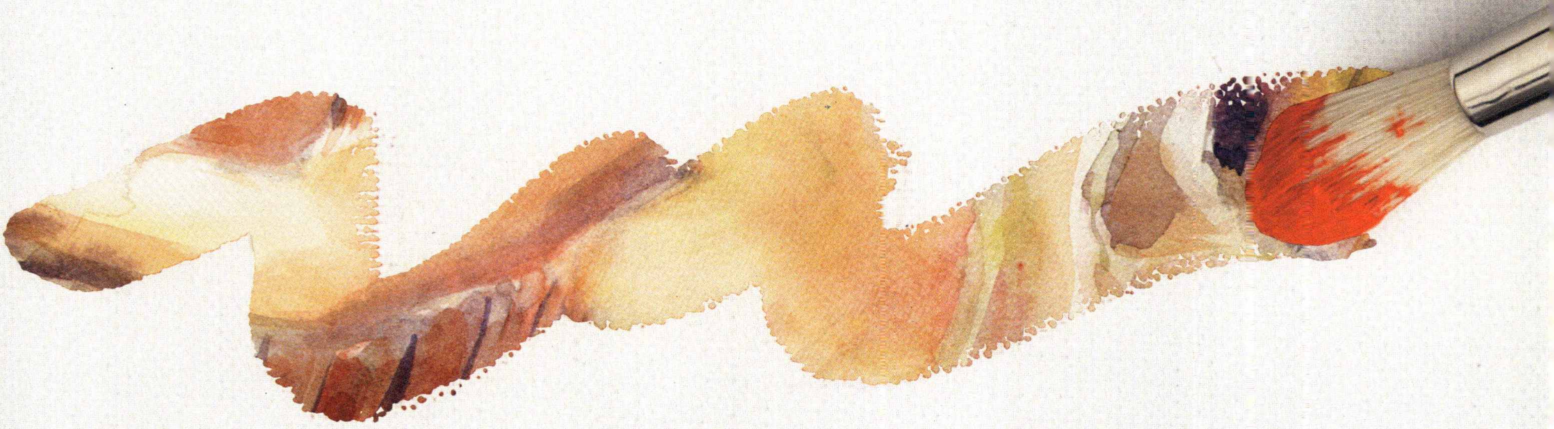

Die Entwicklung der Freilichtmalerei, die Erfindung der Ölfarbe in Tuben und das Streben nach größerer Unmittelbarkeit, das mit den Impressionisten aufkam, begünstigten allesamt die *Alla-prima*-Techniken. Van Gogh ist ein schönes Beispiel für diese kraftvolle und unmittelbare Art zu malen, stets mit dem vollen Pinsel und mit pastosem Auftrag. Ein Künstler unserer Tage wie Frank Auerbach schabt jeden Tag einen Großteil der Arbeit des Vortages wieder ab und malt das Bild mit üppigen, dick aufgetragenen Farben noch einmal neu.

Trotzdem gibt es auch unter den Zeitgenossen viele Maler, die feststellen, daß die Öllasurtechnik ihren Wünschen und Bedürfnissen am besten entspricht. Ganz so geheimnisvoll oder kompliziert, wie manche denken, ist diese Arbeit nicht, und sie ist eine große Bereicherung für das Repertoire an Techniken. Selbst wenn Sie es nicht wirklich benutzen, sollten Sie doch das Lasieren kennenlernen; es kann bei der Arbeit an Bildern der verschiedensten Techniken nützlich sein.

Lasurarbeiten brauchen eine Vorzeichnung in Kohle oder eine Untermalung in neutralen Farben wie etwa Umbra natur oder Ockertönen. Manche Maler arbeiten mit Grau, daher der Ausdruck *grisaille*. Tizian prägte für diesen Arbeitsschritt den schönen Ausdruck »das Bett für das Bild machen«.

Wenn die Untermalung trocken ist, werden Schicht für Schicht die Farben darüberlasiert, und jede Farbschicht muß zunächst trocknen. Dickere Farben oder Impasto können jederzeit hinzugefügt werden und bleiben entweder in ihrer ganzen Leuchtkraft stehen oder werden ihrerseits wieder überlasiert.

JUNGER MANN, AUF FENSTERBRETT GESTÜTZT

MICHAEL CHAITOW

Eine Arbeit wie diese muß vorgeplant sein. Die Figur wurde auf einem Schemel vor einem purpurnen Samttuch positioniert, und der Künstler entschied sich, Kopf und Torso formatfüllend darzustellen – die dramatischen Lichtkontraste zwischen Haut und Samt hatten sein Interesse geweckt. Für solche starken Farbtonkontraste ist die Öllasurtechnik genau das richtige.

Die Palette bestand aus Umbra natur, Kadmiumgelb, Kadmiumrot, Krapprot, Krapprosa, Winsorviolett und Titanweiß.

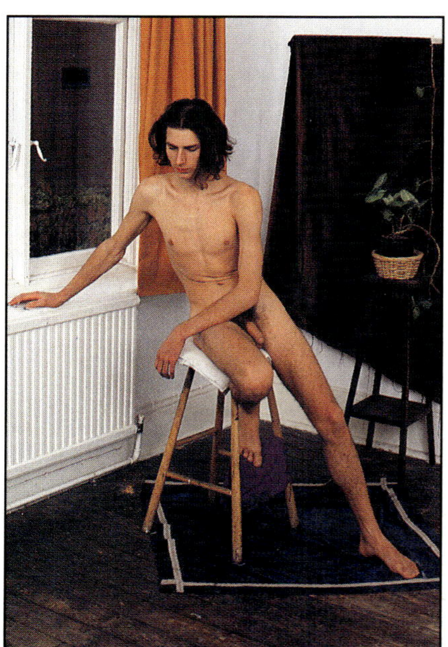

1

1 Das Modell in Positur.

2 Auf weißem Grund zeichnet der Künstler zunächst die Hauptumrisse der Figur mit Kohle an. Für die Untermalung hat er sich für Gouache, ein Medium auf Wasserbasis, entschieden, um die Arbeit zu beschleunigen. Das ist durchaus legitim, denn normalerweise müßte man nach jeder Farbschicht warten, bis sie gründlich getrocknet ist. Eine wassergelöste Untermalung wird sich nicht anders verhalten als eine Untermalung auf Ölbasis. Wenn man statt mit Gouache mit Acrylfarbe arbeitet, muß sie sehr stark verdünnt werden. Der Künstler hebt die Schulter mit ein wenig Acrylweiß hervor. Dann fixiert er die Zeichnung.

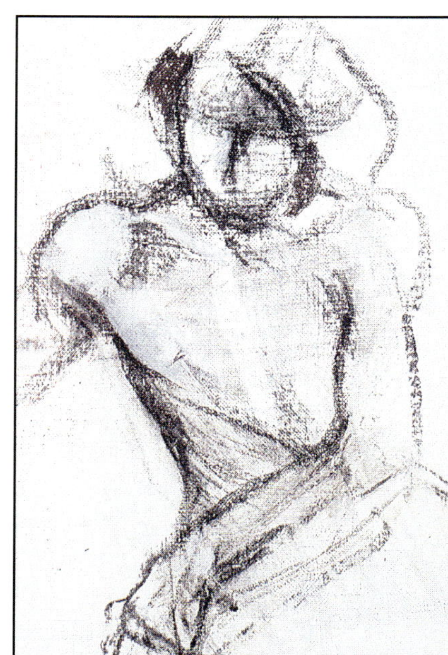

2

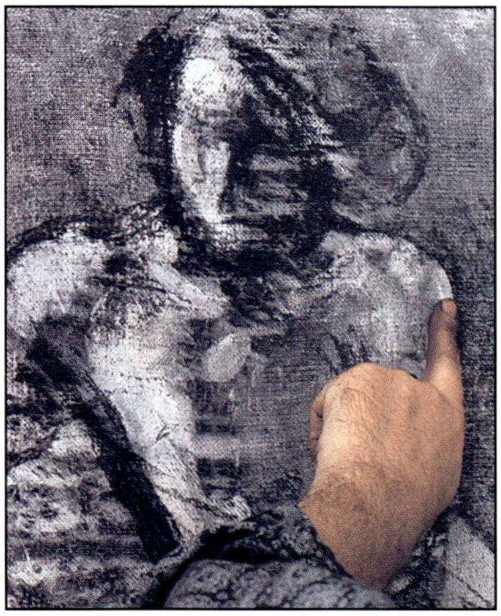

3

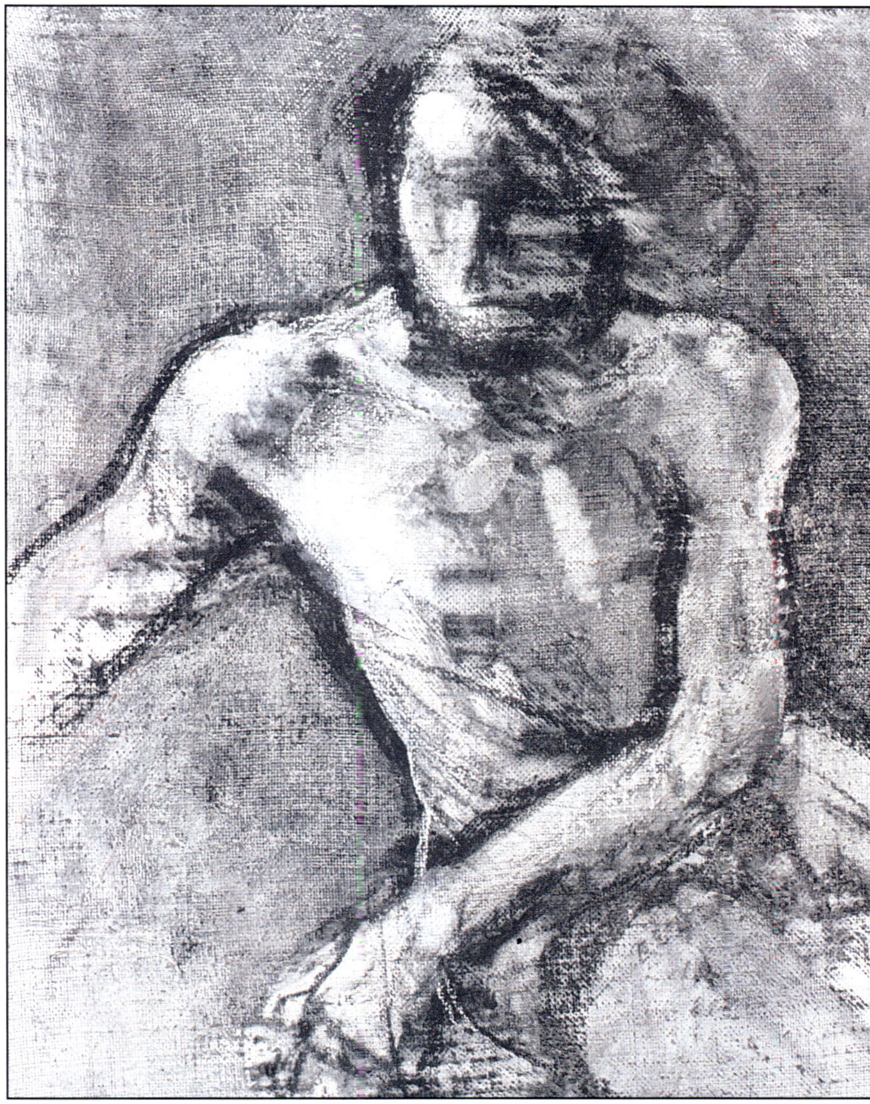

4

3 Im nächsten Schritt wird die Zeichnung kräftiger ausgeführt, und durch Verreiben der Kohle mit Tuch und Fingern bekommt die Figur wesentlich mehr Masse. Einzelne Züge der Form werden mit einem weichen Radiergummi hervorgehoben.

4 Die Figur und der umgebende Raum sind nun mit Kohle, schwarzem und weißem Contéstift sowie weißem Acryl gut etabliert und ausgearbeitet.

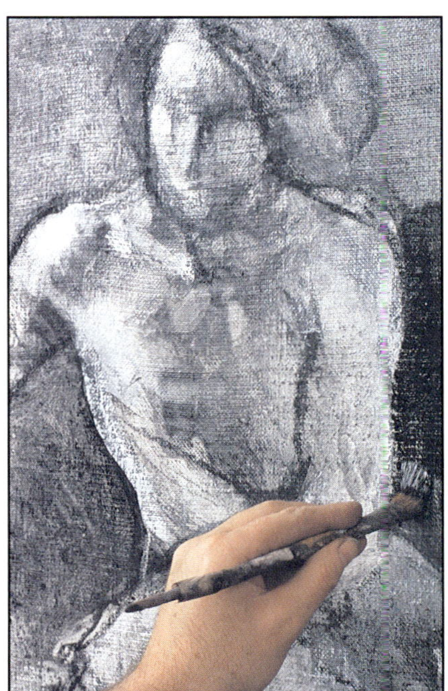

5

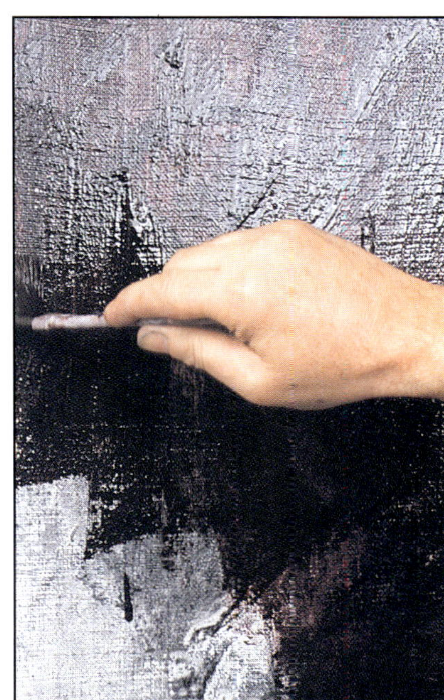

6

5 Der Künstler hebt die Kante des Arms noch weiter mit schwarzem Acryl hervor. Wir sehen, wie einfach und doch subtil die Form gezeichnet ist.

6 Nun kommt der spannende Teil – die Lasur wird aufgetragen. Das Medium besteht in diesem Falle aus je einem Drittel Standöl, Damarfirnis und echtem Terpentin. Das Pigment ist eine Mischung aus Krapprot, Umbra natur und Violett. Der Künstler wurde zu dieser Farbwahl nicht nur durch das tiefviolette Samttuch inspiriert, das den Hintergrund abgibt; er fand sie auch passend zu Haltung und Stimmung des Modells. Die Lasur wird mit einem 3,75-cm-Pinsel gleichmäßig über das ganze Bild aufgetragen.

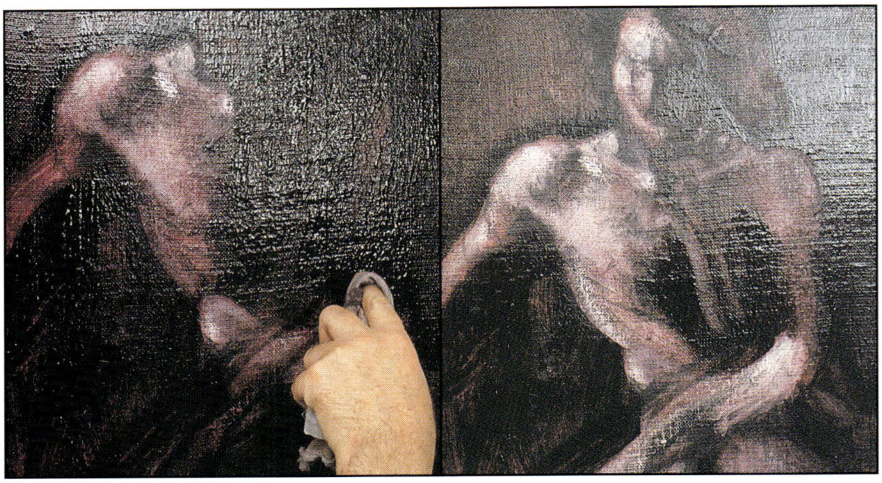

7

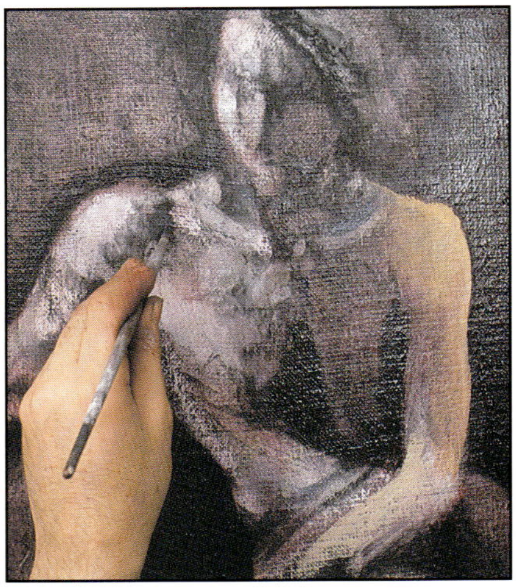

8

7 Mit einem Baumwolltuch wird die Form der Figur vorsichtig wieder freigewischt. Der Künstler hat dabei das Modell ständig im Auge, denn in diesem Stadium sind Korrekturen der Form noch möglich. Kohlezeichnung und Untermalung sind nun wieder deutlich zu sehen.

8 Mit einem aus Kadmiumrot, Kadmiumgelb und Weiß gemischten Fleischton werden nun einige hellere Körperpartien in dünnem Impasto nachgemalt.

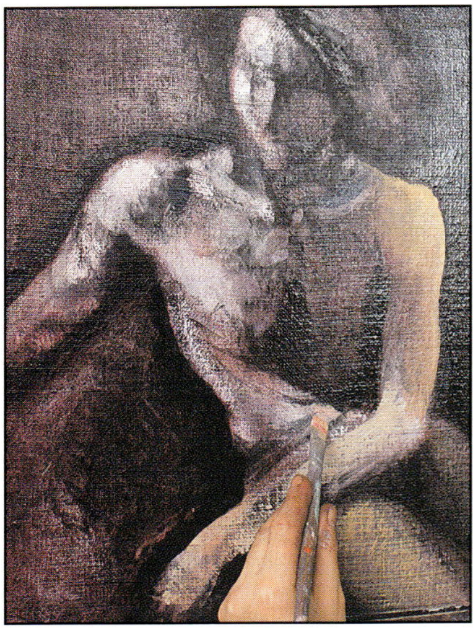

9

9 Kräftigeres Kadmiumrot und -gelb kommt für die kräftigeren Töne der Bauchgegend zum Einsatz, rechte Schulter, Brust, Taille und Handgelenk des Modells hebt der Künstler eindrucksvoll hervor.

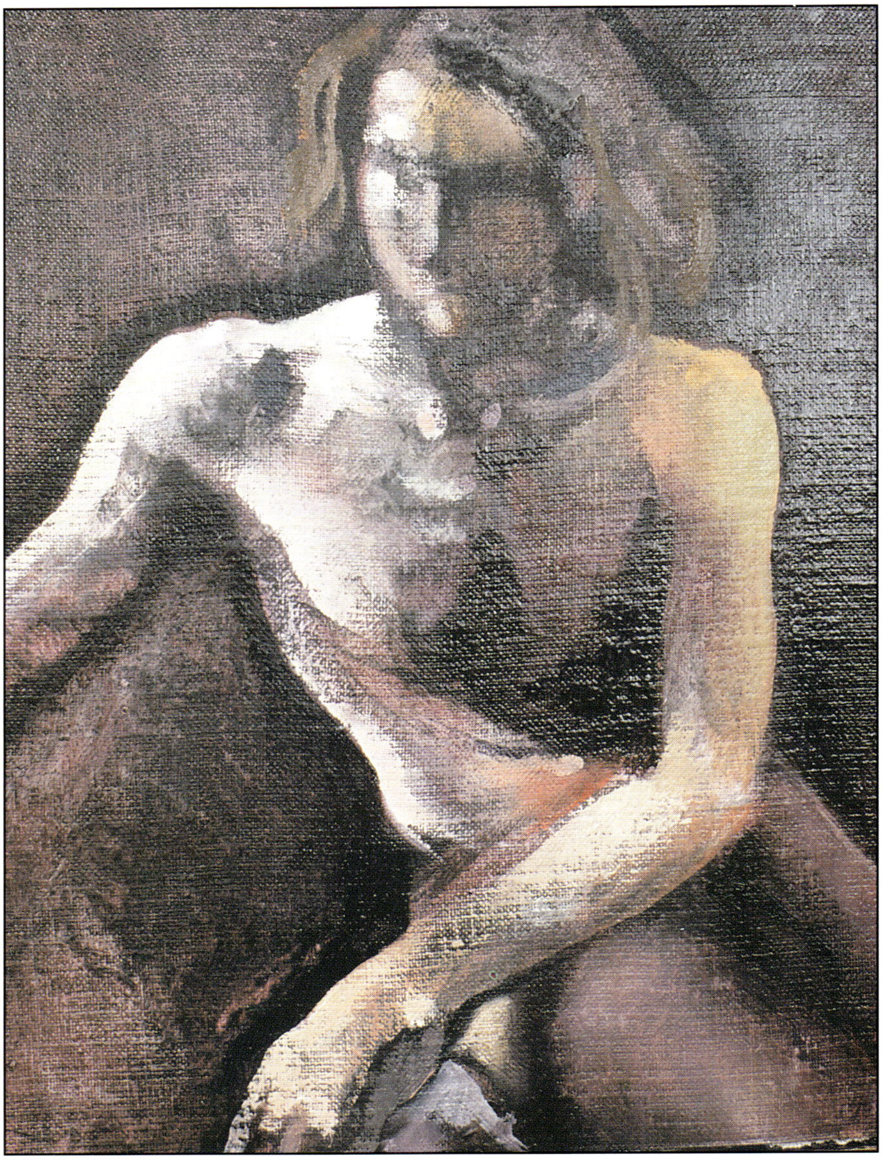

10

10 Er fügt die Farben rund um den Kopf ein und bringt auf der Stirn, am linken Arm und an der Hand wärmere Akzente an.

11

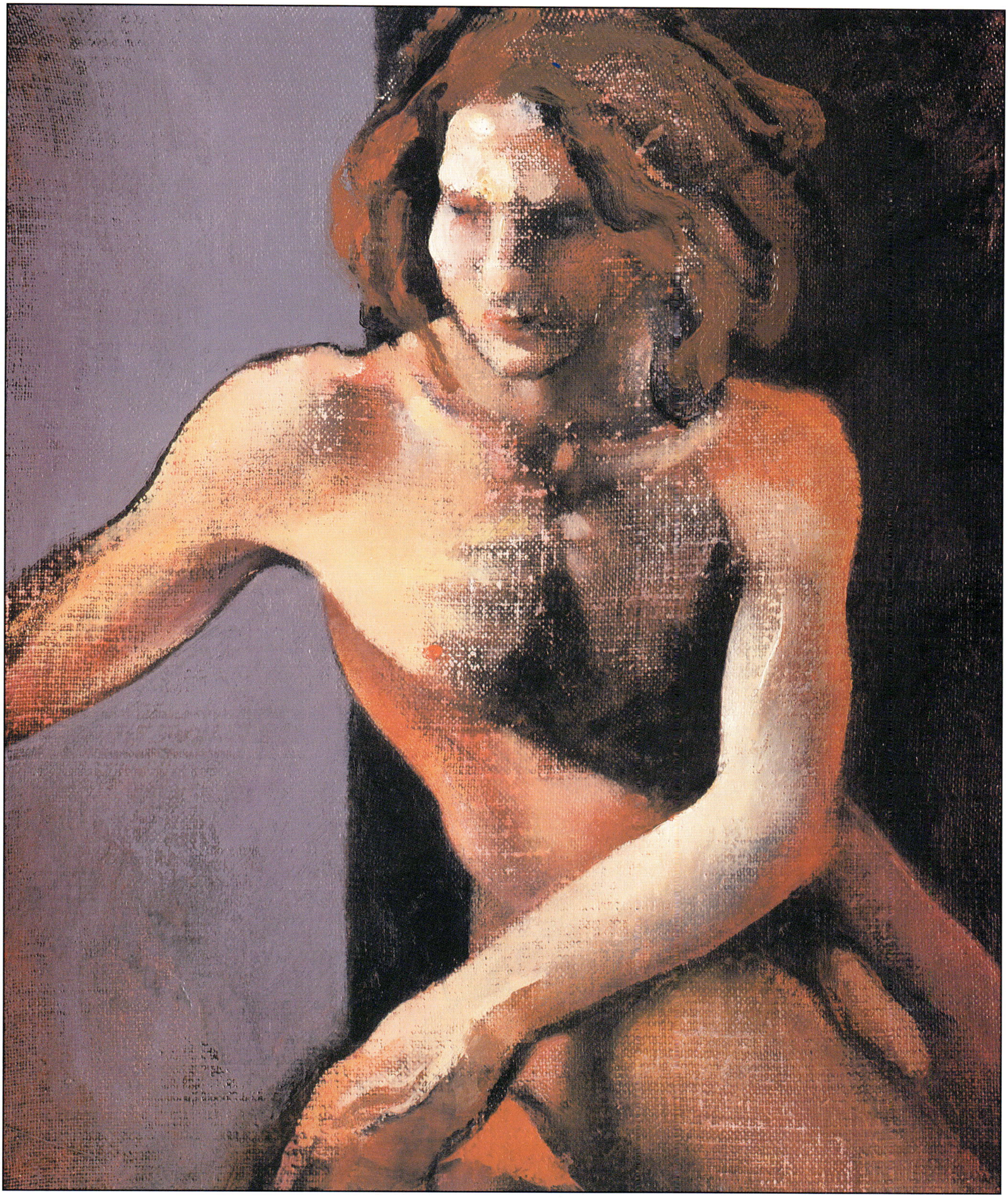

11 Die letzte Arbeitsphase folgt bei einer späteren Sitzung, nachdem das Bild getrocknet ist. Wiederum wird das Bild insgesamt lasiert, diesmal mit einer Mischung aus Krapprosa und Umbra natur, und wieder wird die Form mit einem Baumwolltuch freigewischt. Der Künstler fügt weitere dunkle Fleischtöne ein. Er arbeitet Gesicht und Haar weiter aus und retuschiert das Tuch seitlich am Kopf noch etwas.

LASUR AUF LASUR

Diese Doppelseite zeigt vier Beispiele für die Verwendung von Öllasur und führt die Wirkung üppiger Farbtiefe vor Augen, die sich mit dieser Technik erzielen läßt.

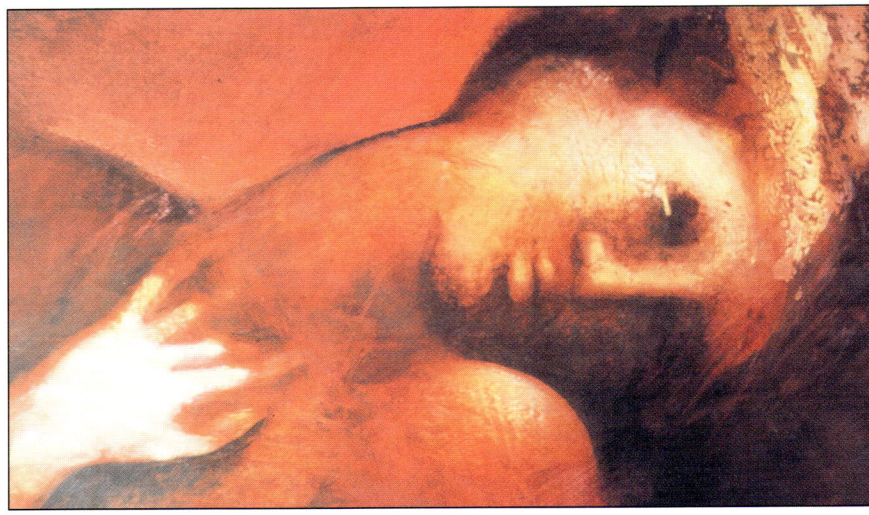

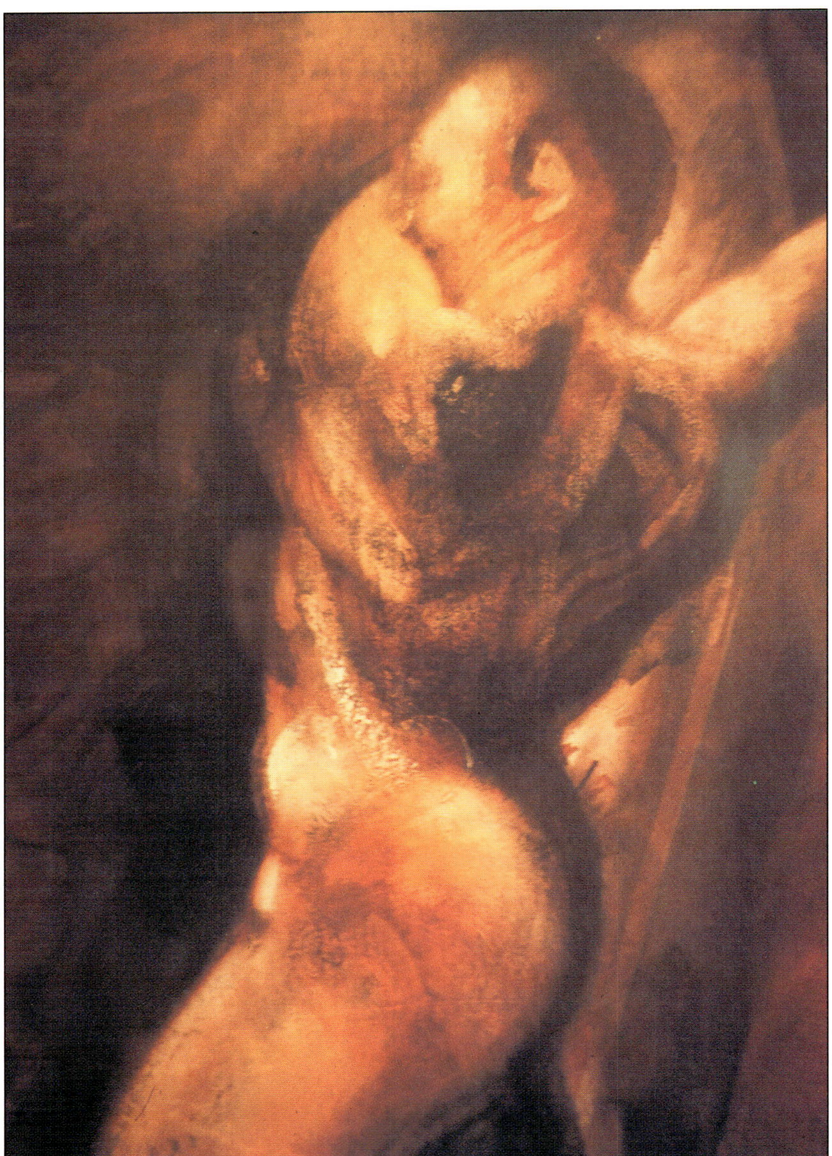

OBEN **Diese ausgearbeitete Studie von Michael Chaitow zeigt die Lasurtechnik in schönstem Licht. Farbschicht auf Farbschicht, in Lasurmittel aufgelöst und sorgfältig abgewischt, um die Form zu zeigen, bringt einen warmen Schimmer in das Bild. Über die Lasur ist weitere Farbe vertrieben, und diese kann der Künstler dann, wenn gewünscht, wiederum überlasieren. Achten Sie auf den Impasto-Auftrag rund um den Kopf dieser Liegenden; er ist noch einmal überlasiert. Tiefdunkle Bereiche kontrastieren dramatisch mit den stark ausgearbeiteten helleren Formen.**

LINKS **Bei diesem Männertorso von Michael Chaitow vermittelt das Lasieren der vertriebenen Farbe gut die unterschwellige Kraft der in einer Wendung begriffenen Form.**

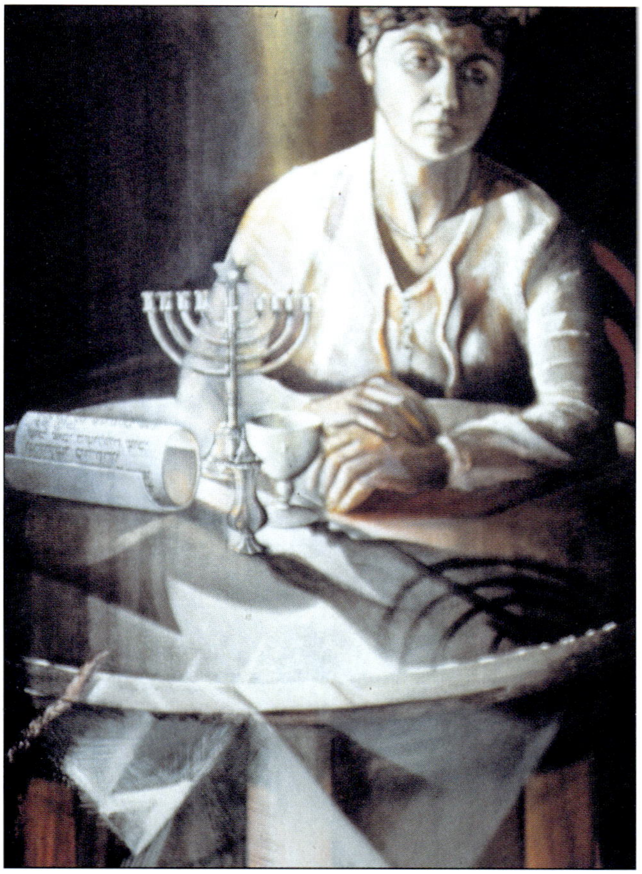

LINKS Ein Portrait, bei dem kühlere Lasuren über wärmeren ein eindrucksvolles Gefühl von Licht und Ruhe vermitteln.

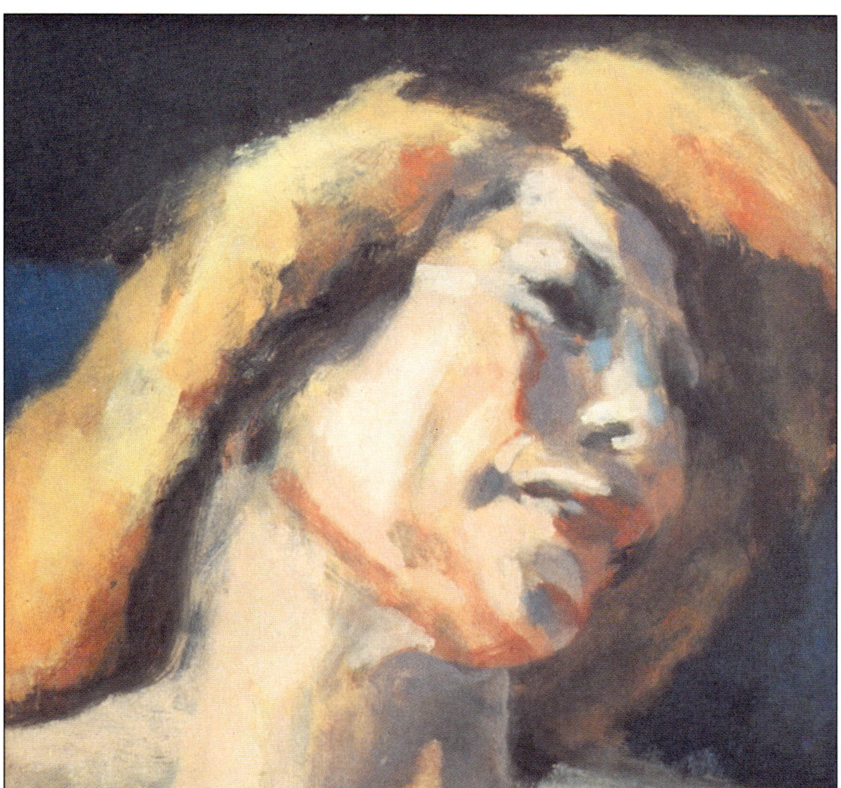

LINKS Dieses Bild von Mike Knowles hat eine Untermalung aus dünner Acrylfarbe auf weißem Acrylgrund. Das Modell wurde seitlich von einer kräftigen Glühbirne angestrahlt. Der Haupt-Fleischton wurde mit Indisch- und Kadmiumrot angelegt, die weit in die Tiefe reichende Fläche hinter der Figur mit Coelinblau. Der Tiefenbereich wurde dann mit Preußischblau und Schwarz lasiert. Das Lasurmedium bestand zu je einem Drittel aus Standöl, Damarfirnis und echtem Terpentin. Fleisch und Haar sind mit einer Mischung aus Weiß, Kadmiumrot und Gelb lasiert. Für die dunkleren Hautpartien wurde aus Kobaltblau, Kadmiumrot und Weiß ein Grauviolett gemischt. Der Schatten unter dem Haar ist mit *terre verte* (einem transparenten Grün) gemalt.

15

AQUARELLASUR-TECHNIK

Aquarellmalerei gilt oft als sehr schwierig, denn ein einmal gemachter Pinselstrich läßt sich nicht mehr ändern. Man muß also auf Anhieb alles »richtig hinbekommen«. In gewisser Hinsicht triff das schon zu, doch die Aquarelltechnik ist weitaus flexibler, als gemeinhin angenommen wird. Auch hier wird bei der Lasurtechnik Schicht um Schicht die hauchdünne Farbe aufgebaut, und jede Farbschicht muß trocknen, bevor die nächste aufgetragen wird.

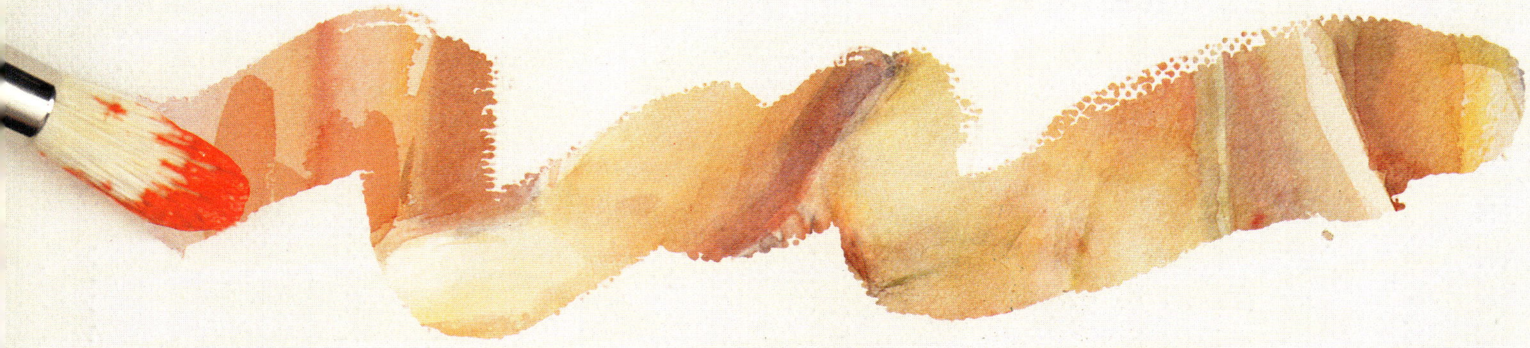

SITZENDE FRAU AM FENSTER

S H A R O N   F I N M A R K

Dieses Bild demonstriert, wie sich ein Aquarell als eine Folge leichter Lavierungen aufbauen läßt, und es zeigt auch, daß sich während der Arbeit noch recht weitgehende Veränderungen vornehmen lassen. Die Palette besteht aus Preußischblau, Ultramarin, Chromgrün, Zitronengelb, Kadmiumgelb mittel, Kadmiumrot, Permanentrosa und Krapprot. Gearbeitet wurde mit Nylon-Zobel-Pinseln der Größen 10 und 12, einem Zobelpinsel Nr. 3 und einem flachen 3,75-cm-Lavierpinsel. Außerdem kommen ein kleiner echter Schwamm sowie Löschpapier zum Einsatz.

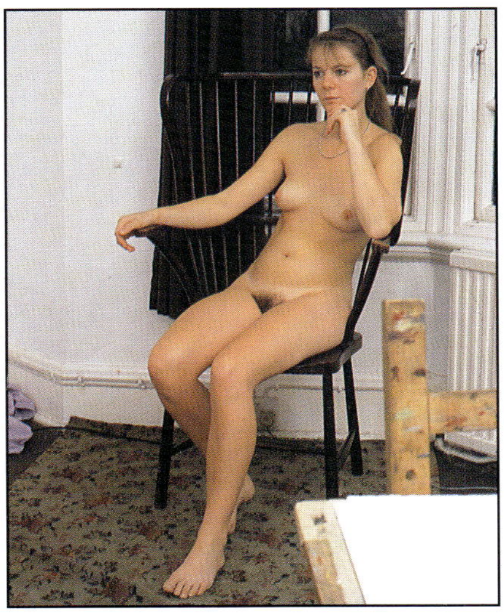

1

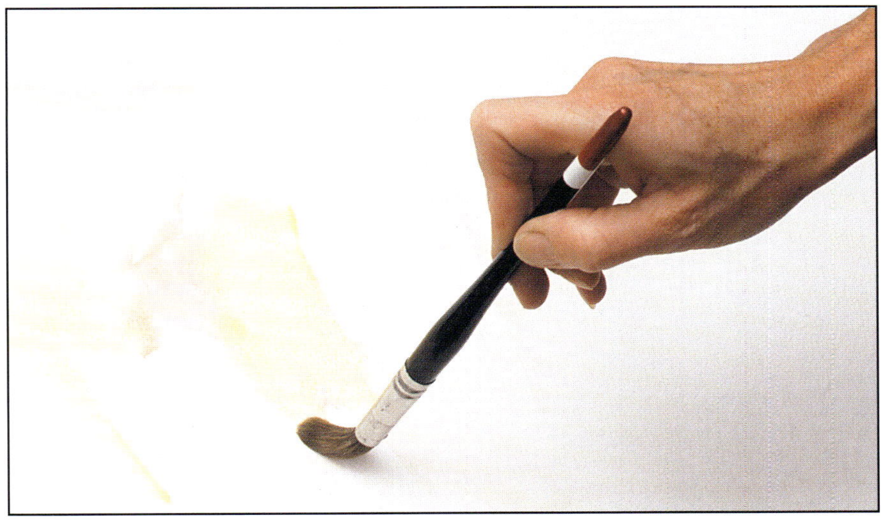

2

1 Das Modell in Positur vor dem Fenster.

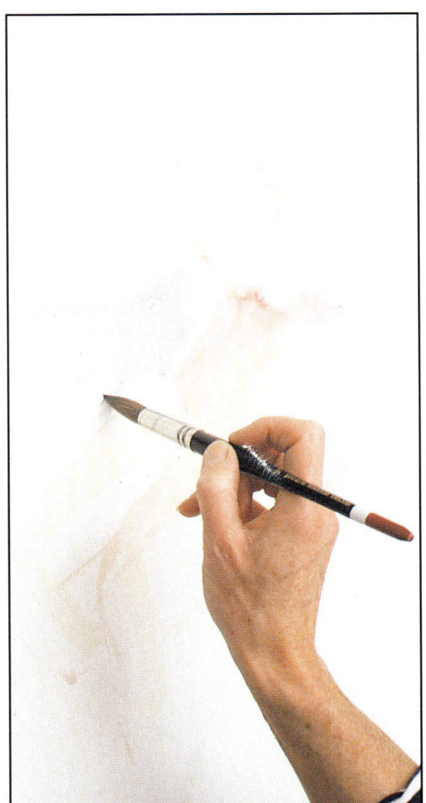

3

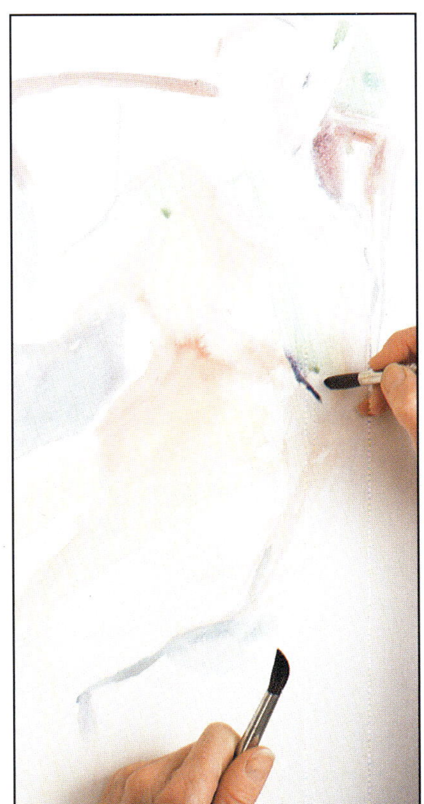

4

2 Mit einem Pinsel Nr. 12 und stark verdünnter Farbe, hier einer Mischung aus Kadmiumgelb und Permanentrosa, beginnt die Künstlerin die Figur teils als Linie, teils als Masse anzulegen. Die Lavierungen sollten immer sehr zart und dünn bleiben, damit man Farben und Form nach und nach aufbauen kann.

3 Als nächstes bestimmt die Künstlerin die Flächen rund um die Figur mit einer neutralen Farbe (einer Mischung aus Chromgrün und Rosa). Mischungen aus Komplementärfarben ergeben stets interessante neutrale Töne. Bringen Sie einmal versuchsweise verschiedene Rot- und Grün-, Blau- und Orange-, Zitronen- und Violett-Töne zusammen.

4 Der Stuhl und das Fenster hinter dem Modell werden angedeutet, und mit Chromgrün sind der kühlere Schatten auf dem rechten Arm und die Form der Schenkel beschrieben.

5

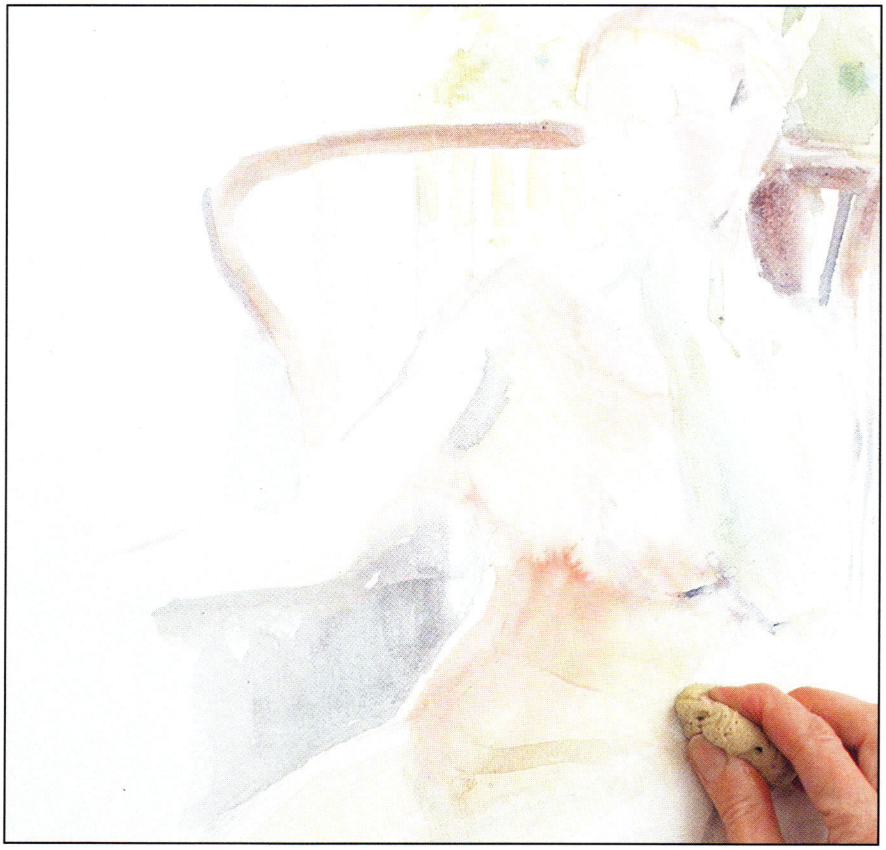

5 Hier können wir sehen, wie sich noch entscheidende Veränderungen anbringen lassen. Nach Meinung der Künstlerin sind die Striche entlang der Seite der Figur zu kräftig ausgefallen und bedrängen die Form zu sehr. Überhaupt ist die Form zu stark hervorgehoben. Auch mit der Position des Modells im Stuhl ist sie nicht zufrieden, und sie möchte sie ändern – recht drastische Modifikationen also. Mit einem in klares Wasser getauchten kleinen Schwamm feuchtet sie das Bild an und wischt die Farben rechts und links der Figur wieder fort.

6

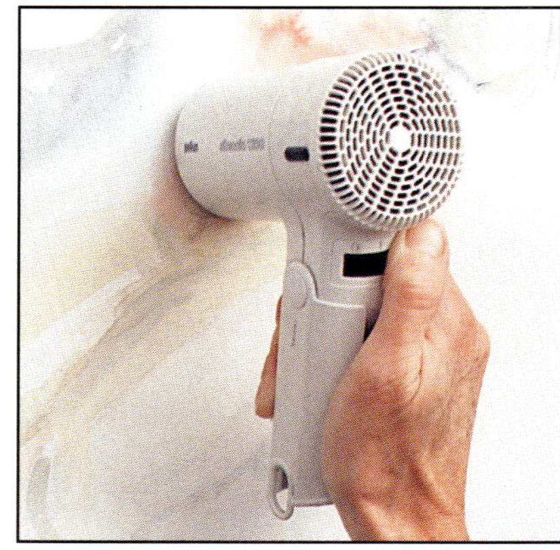

6 Um zu verhindern, daß die Feuchtigkeit sich zu sehr ausbreitet, nimmt sie einen kleinen Haartrockner und trocknet die geänderten Partien sogleich wieder.

7

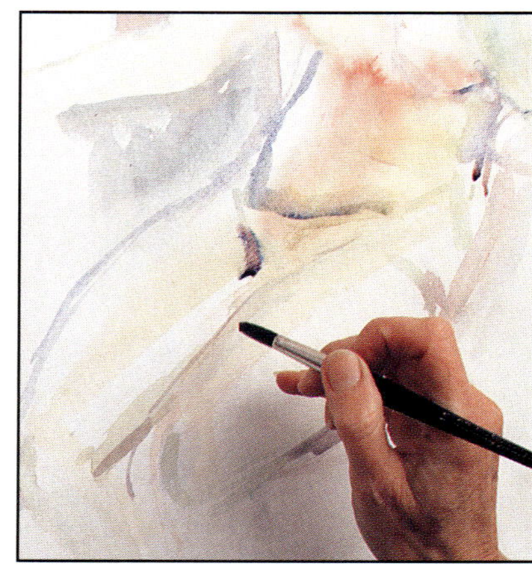

7 Nun kann sie mit Ultramarin und Krapprot die Figur neu zeichnen.

8

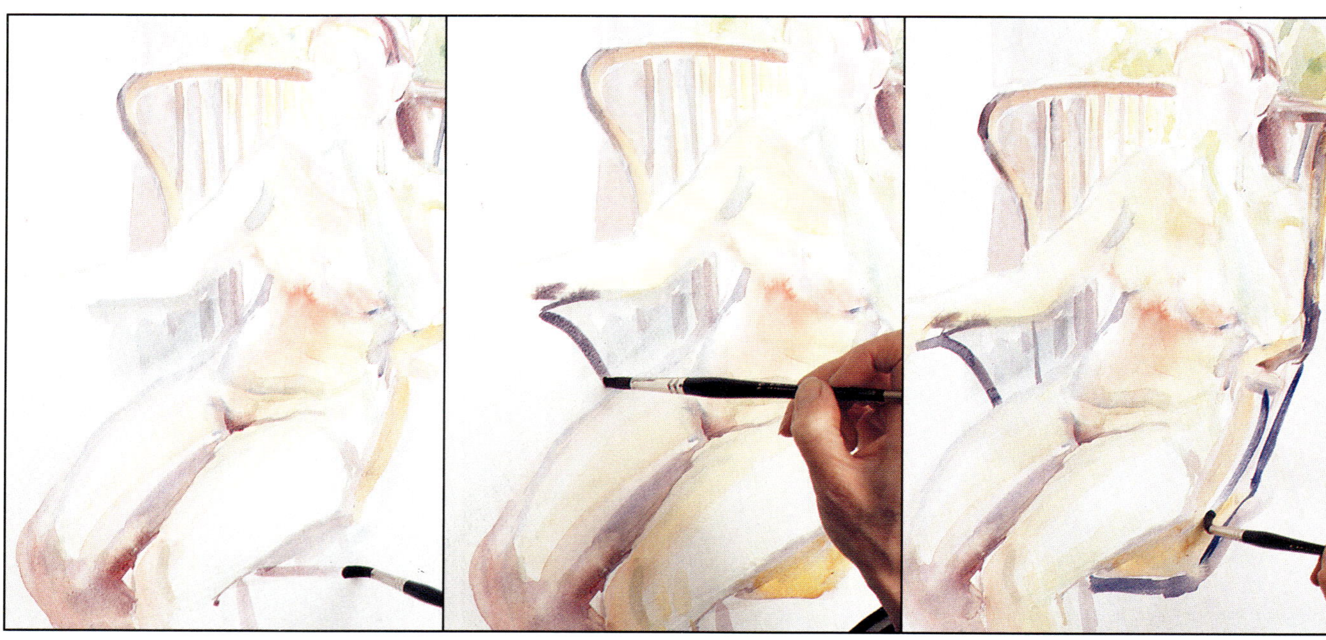

8 Sie zeichnet Umrisse und Beine des Stuhls, mit etwas Kadmiumgelb bekommt die Sitzfläche Wärme.

9

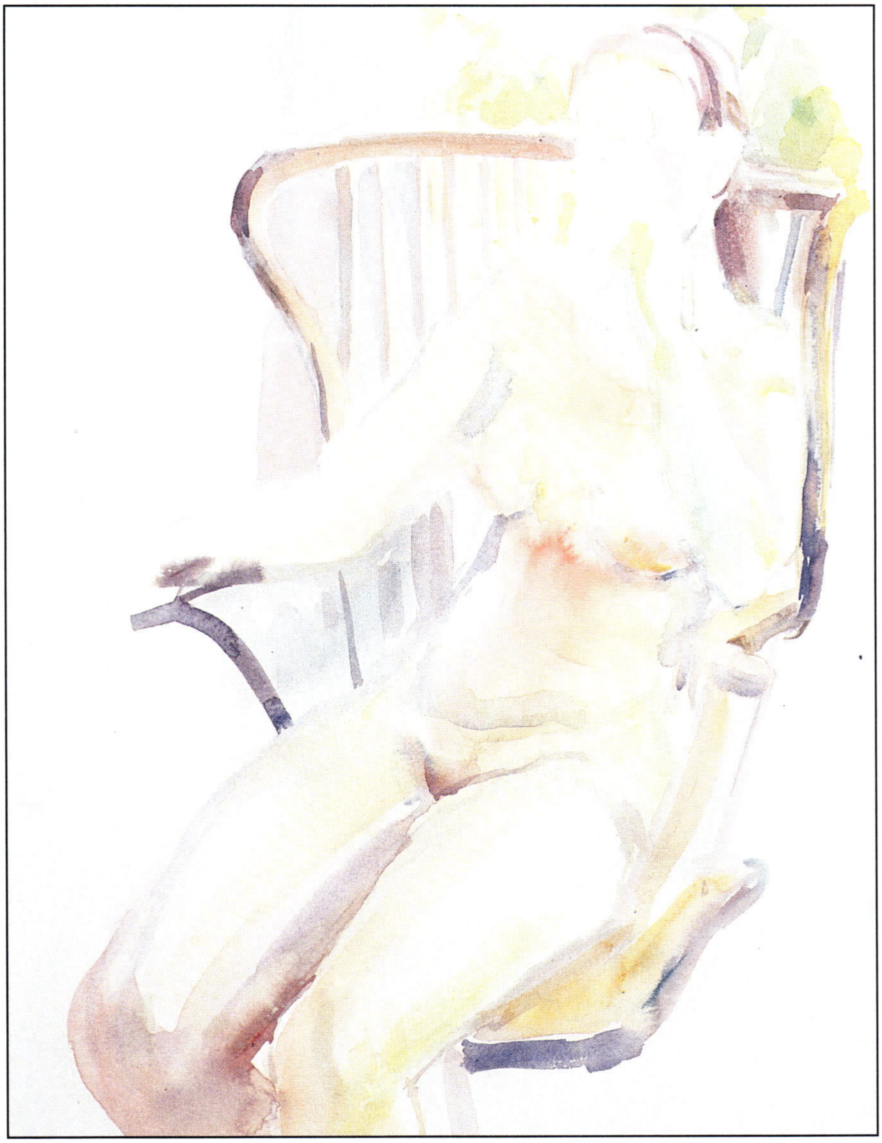

9 Achten Sie darauf, wie im ganzen Bild ein Ausgleich zwischen Zitronengelb und Kadmiumrot einerseits und den Violett- und Blautönen andererseits erreicht wird.

10

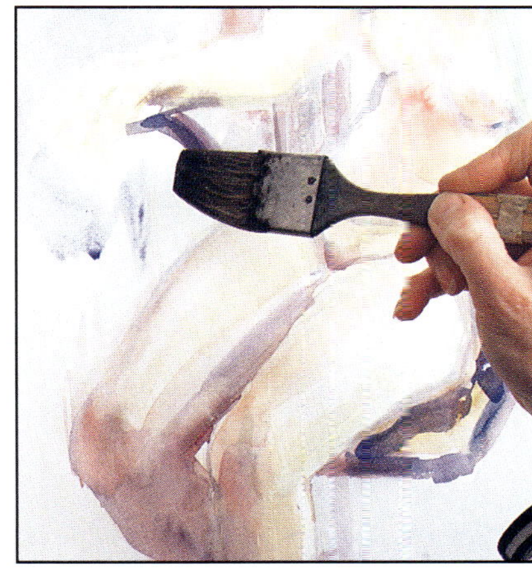

10 Mit einem flachen 3,75-cm-Lavierpinsel fügt die Künstlerin nun Wand und Vorhang hinzu.

11

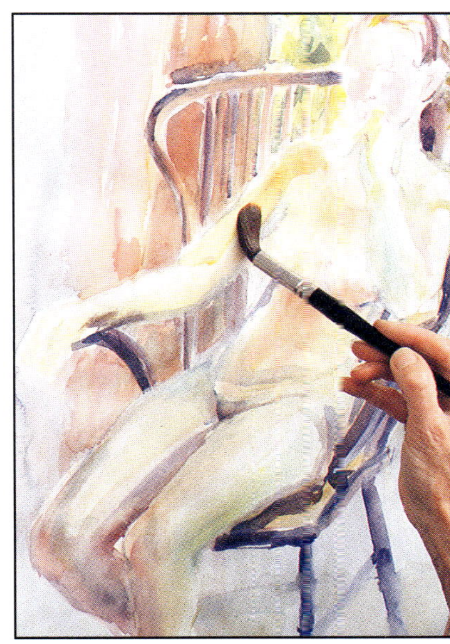

11 Mit dem großen Zobel-Nylonpinsel wird als nächstes die Figur stärker ausgemalt - die ganz abgetrockneten unteren Schichten bekommen eine Lasur aus transparentem Orange.

12

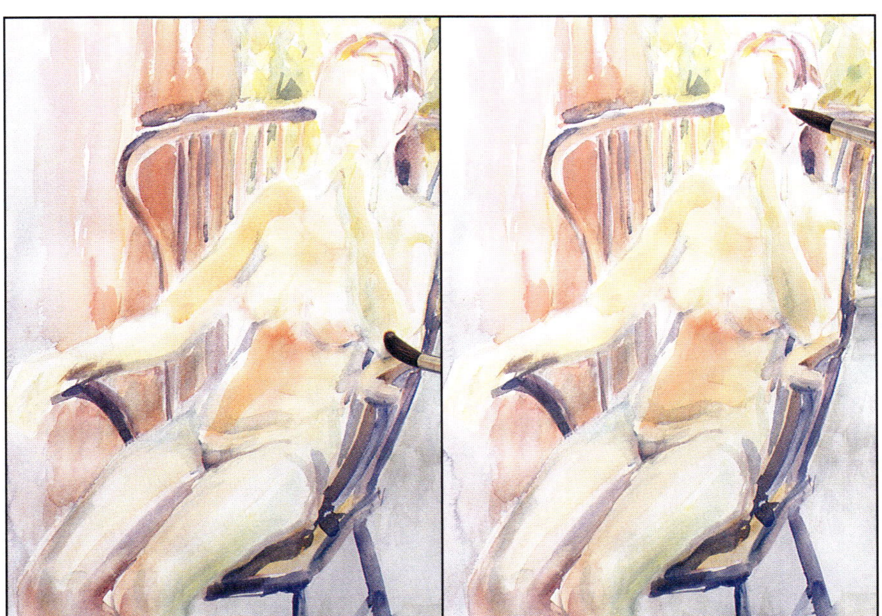

12 Die Künstlerin fand die Figur insgesamt zu violett geraten und hat ihr durchweg wärmere Töne gegeben. Auffällig ist auch die kräftige grüne Lasur an der linken Kniekehle, die einen guten Kontrast zu dieser Wärme abgibt.

13

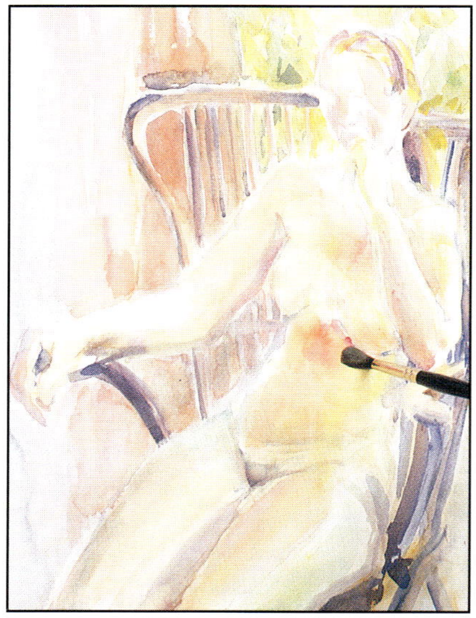

13 Der rote Fleck unter den Brüsten ist zu stark, und die Künstlerin löscht ihn teilweise wieder mit einem in klares Wasser getauchten Pinsel.

14 Der Fleck ist getilgt; mit Löschpapier in der einen und einem feinen Zobelpinsel in der anderen Hand gibt sie nun Gesicht und Brüsten klarere Konturen.

14

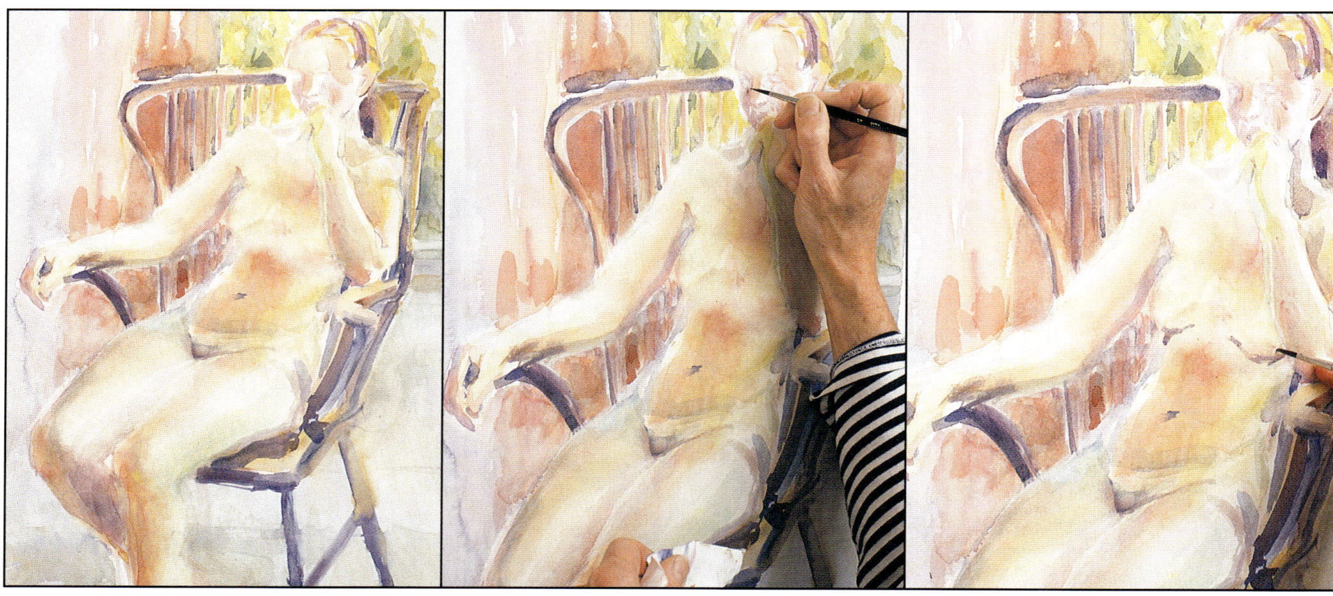

15

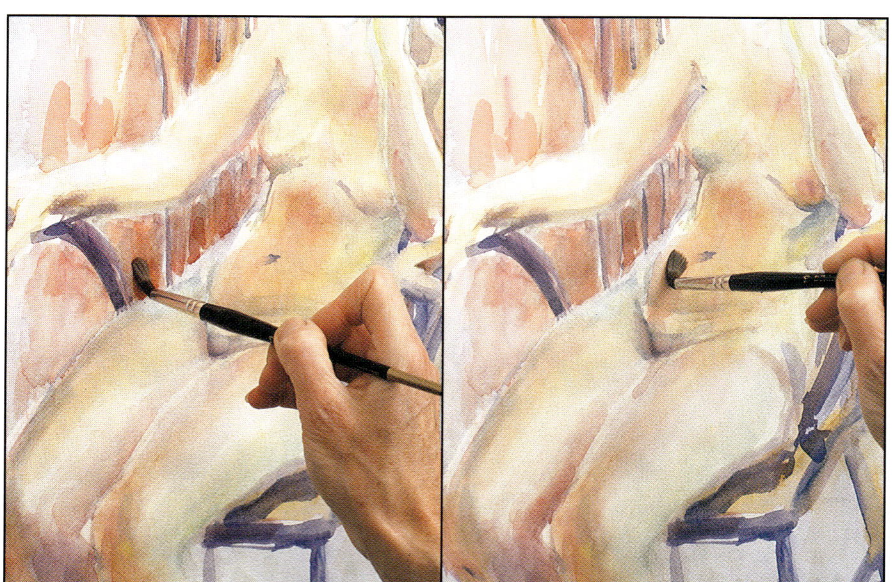

15 Am Ende wird die Wand hinter dem Modell mit einer weiteren Lasur hervorgehoben, und mit etwas Grün unter den Brüsten wird die Form des Bauches betont.

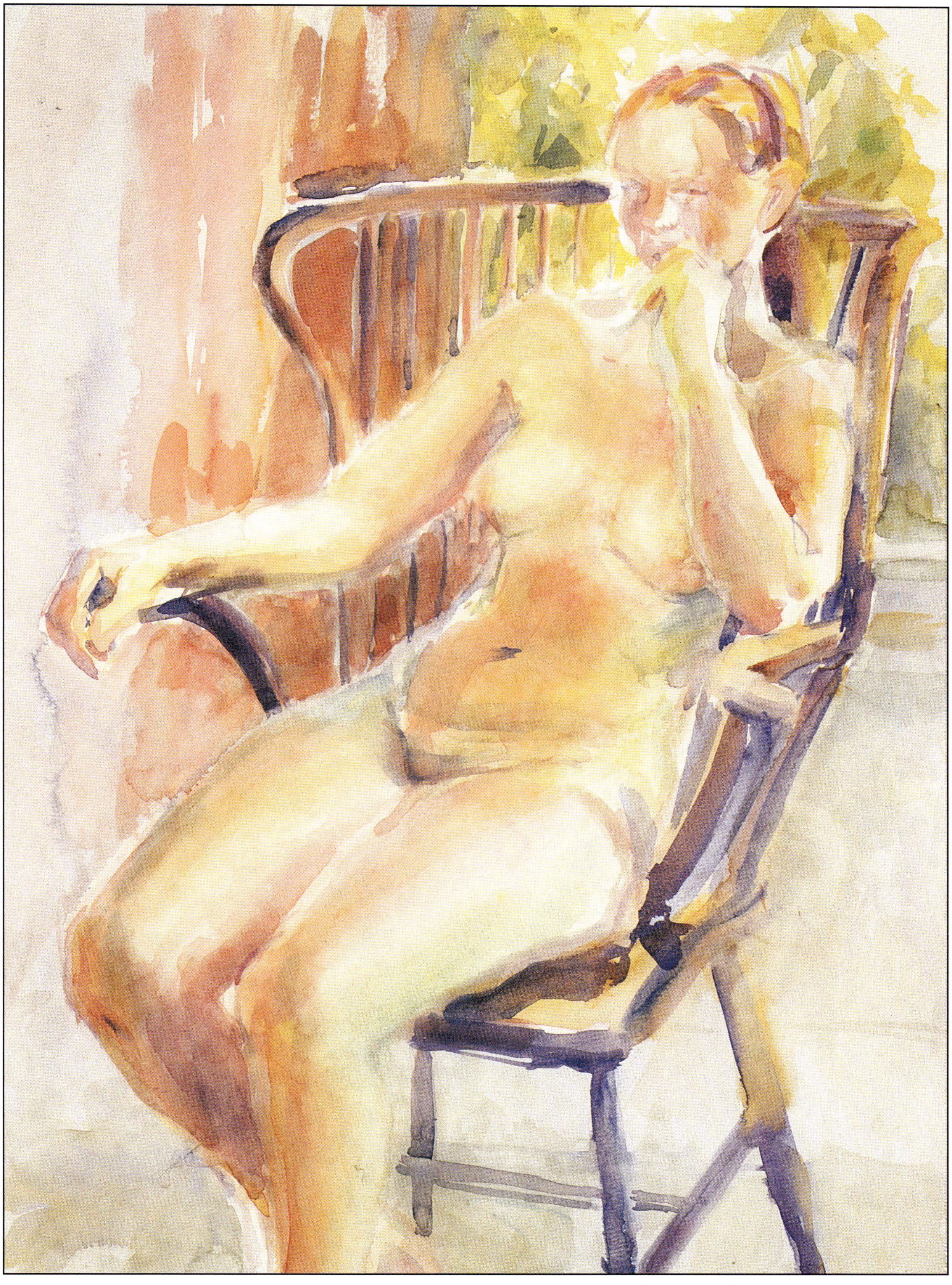

16

16 Wir haben gesehen, wie ein Aquarellbild in mehreren Schichten aufgebaut wird. Die Farbschichten müssen gründlich trocknen, bevor sie überlasiert werden. Durch Anfeuchten und Verwenden von Schwamm und Löschpapier läßt sich das Bild bei der Arbeit noch drastisch verändern.

WEITERE MÖGLICHKEITEN DER AQUARELLASUR

Diese fünf Bilder zeigen verschiedene Anwendungen der Aquarellasur-Technik und demonstrieren, zu welch unterschiedlichen Wirkungen sie führen kann.

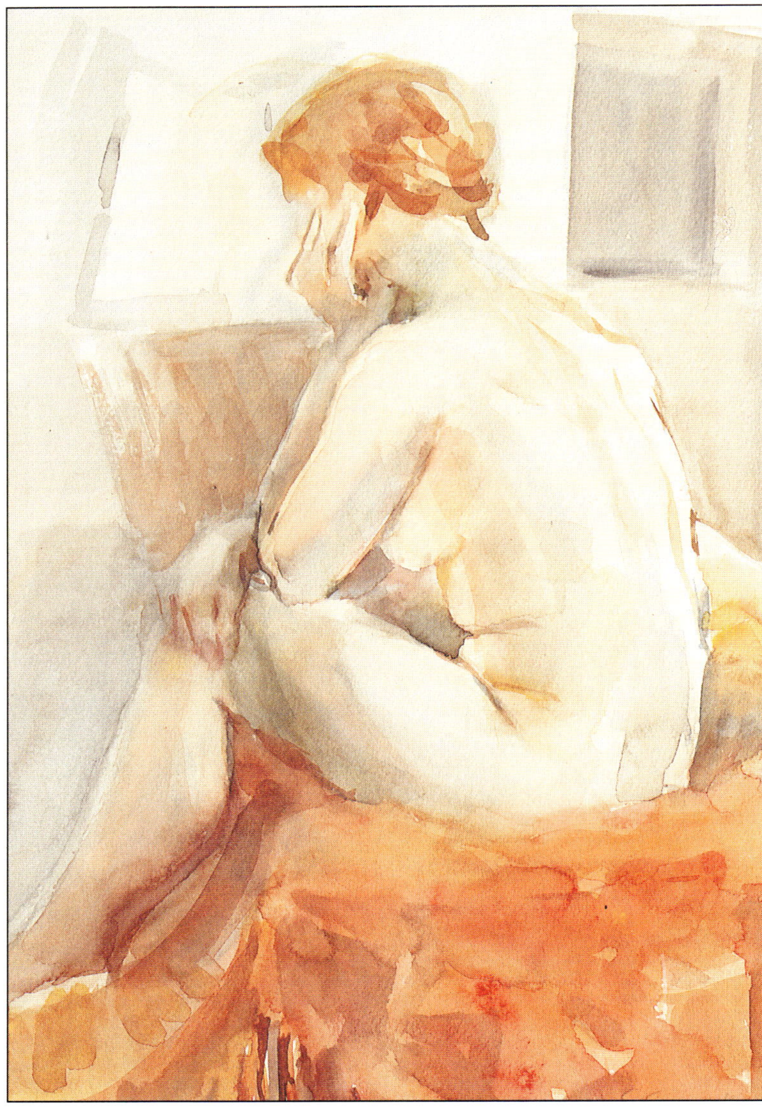

RECHTS Diesen sitzenden Rückenakt hat die Künstlerin Sharon Finmark nach exakt derselben Technik gemalt wie das auf den vorangegangenen Seiten beschriebene Bild. Eine eng begrenzte Palette – Siena gebrannt und Kadmiumgelb für die wärmeren Bereiche sowie eine leichte Lasur aus Ultramarin mit einem Hauch Chromgrün, um die Flächen herauszuarbeiten – wurde effektvoll eingesetzt, um einen Eindruck des Volumens zu vermitteln.

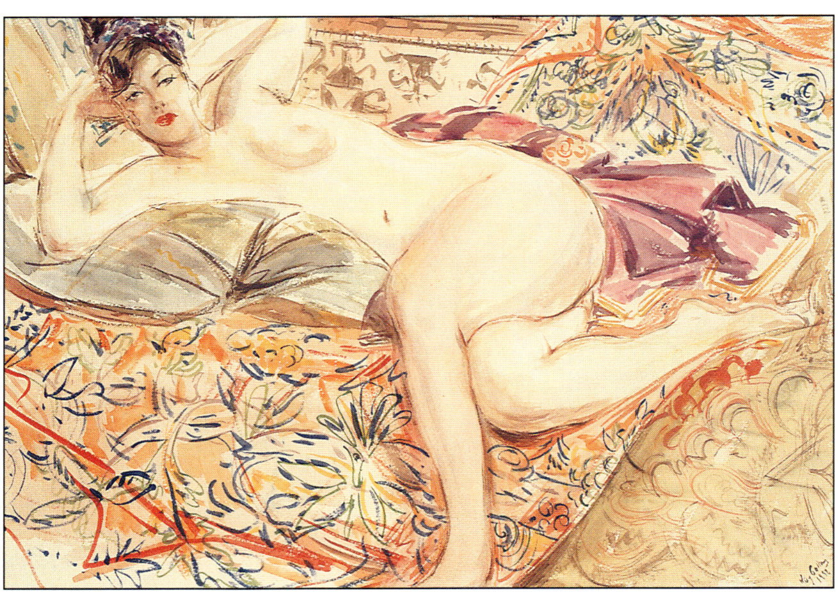

LINKS Bei diesem Akt in extravaganter Pose hat Kay Gallwey sich darauf konzentriert, die Muster der Textilien mit dünn übereinanderlasierten Farbstrichen herauszuarbeiten, wobei der Beigeton des Papiers für Geschlossenheit sorgt. In der rechten unteren Ecke hält eine leichte sepiafarbene Lasur über dem gesamten Muster alles zusammen. Bei der Figur ermöglichte einfache Linienzeichnung das Anbringen einer oder zweier hellroter rhythmischer Lasuren, und der Großteil des warmen Fleisches wird einfach von dem Papier dargestellt.

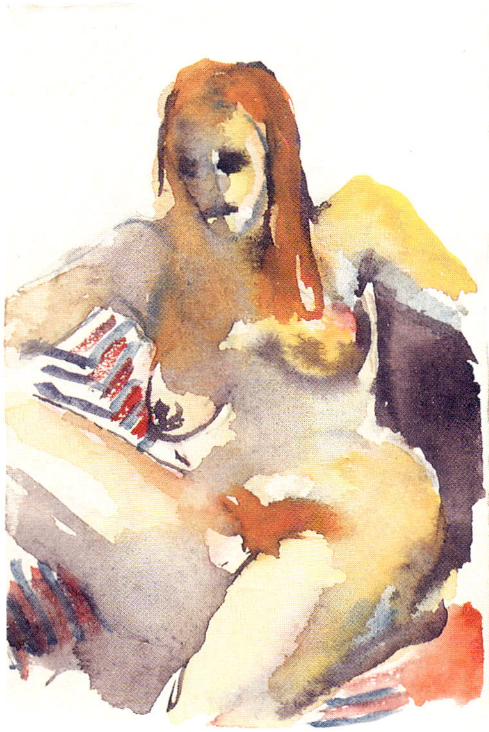

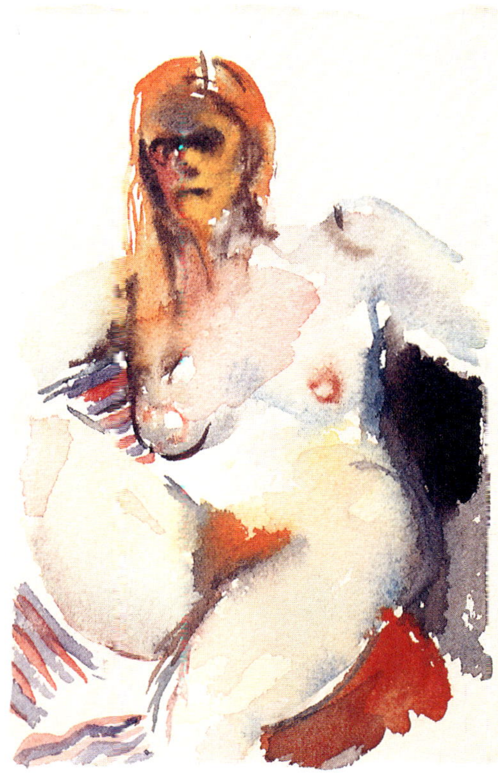

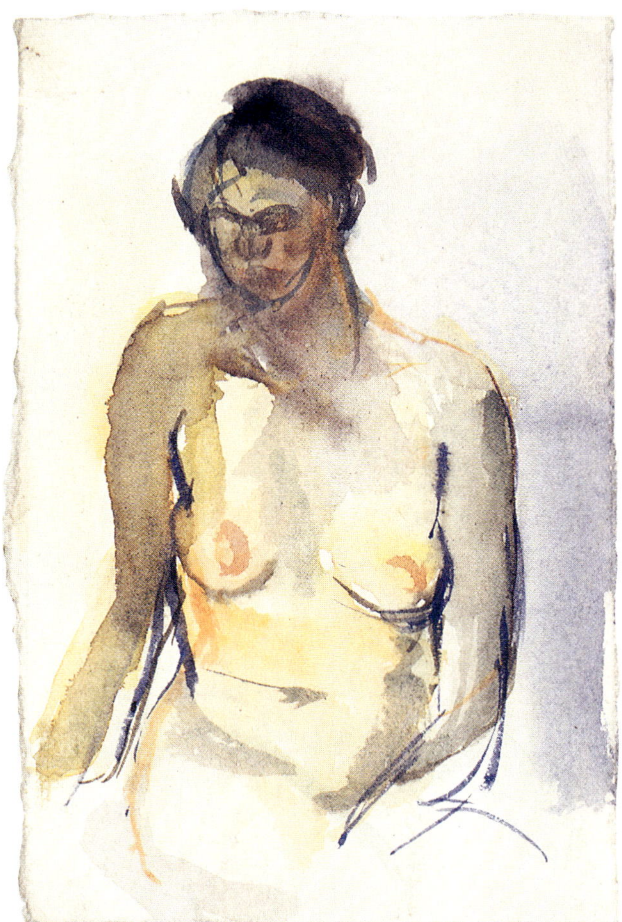

OBEN Bei diesen beiden raschen, kleinformatigen Studien eines rothaarigen Mädchens hat der Autor mit den einfachsten Mitteln gearbeitet. Ein oder zwei Lasuren aus kühlen und warmen Farben bestimmen die Form. Beim linken oberen Bild ist mit ineinander verlaufenden Farben gearbeitet, was hier gut paßt.

LINKS Bei diesem Torso, ebenfalls eine Arbeit des Autors, ist Kadmiumgelb mit einer Mischung aus Ultramarin mit etwas Krapprot lasiert. Das Bild besteht im Grunde nur aus zwei Lasuren mit einigen wenigen hinzugefügten Strichen. Mit Aquarellfarben muß man immer wieder und in zügigem Tempo experimentieren, damit die einmaligen Möglichkeiten an Leuchtkraft, die dieses Medium zu bieten hat, zur Geltung kommen.

NASS-IN-NASS-AQUARELLE

Die Naß-in-Naß-Technik, bei der die folgende Farbschicht in die noch feuchte vorhergehende gestrichen wird, ist eine Erweiterung der Aquarell-Lasurtechnik. Es ist möglich, das Ineinanderlaufen der Farben zu steuern und sich dies zunutze zu machen, denn wie stark eine Schicht in die vorhergehende verläuft, hängt von der Feuchtigkeit des Papiers ab. Wenn das Papier trocknet, entsteht in jedem Falle ein Lasureffekt, und wenn man schnell genug arbeitet, hat man bis dahin eine eindrucksvolle und lebendige Oberfläche geschaffen.

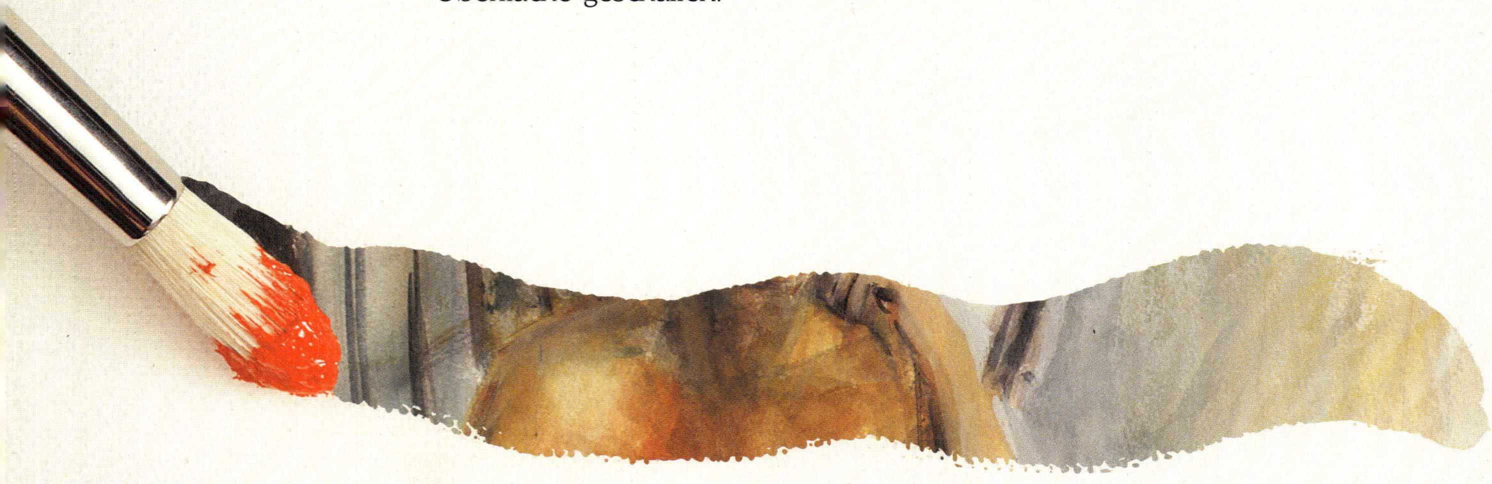

MÄDCHEN IM LEHNSTUHL

DAVID CARR

Die Palette besteht aus Ultramarin, Coelinblau (Bergblau), Kobaltgrün hell, Kobaltgrün dunkel, Chromgrün, Hookers Grün, *Stil de grain* vert (Grünrosa), Kadmiumgelb hell, Kadmiumgelb dunkel, Puzzolanerde, Kadmiumrot hell, Kadmiumrot dunkel und Ultramarinviolett.

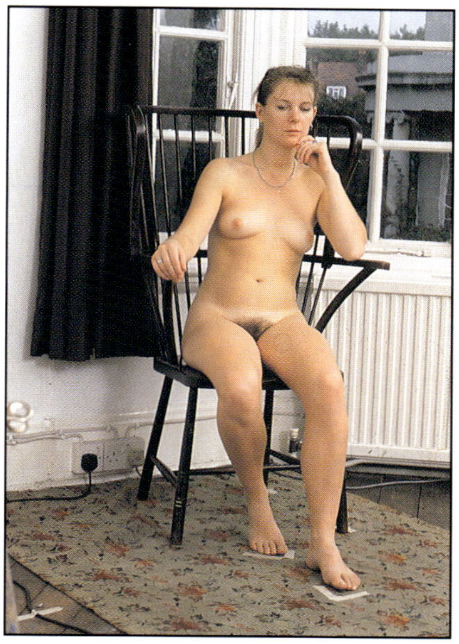

1

1 Dies ist dieselbe Pose wie bei der vorigen Sequenz auf Seite 105, jedoch aus einem anderen Winkel gesehen.

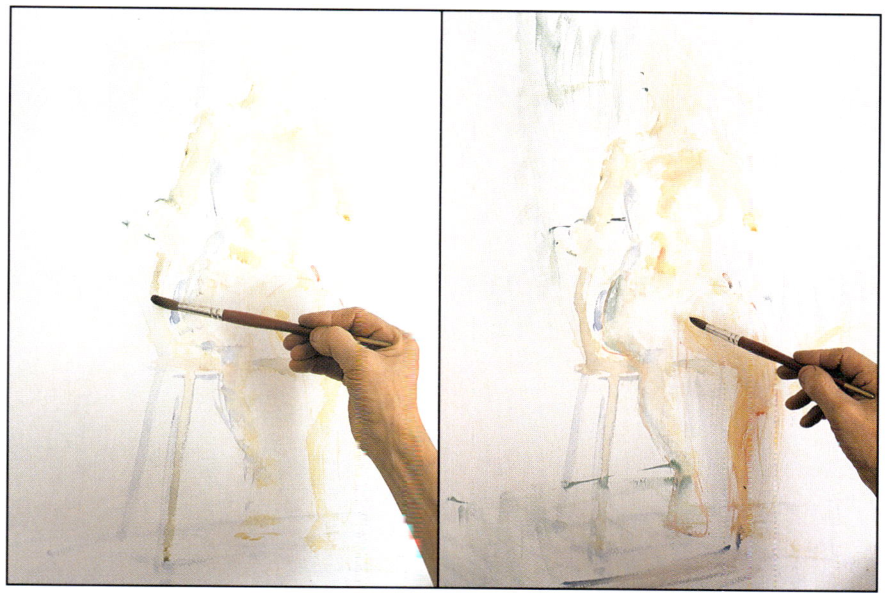

2

2 Der Künstler taucht einen großen Zobelpinsel in klares Wasser und nimmt ein wenig Aquarellfarbe auf. Die Massen der Figur werden mit kräftigem Kadmiumgelb und hellem Kadmiumrot angedeutet. Dem Künstler geht es um Massen, nicht um Linien.

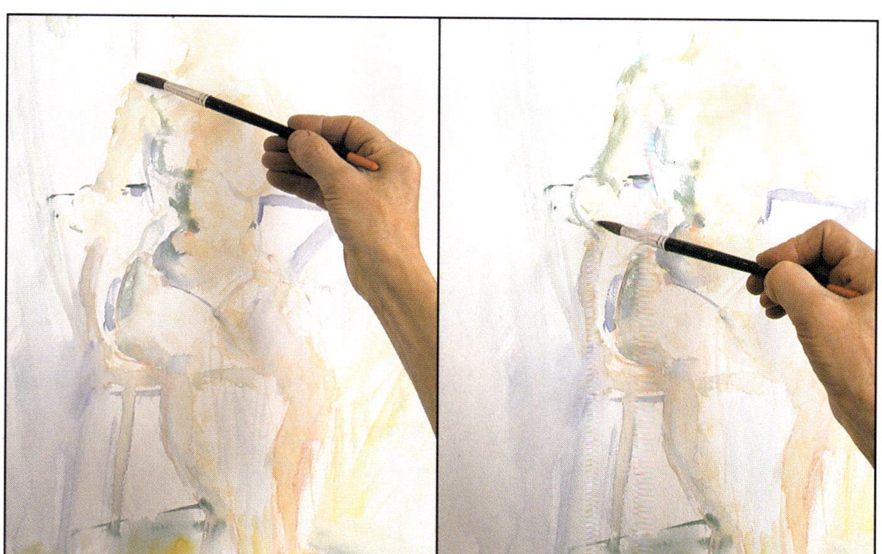

3

3 Als nächstes nimmt er ein wenig Coelinlau und helles Kobaltgrün, um Volumen zu beschreiben und den Stuhl zu definieren. Es ist wichtig, bereits jetzt den Stuhl zu berücksichtigen und sich nicht darauf zu verlassen, daß er später schon hineinpassen wird. Die Farben sind noch feucht und sollen ruhig ein wenig ineinanderlaufen.

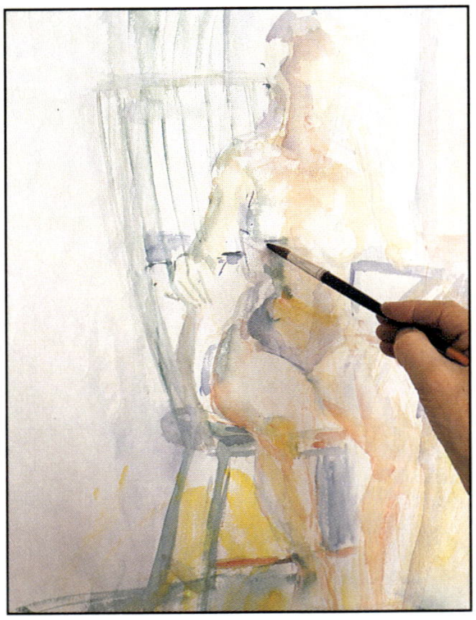
4

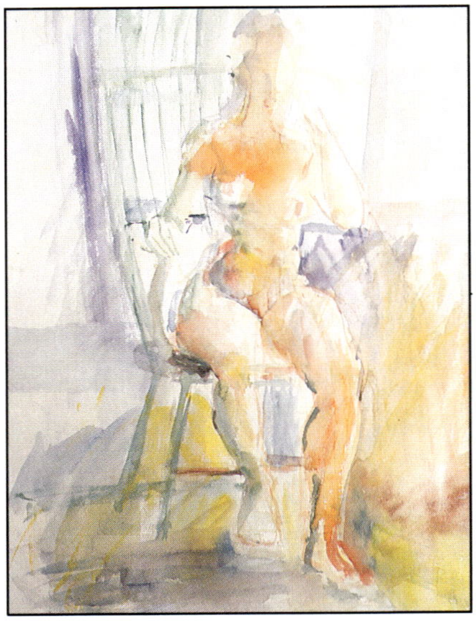
5

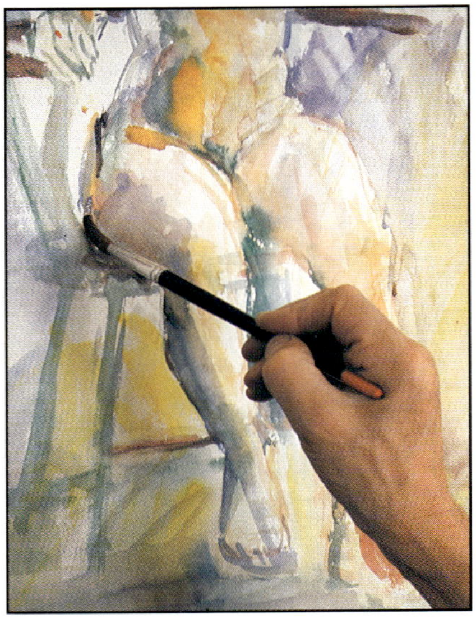
6

4 Solange die Farbe noch feucht ist, nimmt der Künstler sich auch die unmittelbare Umgebung des Modells vor. Er definiert Wände und Fußboden mit sehr fein aufgetragenem dunklem Kadmiumgelb und Stil de grain (einer warmen, ein wenig goldenen Farbe) für die hellen Bereiche sowie Coelin, Ultramarin und dunkles Kobaltgrün für die Schatten. Dann wendet er sich wieder der Figur zu.

5 Die Form der Figur wird weiter definiert mit einer weitgehend neutralen Mischung aus Kadmiumrot und dunklem Kobaltgrün, besonders im Bereich der Beine. Eine Mischung aus Kadmiumgelb und -rot hebt den Torso deutlicher hervor.

6 Ein kräftiger Strich aus dunklem Kobaltgrün an der Innenseite der Wade bestimmt das rechte Bein des Modells eindeutiger.

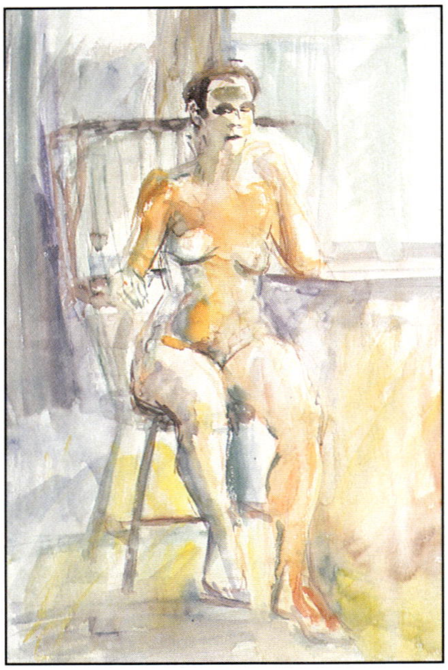
7

7 Mit feinerem Pinsel und einer Mischung aus Puzzolanerde und Ultramarin sorgt der Künstler mit einigen geraden Strichen für mehr Klarheit der Form, besonders unter den Brüsten, rund um die Oberschenkel und im Kopfbereich.

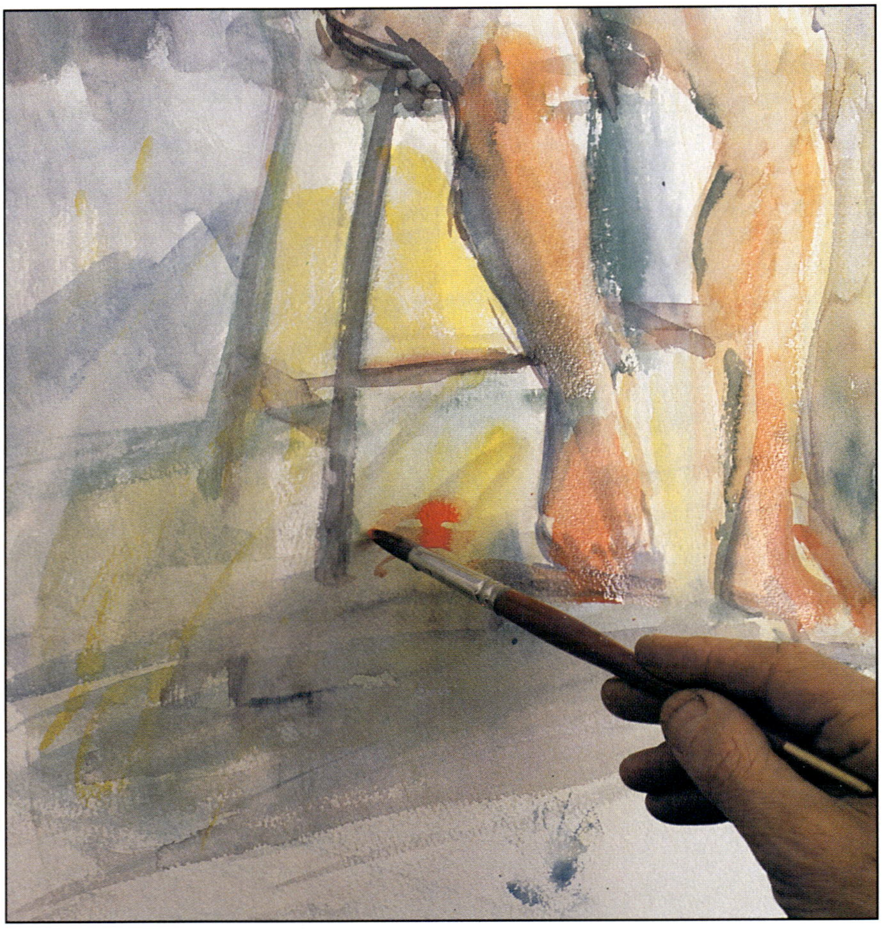
8

8 Mit dem Zobelpinsel setzt er am unteren Bildrand Farbakzente auf Boden und Wand und fügt anschließend dem rechten Bein der Figur wärmere Töne hinzu.

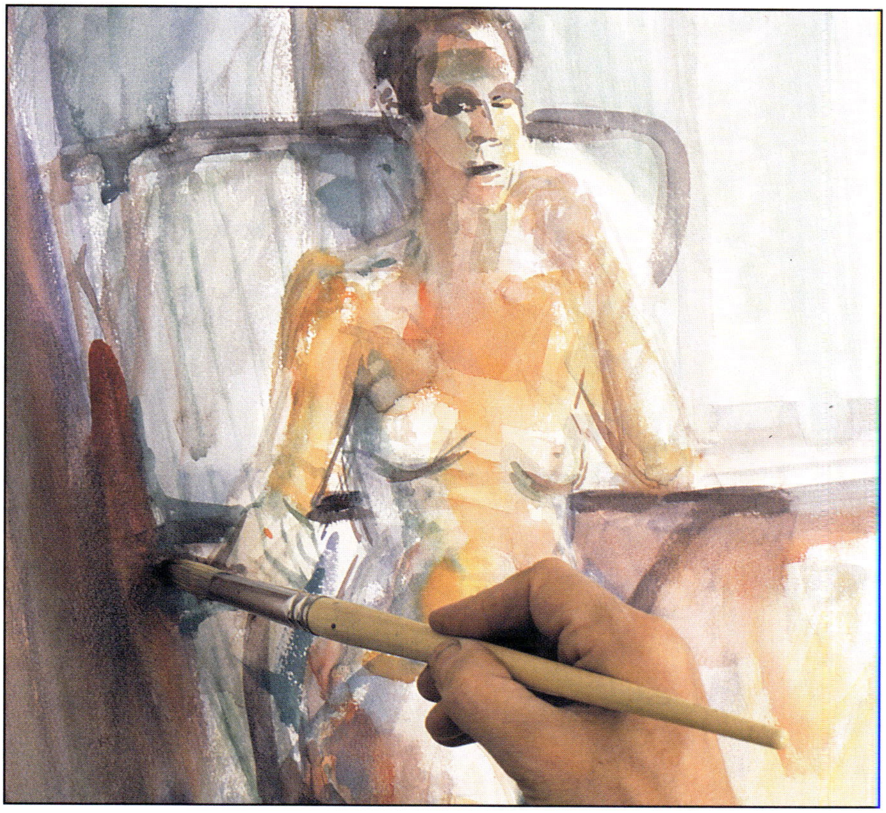

9

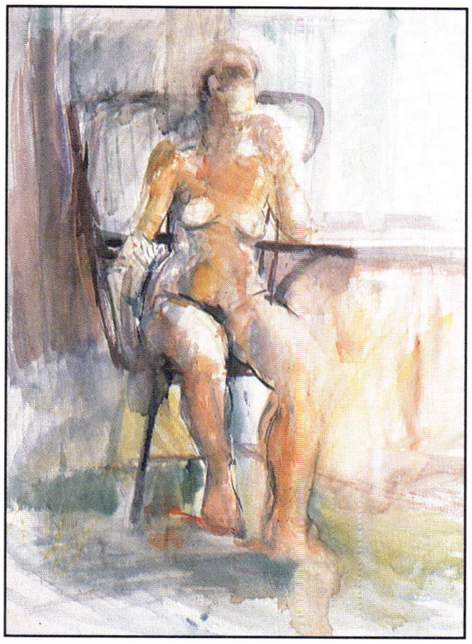

10

10 Um die Form klarer herauszuarbeiten – sie hat ein wenig an Präzision verloren –, nimmt der Künstler einen großen Borstenpinsel und reichlich Wasser und wäscht die Form an Kopf und linkem Bein teilweise wieder aus.

9 Mit einer großzügig bemessenen Menge gut angefeuchteter Farbe koloriert der Künstler die Fußboden- und Wandbereiche weiter. Er schafft weitere Formflächen auf der Figur mit einem kräftigen Kadmiumrot, das kühler ist als die gelben und orangefarbenen Bereiche, und rückt damit die Figur mehr in die Tiefe. Er hat keine Angst vor nassen Farben, denn solange er sie nicht zu unverdünnt aufträgt, bleiben ihm trotzdem genug Möglichkeiten, die Form aufzubauen und zu retuschieren. Inzwischen werden die ersten Farbschichten getrocknet sein, und man kann mit einer Art Lasurtechnik arbeiten.

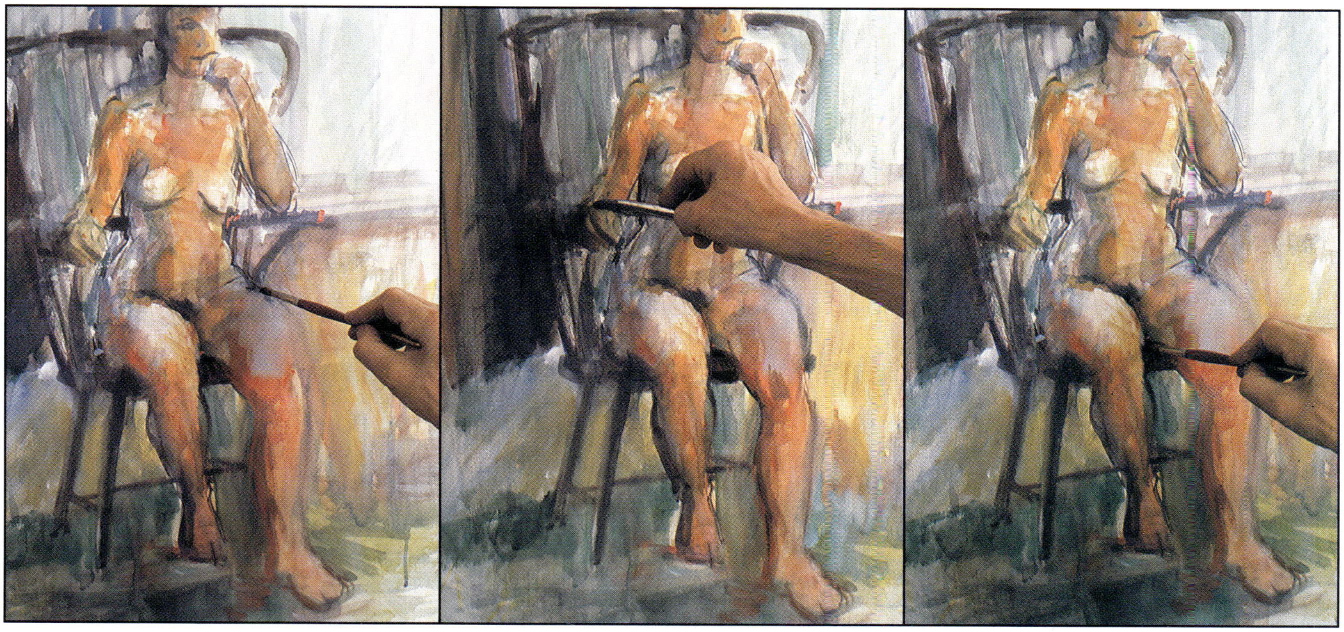

11

11 Mit dem Borstenpinsel wird die Form in groben Strichen wiederhergestellt, und dann zeichnet der Künstler mit dem Zobelpinsel hinein. Er findet die Form durch die Masse, erst dann wird sie mit einer Linie umrissen. Hier wird am linken Oberschenkel ein kühler Farbfleck aufgelegt, dann wird mit dem Zobelpinsel hineingezeichnet.

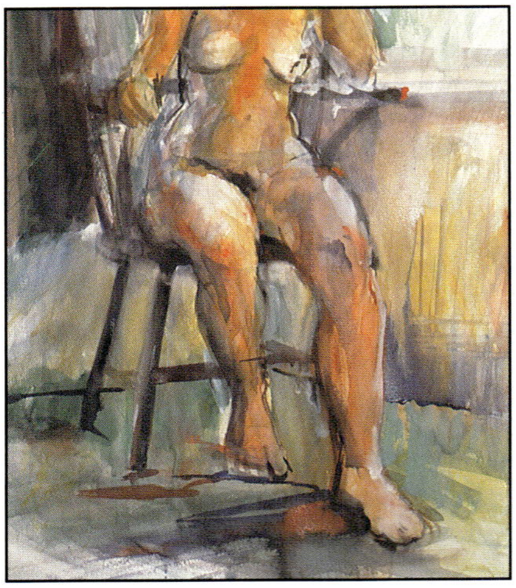

12

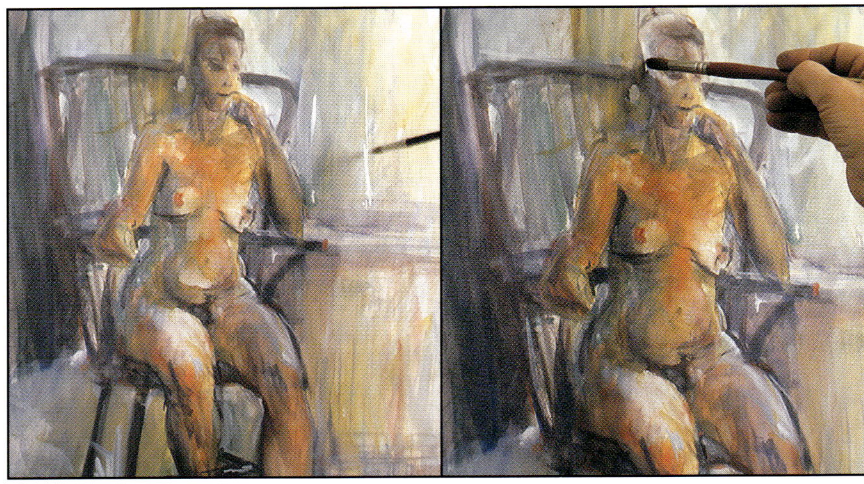

13

12 Nachdem die Farbe ein wenig getrocknet und dadurch heller geworden ist, nimmt sich der Künstler das Stück Teppich und den Boden vor.

13 Die Wand bekommt einige Striche in weißer Gouache-Deckfarbe, wodurch sie lichter wirkt; außerdem wird die Form der Figur noch präzisiert.

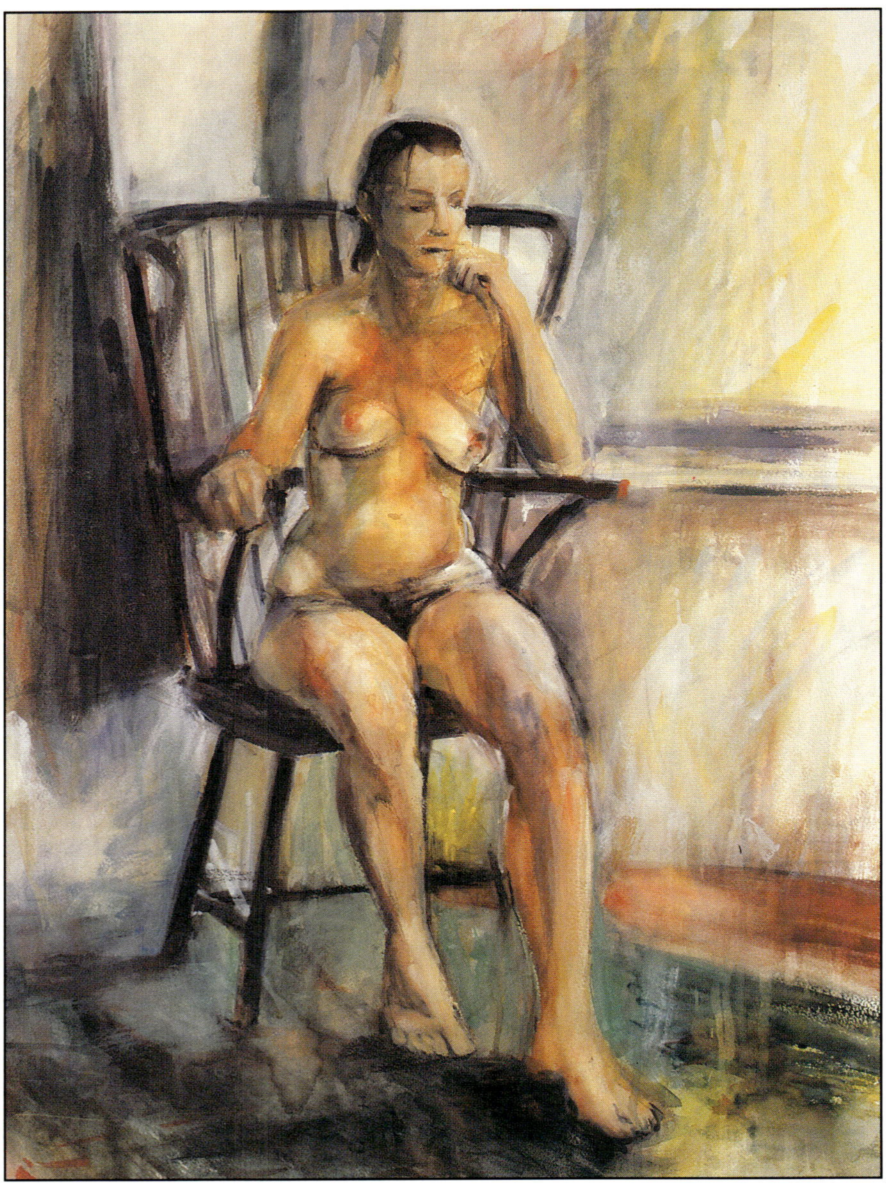

14

14 Die Farbe auf der Figur ist nun stellenweise zu dick aufgetragen und läßt sie flach wirken, mit einem Schwamm nimmt der Künstler ein wenig von dieser noch feuchten Farbe fort, damit die Lichtwirkung besser vermittelt wird.

17

WIE ES WEITERGEHT

Eine nützliche Übung, um beim Malen die Spontaneität nicht zu verlieren, ist die Arbeit an zwei oder mehreren Bildern gleichzeitig. Das erhöht die Chance, sich die Frische des Ansatzes zu bewahren, die so häufig beim fertigen Bild verlorengeht.

Nehmen Sie ein Stück Hartfaserplatte oder Papier, und arbeiten Sie an einem Bild, bis die Konzentration nachläßt und Sie nicht mehr recht wissen, wie es weitergehen soll. Das ist der Punkt, an dem Sie ein zweites Bild beginnen. Eine Weile lang werden Sie gut vorankommen, und wenn Sie dann wieder ratlos sind, kehren Sie zum ersten zurück und so weiter, immer abwechselnd an beiden.

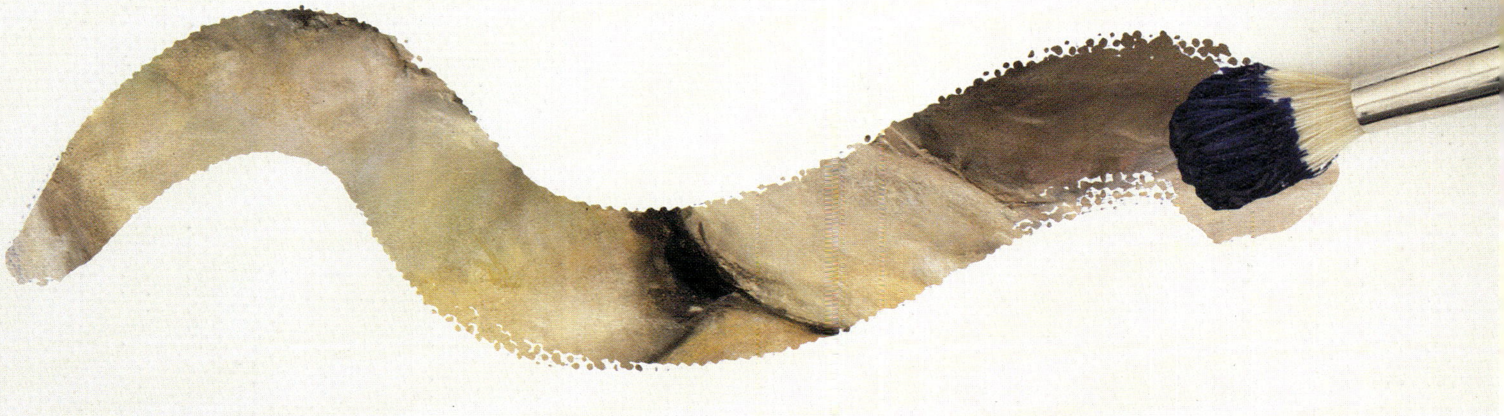

ARBEIT AN MEHREREN BILDERN ZUGLEICH

Die beiden kleinen Aquarelle entstanden nach dieser Methode. Sie sind beide 20 x 15 cm groß und auf naturweißem säurefreiem Passepartoutkarton gemalt, einem ausgezeichneten Material, das nicht fusselt und sich nicht wellt. Die Palette war Ultramarin, Chromgrün, Kadmium-Zitronengelb, Kadmiumgelb, Kadmiumrot und weiße Gouachefarbe. Die Technik könnte man als eine Art Gouachetechnik bezeichnen, denn Weiß wird reichlich verwendet, um der Farbe mehr Fülle zu geben. Das Modell sitzt auf dem Fußboden, und das linke Bild wurde zuerst begonnen.

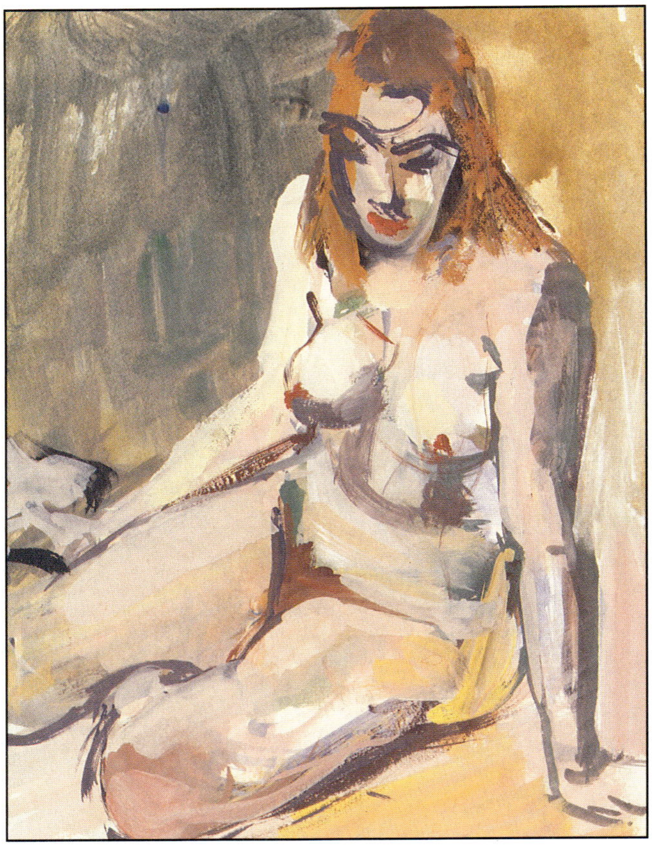

1

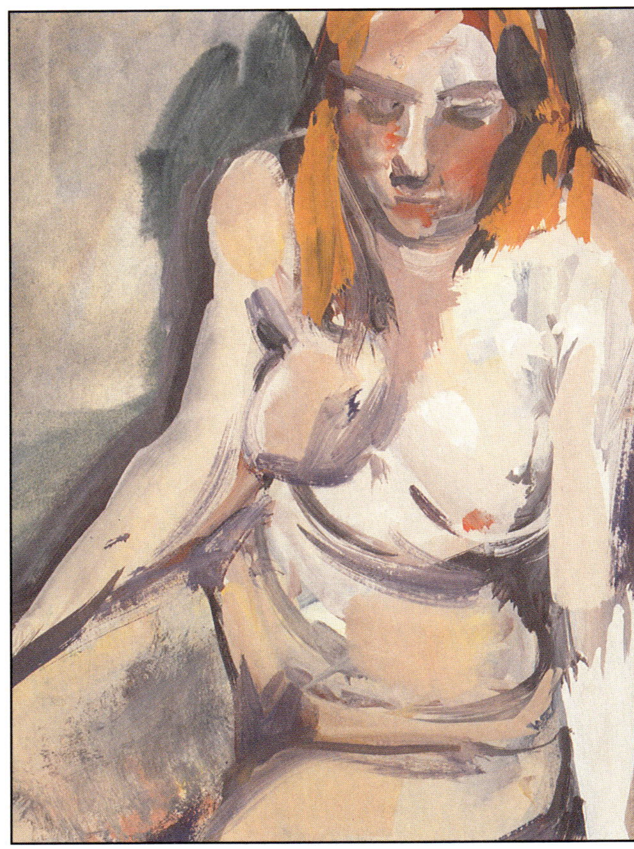

2

1 Zunächst wurde die Gouachefarbe dünn wie Aquarellfarbe aufgetragen, mit warmen und kalten Rosa- und Gelbtönen für das Fleisch. Als nächstes kamen in einem dunklen Grauviolett (Ultramarin, Kadmiumrot und Weiß) und in Graugrün (Chromgrün mit einem Hauch Kadmiumrot und Weiß) Linien und Definition hinzu. Dies sind die Komplementärfarben zu den Gelb- und Rosatönen. Rechter Arm, Brüste und Haar des Modells bekommen noch weitere Farben.

2 Als die Kräfte beim ersten Bild nachließen, wurde das zweite begonnen, bei dem Form und Individualität des Modells stärker im Vordergrund stehen. Der Betrachter kommt nun näher heran, und der Körper füllt die ganze Bildfläche.

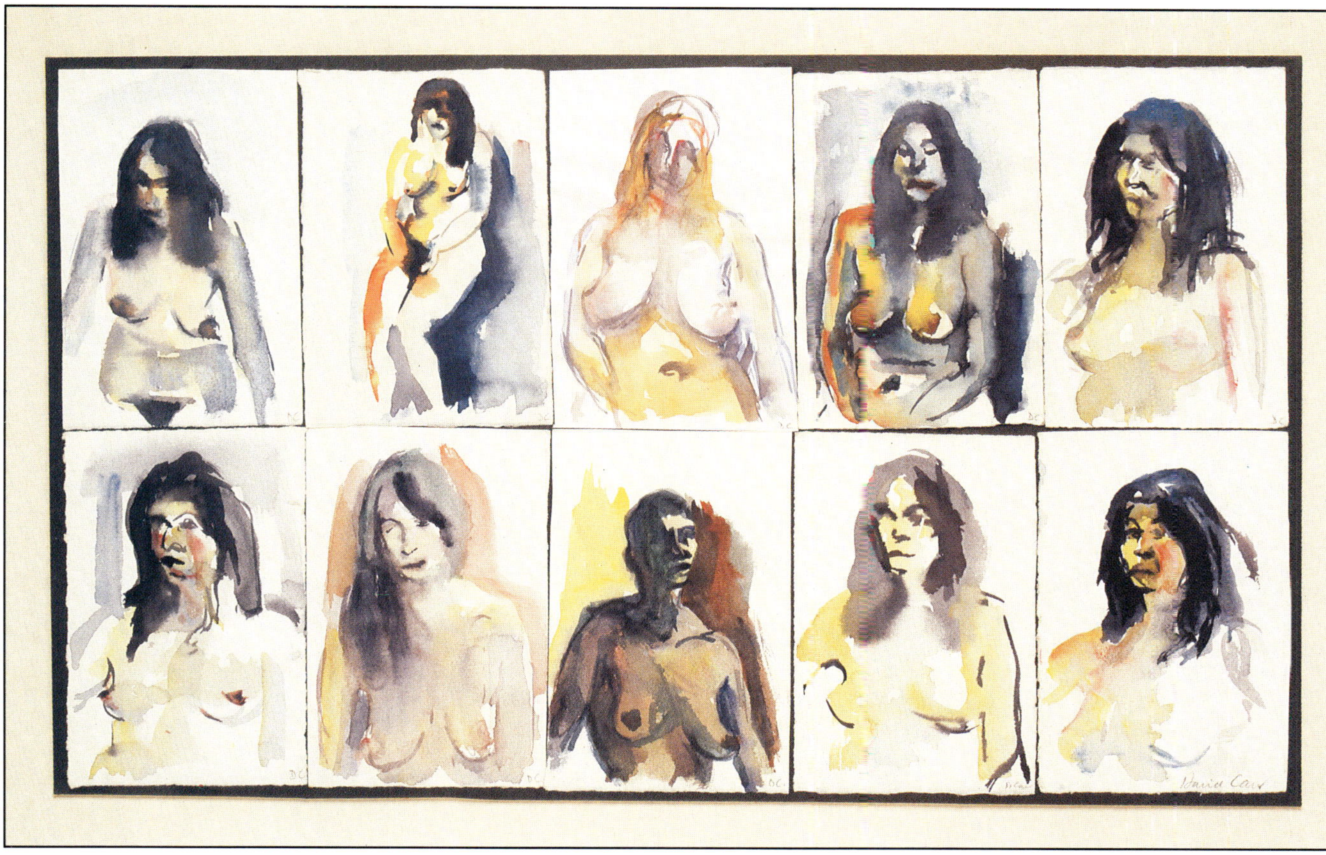

OBEN Diese Folge von kleinen Brustbildern in Aquarell entstand auf ähnliche Weise. Die Studien sind in einen gemeinsamen Rahmen montiert und sind alle nach demselben Modell gemalt, teils in Lasurtechnik, teils naß in naß mit deckenden Aquarellfarben.

Die Haltung dieser beiden stehenden Figuren ist zwar nicht ganz identisch, doch sie wurden beide am selben Abend in *Alla-prima*-Technik in Öl gemalt.

1

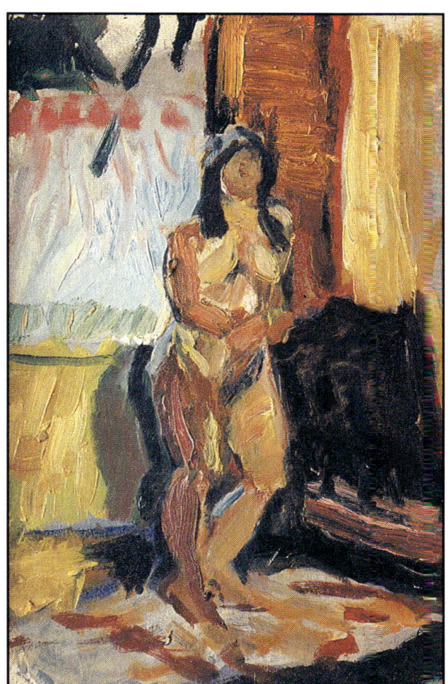

2

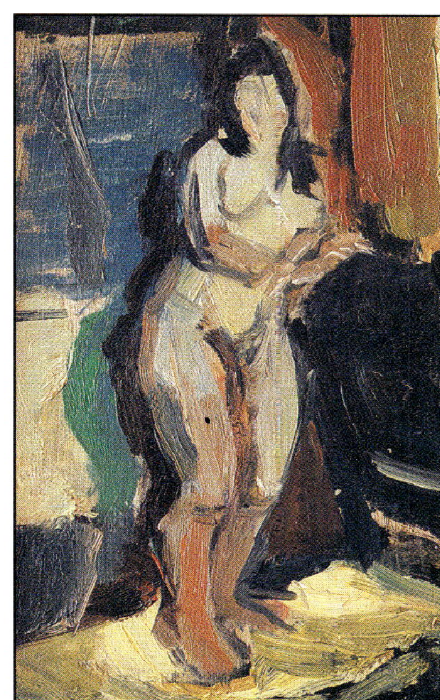

1 Das erste, mit dem Modell ein wenig mehr im Hintergrund, ist eine durchaus gelungene impressionistische Studie.

2 Die zweite hat jedoch mehr Schwung und Bewegung und wirkt viel eher wie aus einem Guß. Die kräftigen Primärfarben und der grüne Schatten wirken phantasievoller, und auf dem Oberkörper ist die Härte des elektrischen Lichts gut vermittelt.

MISCHTECHNIKEN – ERSTE VERSUCHE

Die Verbindung aus Aquarell und Gouache legt nahe, es auch mit anderen Verbindungen auf Wasser basierender Techniken zu versuchen. Das Aquarell nutzt das reine Weiß des Papiers, gelegentlich die Farbe des gefärbten Papiers. Letzten Endes ist es ein transparentes Medium, und gerade diese Eigenschaft wird ja auch besonders an ihm geschätzt. Wenn man erst einmal zu Deckfarben greift, ist man schon auf halbem Wege zu Gouachetechniken, die eine gewisse Ähnlichkeit zur Ölmalerei haben. Die Farbe ist beweglicher und läßt sich ohne weiteres übermalen. Nimmt man weitere auf Wasser basierende Materialien dazu, hat man ein breites Spektrum an Techniken zur Verfügung.

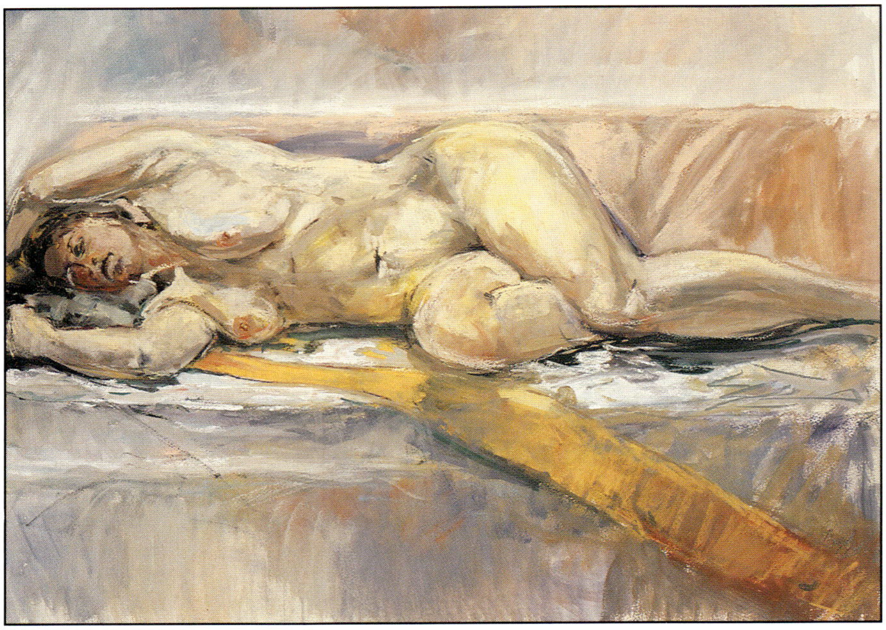

OBEN Dieser liegende Akt mit ausgestrecktem Arm, eine Arbeit des Autors, wurde als Aquarell mit Gouache angelegt. Die Hauptbereiche der Figur sind mit großen Pinseln einlaviert (in einigen Fällen Ölpinseln). In diese Flächen wurde in Pastell gemalt, die Farbe mit Fingern und Pinseln kräftig eingearbeitet, um der Form Körper zu geben. Pastellkreiden sind mit wasserlöslichem Kleber gebunden, und wenn man sie anfeuchtet, kann man sie mit dem Pinsel verstreichen – eine Methode, nach der sich große Flächen eines Bildes kolorieren lassen. Für die letzten Arbeitsschritte kam trockene Pastellkreide zum Einsatz, um der Form Frische und Klarheit zu geben.

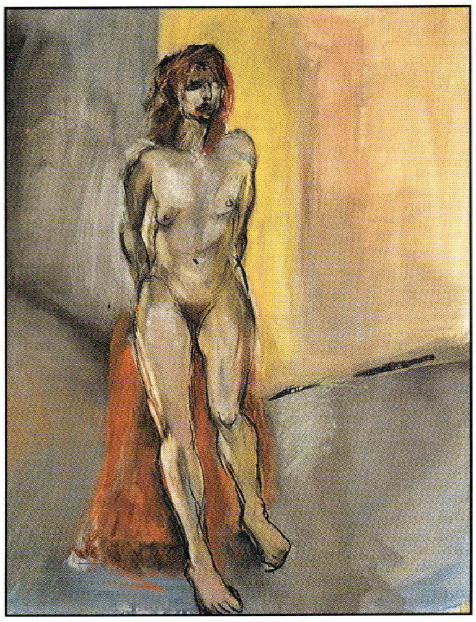

OBEN Dieser beinahe fauvistische stehende Akt des Autors ist nach derselben Technik gemalt. Große, einfache Flächen sind mit Pastell, Wasser und Gouache angelegt, die Figur ist mit warmer, hellgelber Lavur definiert. Anschließend wurde mit blauem, kalkweißem Rosa und zitronengelbem Pastell gemalt, und danach folgte die Zeichnung mit dunkelgrauer Kohle. Rund um den Kopf wurde stark mit Zeichnung gearbeitet. Der Fleck rechts vom Bein ist ganz zum Schluß hinzugefügt, durch teilweises Entfernen der dichten Farbe mit dem Radiergummi, so daß die warme Grundierung wieder durchkommt.

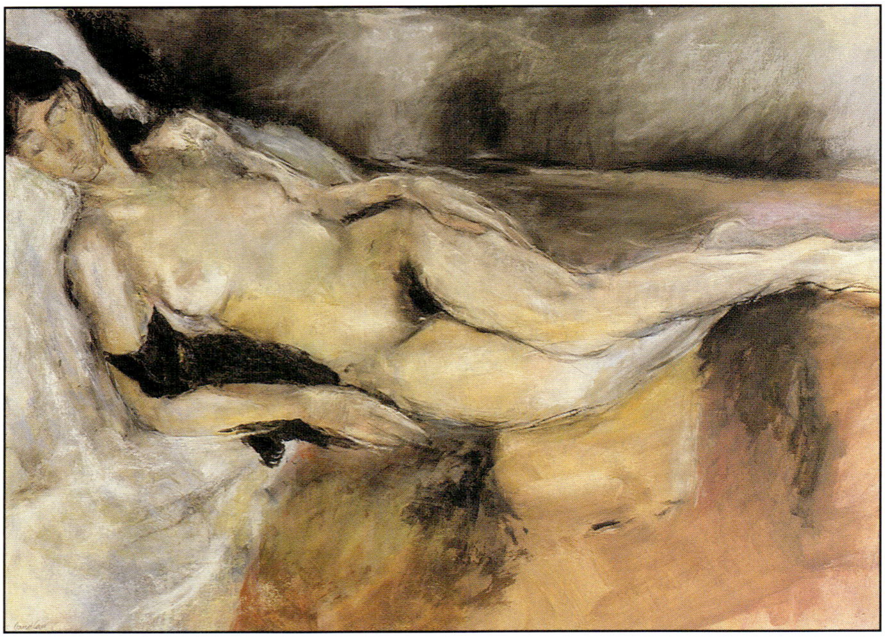

LINKS Diesen Akt mit Katze malte der Autor aus gelben und rosafarbenen Gouache- und Pastell-Lavierungen. Das Bett ist mit breitem Pinsel angelegt, darüber sind Pastellfarben »vertrieben«. Wo sie zu kräftig wurden, sind sie durch Lavur abgedämpft, und das ganze Bild ist in Schichten aufgebaut, wodurch der durchscheinende Effekt entsteht.

ARBEIT NACH ZEICHNUNGEN

Die Arbeit nach der Zeichnung ist eine altehrwürdige Praxis. Sie ist ein Mittel, das Bildgedächtnis zu trainieren, und schärft überhaupt den Blick dafür, was man zeichnen will. Die Skizzen müssen präzise sein, wenn sie alle Informationen enthalten sollen. Der große postimpressionistische Maler Bonnard (1867–1947) sagte, er fühle sich schwach im Angesicht der Natur, und deshalb hatte er sich angewöhnt, kleine Skizzen nach der Natur zu machen und das Erlebte dann im Atelier nachzuempfinden, wenn nach der Zeichnung das Gemälde entstand. Auch Sickert (1860–1942) arbeitete am liebsten nach kleinformatigen Skizzen und Vorstudien. Diese vergrößerte er auf Bildformat und führte das Bild dann aus, ohne das Motiv noch einmal anzusehen.

SITZENDER MANN

DAVID CARR

In dieser Sequenz arbeitete der Künstler mit der oben beschriebenen Technik. Es ist wichtig, sich beim Anfertigen der Skizze stets die folgenden Fragen zu stellen: Kann ich nach dieser Zeichnung malen? Enthält sie alle notwendigen Informationen über den Bildgegenstand? Das hilft, sich zu konzentrieren und klare, informative Skizzen anzulegen. Maler vermerken oft direkt auf der Zeichnung Hinweise zur Farbe, die als Gedächtnisstütze dienen. Für dieses Bild bestand die Palette aus Ultramarin, Chromgrün, Ockergelb, Siena natur, Kadmiumrot, Krapprot und Titanweiß.

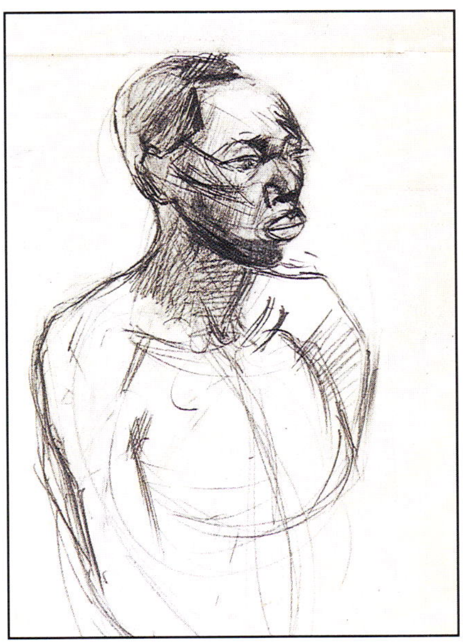

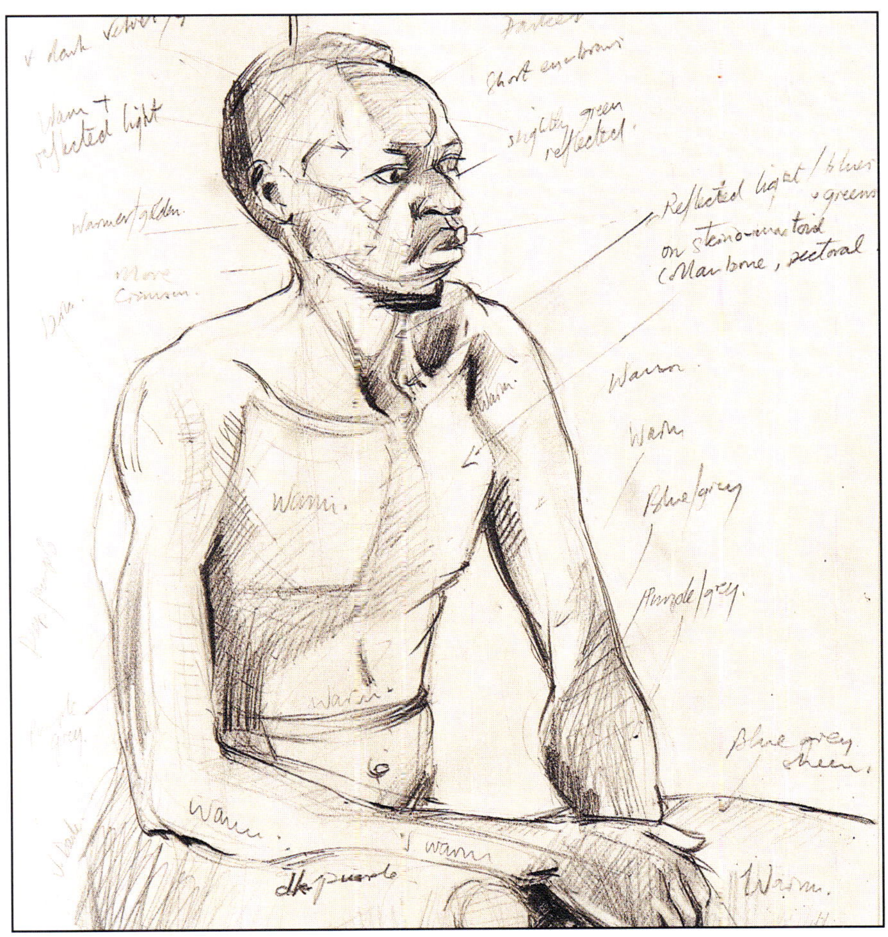

1

1 Von der sitzenden Figur wurde eine sorgfältige Studie gemacht, dazu eine kleine Zeichnung des Kopfes. Die Anmerkungen zur Farbe müssen bei dieser Studie recht ausführlich sein, denn die dunkle Haut reflektiert warmes und kaltes Licht zugleich, Kunst- und Tageslicht.

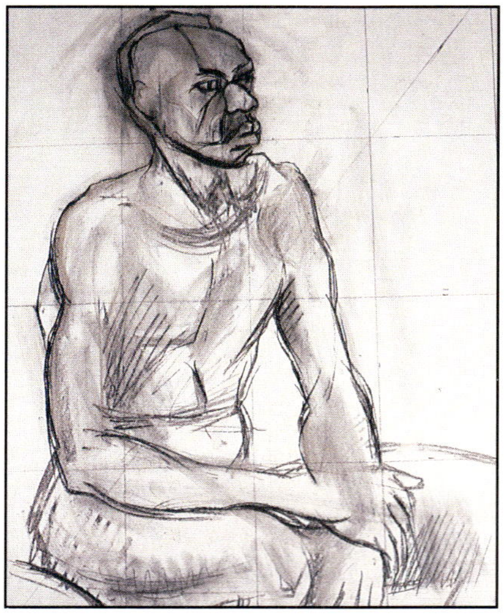

2

2 Nachdem er in der Skizze die Flächen der Figur sowie die Lichtverhältnisse so eindeutig wie möglich beschrieben hat, teilt der Künstler die Zeichnung in ein Gitternetz ein (im vorliegenden Fall mit Hilfe eines schon vorbereiteten Blattes Pauspapier) und überträgt sie mit Kohle auf eine größere Tafel mit denselben Proportionen.

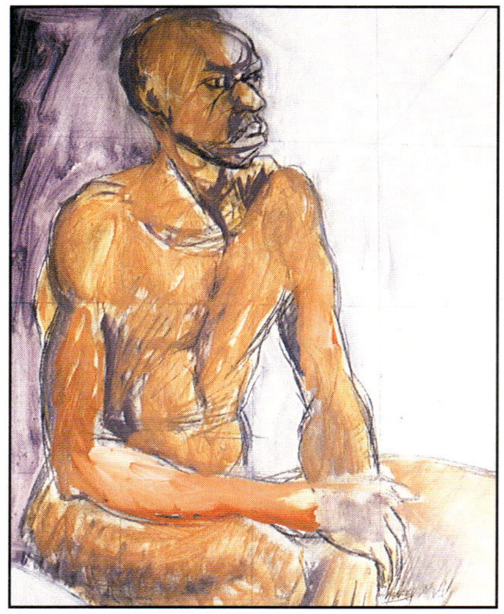

3

3 Mit einer Lavierung aus Siena natur nimmt die Figur Gestalt an, und dann folgt eine kräftigere Schicht aus Kadmiumrot und Siena natur. Dann folgen die dunkleren Töne in Grauviolett (gemischt aus Krapprot, Ultramarin und Siena natur).

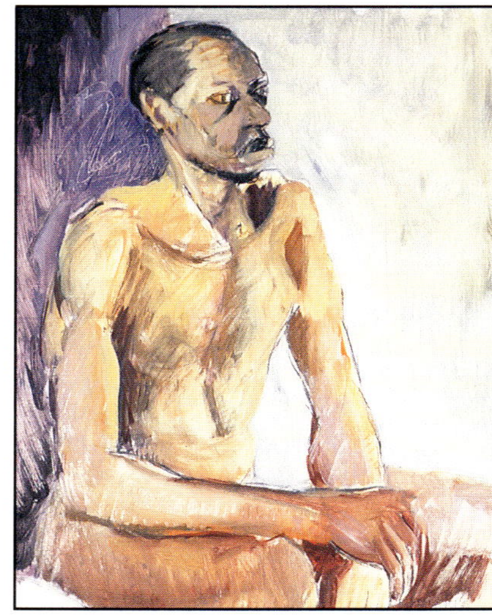

4

4 All dies wird zusammengehalten von Titanweiß, und auf der Brust kommt ein wenig Chromgrün hinzu.

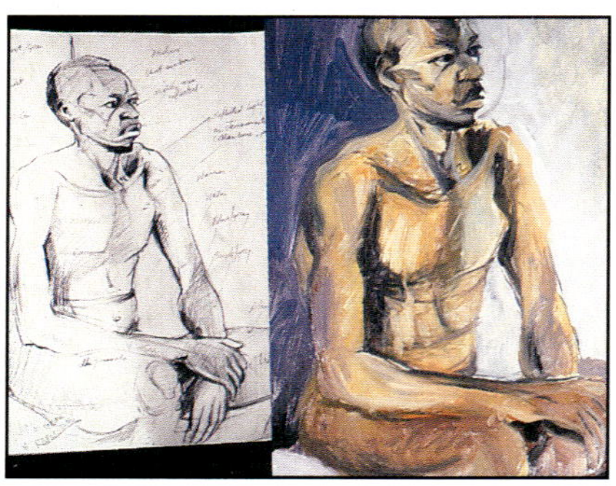

5

5 Der Künstler hat dabei die Farbnotizen auf seiner Zeichnung ständig im Blick.

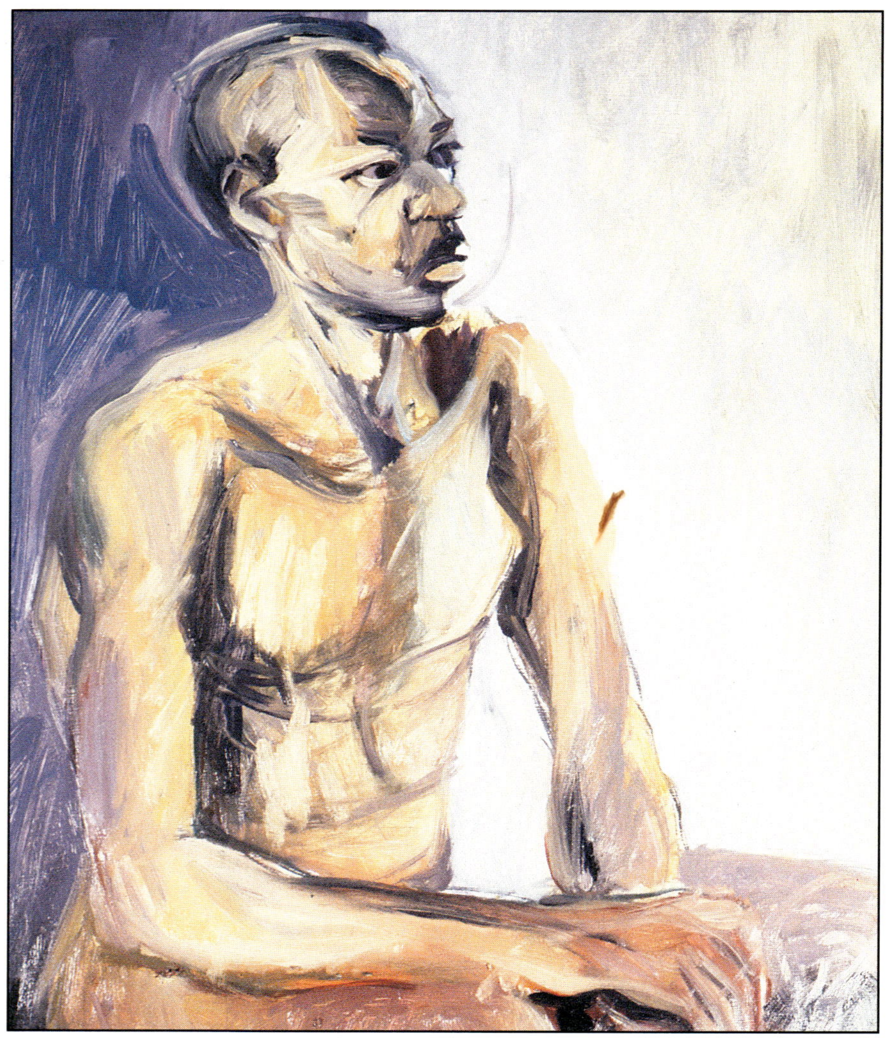

6

6 Die Flächen rund um die Figur müssen noch ausgearbeitet werden: Hier konzentriert der Künstler sich auf das Volumen des Kopfes, arbeitet naß in naß, sorgt für einen Ausgleich zwischen warmem und kaltem Licht und entscheidet, was reflektiertes Licht und was Farbe des Körpers ist. Mit etwas Ockergelb bekommt das ganze Bild mehr Zusammenhalt, und die blaßgrüne Reflexion auf der Brust wird nun deutlicher.

7

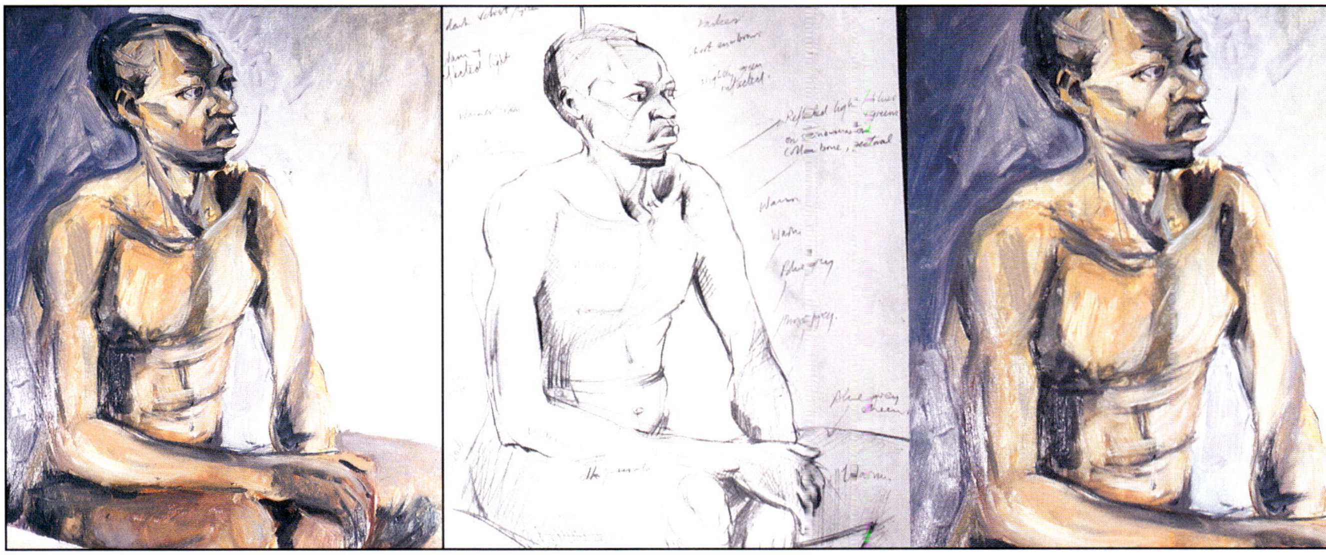

7 Durch ständigen Vergleich mit der Zeichnung gelingen dem Künstler die Strukturen von Kopf, Hals und Schulter.

Auf diese Weise baut er nach und nach die Farbe des Körpers auf.

8

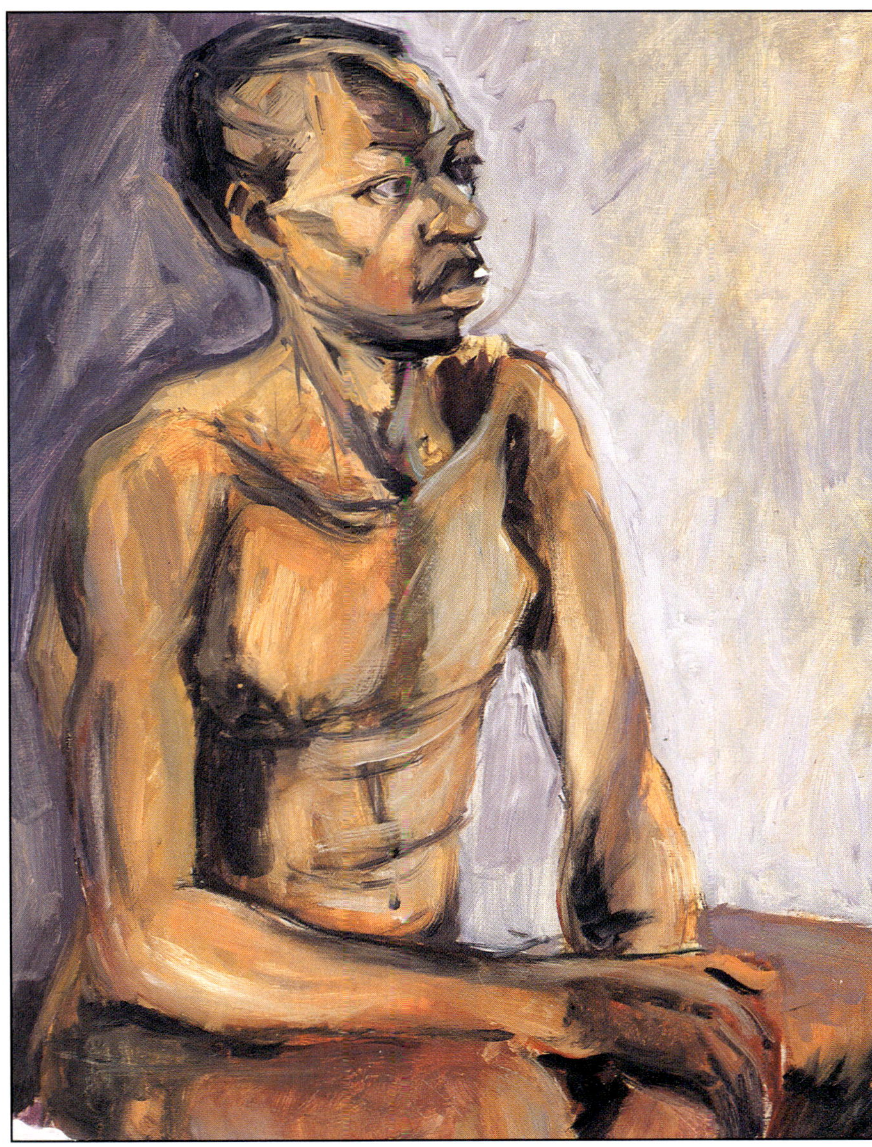

8 Wenn man mit diesem Verfahren erst einmal Übung hat, lassen sich ausgearbeitete Bilder von Sujets malen, die nur eine begrenzte Zeit lang zum Studium zur Verfügung stehen.

MALEN ZU HAUSE

Wenn Sie die Aktklasse einer Kunstschule besuchen, haben Sie reichlich Gelegenheit, den Körper nach der Natur zu malen. Der Unterricht dort, die praktischen Ratschläge und der Kontakt zu anderen Malern können eine unschätzbare Hilfe sein. Eine Aktklasse hat jedoch auch immer etwas Unnatürliches. Wer seine Akte zu Hause malt, hat eine wesentlich natürlichere Umgebung. Die Arbeiten Bonnards (1867–1947) und Vuillards (1869–1940) kommen einem in den Sinn, ebenso die Bilder von Sickert. Wenn Sie selbst ein Modell engagieren oder Freunde bitten, Ihnen Modell zu stehen, kommen oft interessantere Bilder heraus als die Studien aus der Kunstschule.

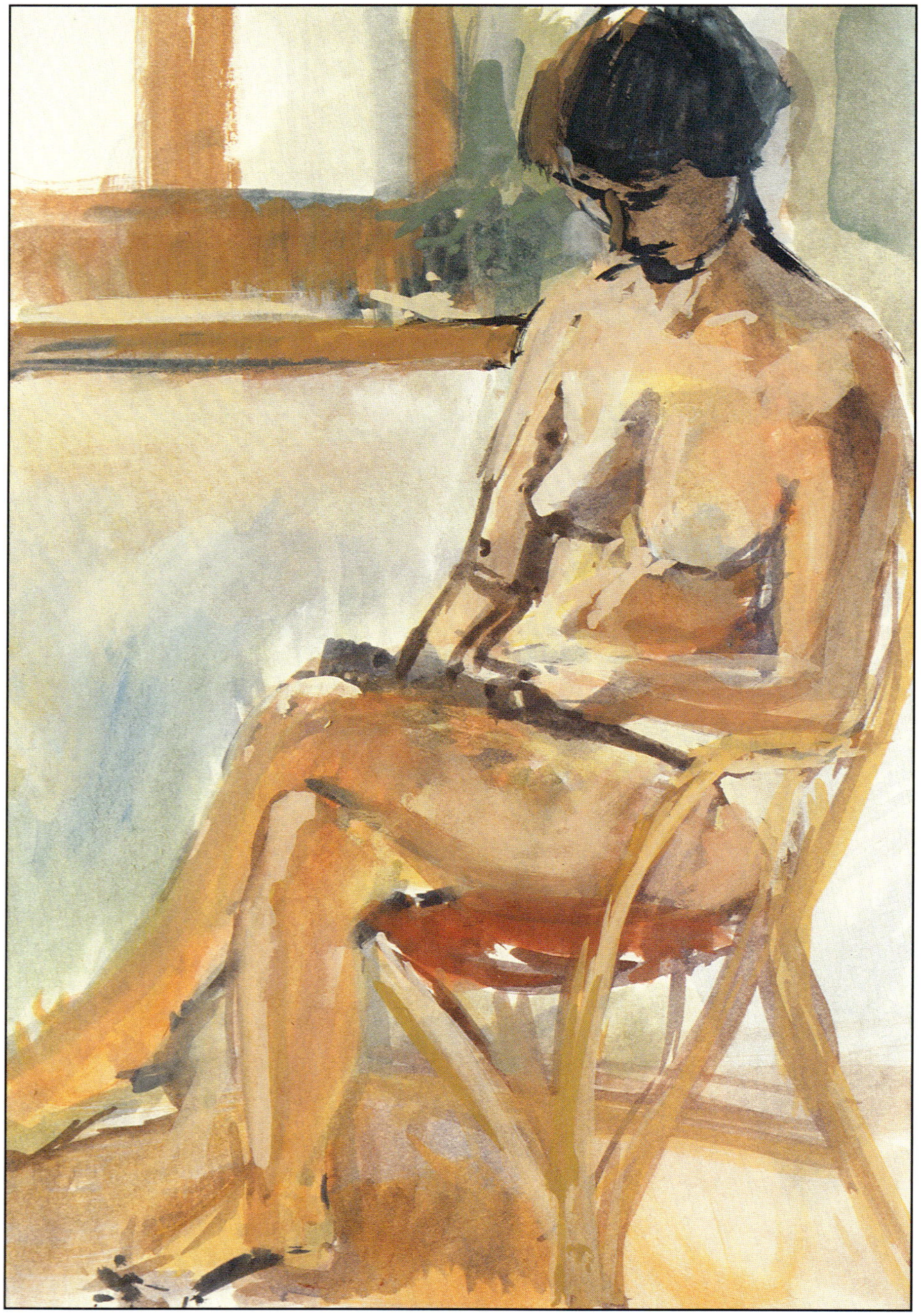

OBEN Diese Lesende, eine Arbeit des Autors, sitzt in natürlicher Haltung am Fenster. Auch dieses Bild, ein Aquarell mit Deckweiß, ist mit sparsamen Mitteln gemalt. Der Hauptteil des Körpers ist mit warmem Orange gemalt – Kadmiumgelb mit -rot –, lasiert mit einer Schicht derselben Mischung mit zusätzlichem Weiß. Ein paar Striche Chromgrün im Haar und rund um den Kopf sorgen zusammen mit der kühlen Farbe der Wand für die Lichtwirkung.

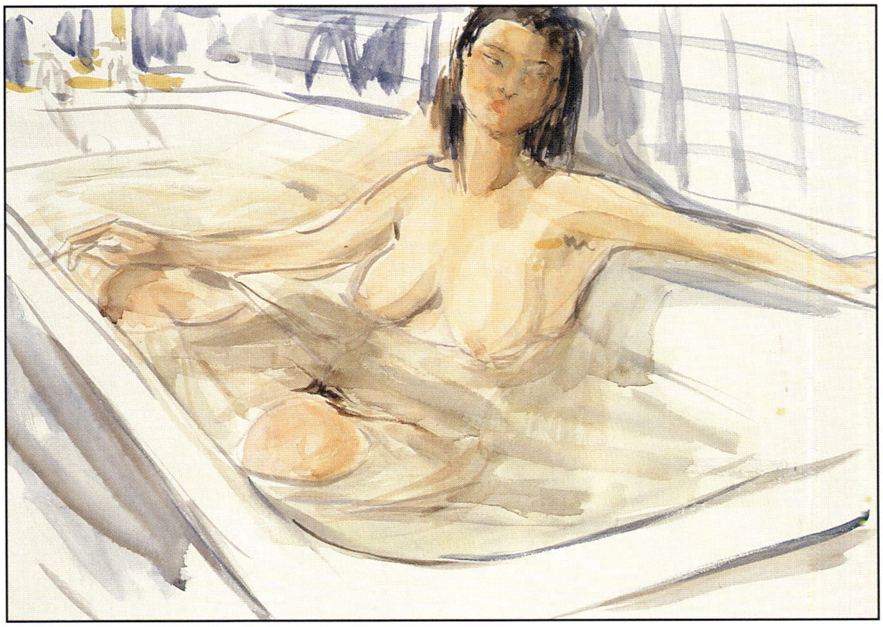

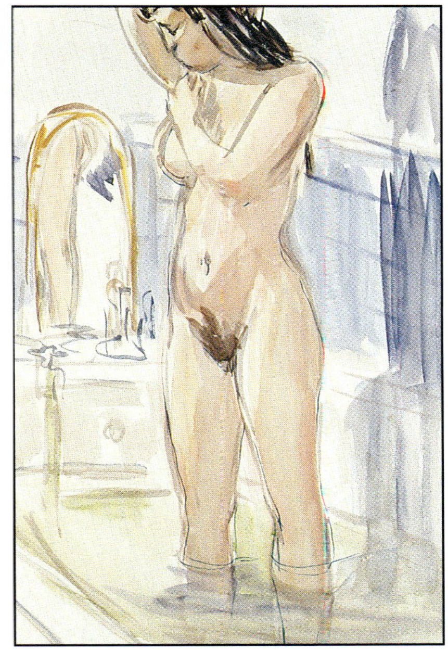

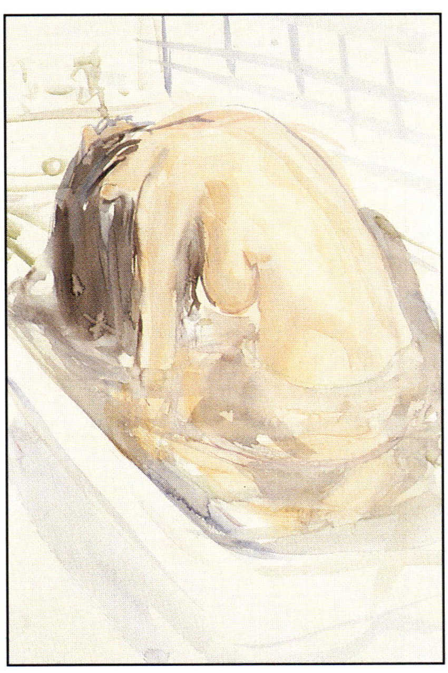

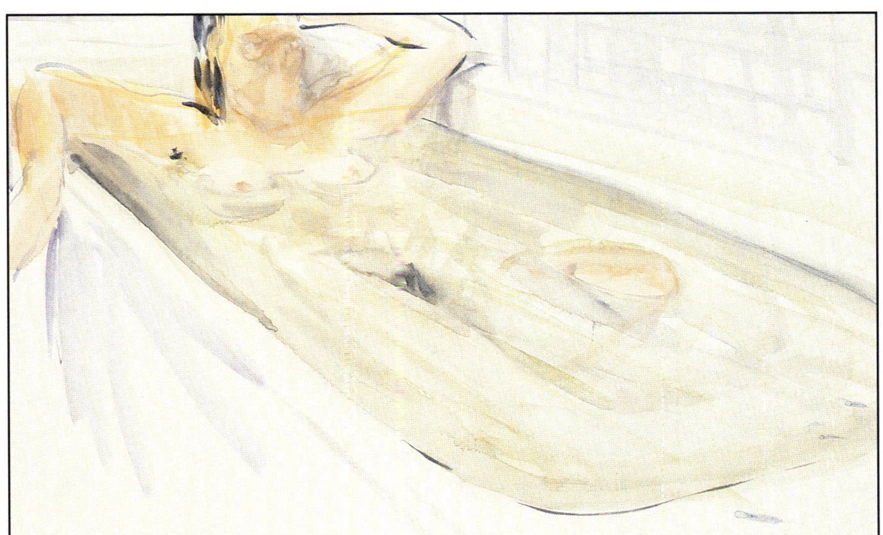

OBEN Hier hat die Künstlerin Kay Callwey das Modell in die Badewanne gesetzt und vier erfrischende Aquarelle mit nur zwei Grundfarben gemalt, Siena gebrannt und Ultramarin, mit ein wenig Saftgrün im Wasser und gebranntem Siena, um die Zeichnung hervorzuheben.

EIN BLICK AUF FREMDE BILDER

Bestimmte Sujets und Archetypen – Mythen, Legenden, die großen religiösen Themen – tauchen in der Kunstgeschichte immer wieder auf, und es lohnt sich wirklich, solche Bilder anzusehen und zu kopieren. Dabei lernt man Bilder nicht nur gründlich kennen, sondern lernt auch die Mittel verstehen, mit denen sie komponiert sind.

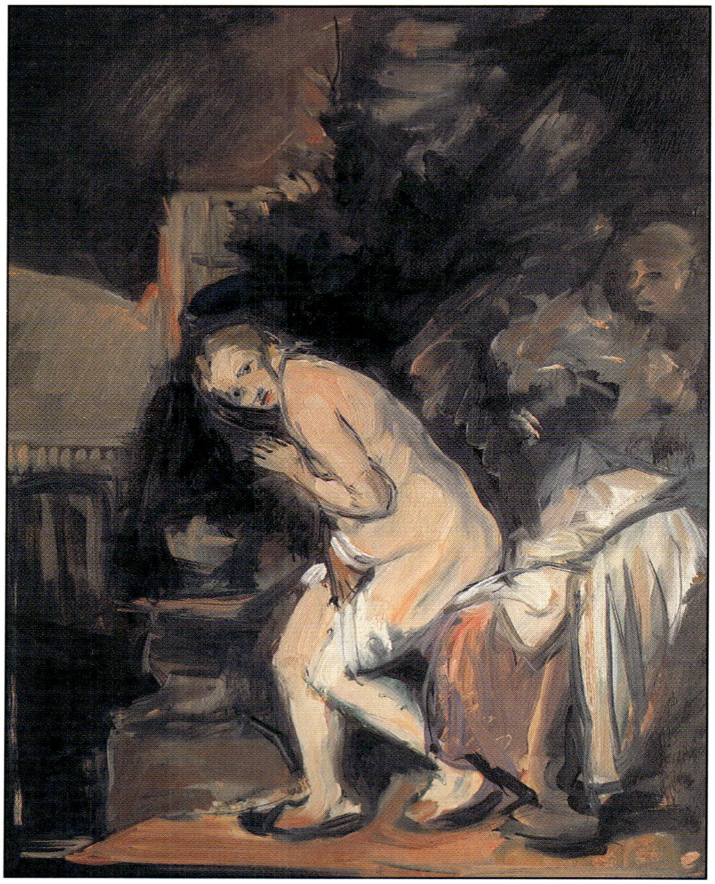

OBEN **Die Geschichte von Susanna im Bade hat manchen Maler beflügelt. Auf die kürzeste Formel gebracht geht es darum, daß zwei Älteste und Lüstlinge Susanna ansprechen, der sie schon wochenlang unbemerkt beim Bad zugesehen haben. Sie verweigert sich ihnen, und am Ende kommt sie nur dank der Weisheit Daniels mit dem Leben davon. Der Stoff bietet eine wunderbare Gelegenheit, den nackten weiblichen Körper zusammen mit bekleideten Figuren und in einer Landschaft darzustellen. Letztlich nutzt Manets *Déjeuner sur l'Herbe* von 1863 dieselbe Grundidee, nur daß die unbekleidete Dame hier ihr Picknick mit den Herren im Morgenrock zu genießen scheint. Das kleine Ölbild ist die Kopie einer von mehreren Darstellungen des Themas, die Rembrandt malte. Einer der beiden Ältesten ist im Gebüsch hinter ihr auszumachen, und die erschrockene Susanna rafft in aller Eile ihre Kleider auf, um ihre Blöße zu bedecken.**

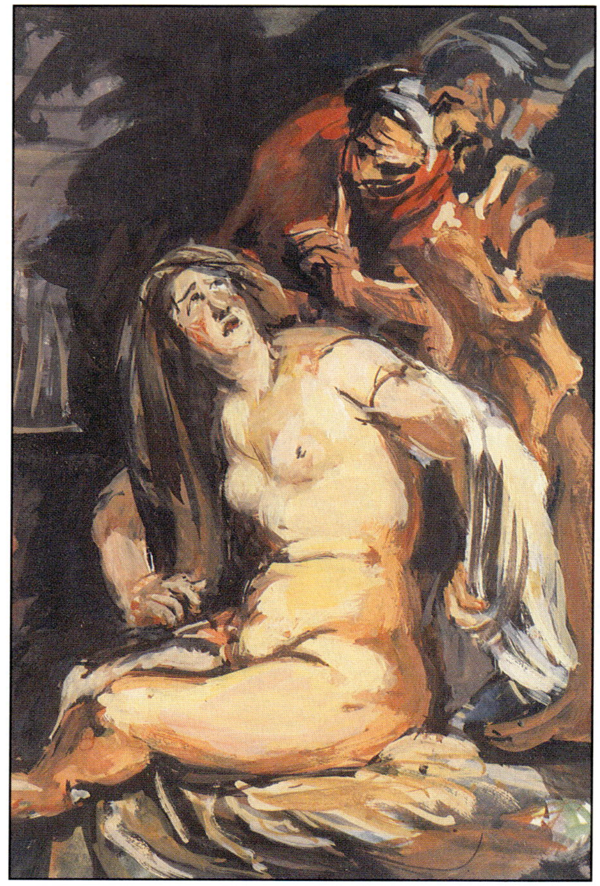

OBEN **Diese kleine Gouache ist eine Kopie von Rubens' Darstellung derselben Szene, wo die Ältesten der erschrockenen Susanna wesentlich näher zuleibe rücken. Einer spricht sie an, der andere gibt ihr durch Zeichen zu verstehen, lieber still zu sein.**

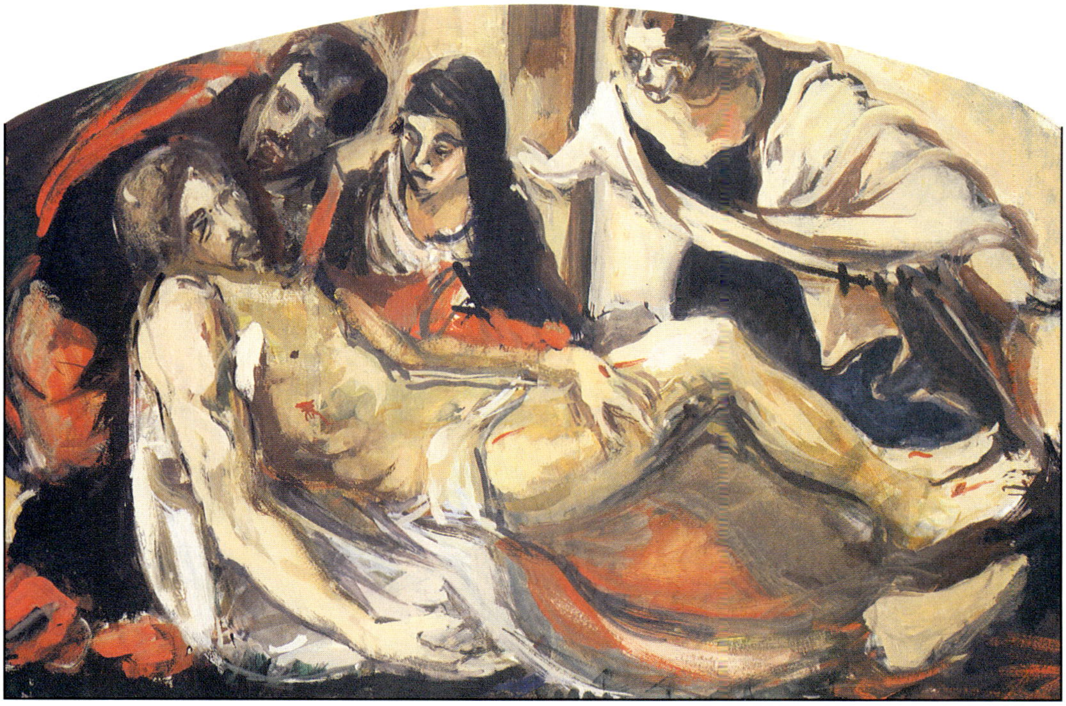

OBEN In seiner *Pietà* stellt Tintoretto (1518–94) den toten Christus am Fuße des Kreuzes dar, auf den Schoß seiner Mutter gebettet, und Maria Magdalena blickt mit ausgebreiteten Armen hinunter. Die Tafel mit der abgerundeten Oberseite, der dem Halbrund folgende Rhythmus des Körpers, die Tücher, der Arm und Marias Schultern wirken in diesem sorgsam konstruierten Bild wie Echos aufeinander. Die Kopie ist in Gouache auf Holz gemalt.

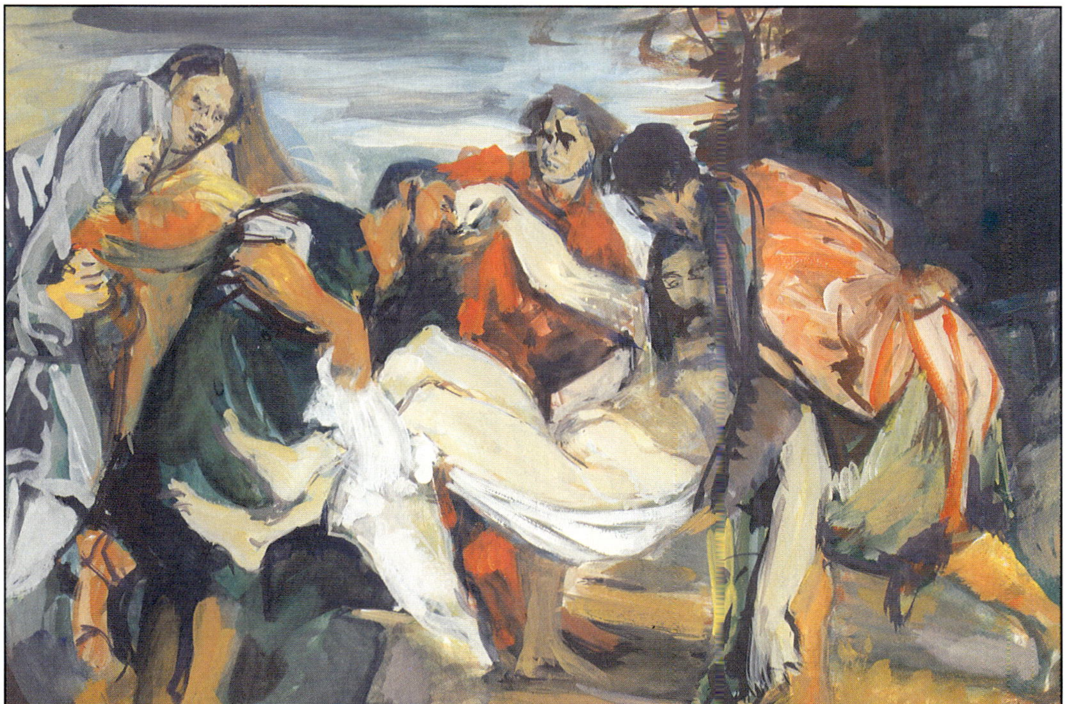

OBEN Alle großen Maler der Kunstgeschichte haben die Arbeiten ihrer Vorgänger erforscht und studiert. Tizians großes Meisterwerk, seine *Grablegung*, wurde im Louvre von Delacroix (1798–1863) ebenso wie von Géricault (1791–1824) kopiert. Die Komposition geht auf ein noch älteres Vorbild zurück, auf ein Relief an der Wand eines antiken Sarkophags. Das Gewicht des toten Christus ruht auf den Jüngern. Die rhythmische Biegung ihrer Rücken und die wunderbare Echowirkung ihrer Armbewegungen ergeben eine denkwürdige Szene, von der gramgebeugten Maria betrachtet. Die Studie entstand in Gouache auf Holz.

REGISTER

Kursive Seitenzahlen beziehen sich auf Bildunterschriften.